高等职业教育酿酒技术专业系列教材

黄酒分析与检测技术

魏桃英　寿泉洪　张水娟　编

中国轻工业出版社

图书在版编目（CIP）数据

黄酒分析与检测技术/魏桃英，寿泉洪，张水娟编．—北京：中国轻工业出版社，2019.12

高等职业教育酿酒技术专业系列教材

ISBN 978-7-5019-9821-0

Ⅰ．①黄…　Ⅱ．①魏…　②寿…　③张…　Ⅲ．①黄酒—食品分析—高等职业教育—教材　②黄酒—食品检验—高等职业教育—教材　Ⅳ．①TS262.4

中国版本图书馆 CIP 数据核字（2014）第 157169 号

责任编辑：江　娟　秦　功　　策划编辑：江　娟　　责任终审：张乃柬
整体设计：锋尚设计　　责任校对：燕　杰　　责任监印：张　可

出版发行：中国轻工业出版社（北京东长安街 6 号，邮编：100740）
印　　刷：北京君升印刷有限公司
经　　销：各地新华书店
版　　次：2019 年12月第 1 版第 2 次印刷
开　　本：720×1000　　1/16　　印张：17
字　　数：338 千字
书　　号：ISBN 978-7-5019-9821-0　定价：39.00 元
邮购电话：010－65241695
发行电话：010－85119835　传真：85113293
网　　址：http：//www.chlip.com.cn
Email：club@chlip.com.cn

191434J2C102ZBW

高等职业教育酿酒技术专业（黄酒类）系列教材

编 委 会

前言

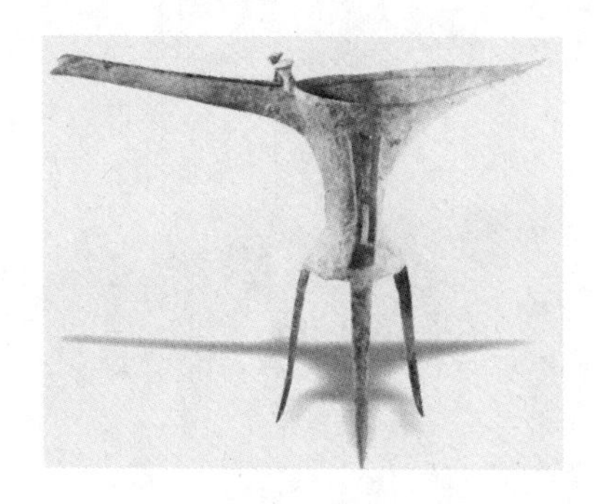

本教材是根据高等职业教育“黄酒分析与检测技术”课程的基本要求和课程标准，在总结多年的实践经验及当今黄酒发展情况的基础上编写而成的。在本教材的编写过程中，以黄酒从原料到产品这一生产过程为主线，阐述每一种指标检测的原理与检测方法及注意事项，从而使本教材既具有一定的理论基础，又有较高的实践指导作用，使学习者在掌握理论知识的同时又提高自己的实践操作能力。该教材的编写将有助于提高黄酒酿造专业高职学生的专业素质，也可以作为其他层次学校和黄酒企业从业人员学习的参考书。此教材知识面广而深，把黄酒企业要碰到的检测指标全都罗列在此教材中，目前国内外没有这种框架结构的教材，此教材编写内容完全符合当前黄酒行业的检测技术水平。

本教材分三部分，共八章。黄酒分析检测：主要编写了黄酒检测要用到的仪器与设备的操作与维护，黄酒原料分析与检测，黄酒半成品、黄酒成品、黄酒的相关标准。黄酒副产品分析与检测：主要编写了糟烧（白酒）、酒精的分析与检测。黄酒实践训练：主要编写了涉及黄酒原辅产品与成品的一些指标的检测方法。全书涉及的分析与检测方法内容比较全面，可供使用者根据需要进行相应的选择。

前言

本教材紧扣高等职业教育黄酒酿造专业培养高素质的产品质量检验人才的目标，体现了以能力培养为本位的职教特色，“立足实用，强化能力，注重实践”，尽量做到选材面广，内容新颖、实用。所介绍的各种指标的检测方法主要包括方法原理、使用仪器和操作步骤等知识点。为培养学生的实际动手能力，每种方法均编写有多个以掌握基本操作为目的的典型实用的实验。在编写过程中，自始至终渗透着以学生为主体的教学思想，为帮助引导学生自学，便于学习者自我测试学习效果，在每章后附有题型多样且具有启发性的复习思考题。

本教材在编写过程中得到了许多黄酒企业的帮助和支持，一并表示感谢。本教材所引用的资料和图表的原著均已列入参考文献，在此向原著作者致谢。

限于编者水平与能力有限，书中难免存在疏漏和错误，恳请专家和读者批评指正，不胜感谢。

魏桃英

2013 年 12 月于绍兴

目录

第一部分　黄酒分析与检测

002　第一章　黄酒检测的基本知识
002　第一节　滴定分析法
003　第二节　黄酒检测常用的仪器设备

024　第二章　黄酒原料分析
024　第一节　取样
025　第二节　大米与小麦物理分析
030　第三节　大米与小麦化学分析
043　第四节　酿造用水分析
055　第五节　黄酒用活性干酵母分析
056　第六节　小曲（酒药）分析
060　第七节　麦曲分析
068　第八节　试饭糖分、糖化力、酸度、糖化发酵力分析

074　第三章　黄酒半成品分析
074　第一节　米饭分析
077　第二节　发酵醪分析
079　第三节　三角瓶培养液中残糖、酵母数、出芽率及死亡率分析
081　第四节　酒母分析
082　第五节　米浆水酸度分析
082　第六节　黄酒酒糟中残酒率的分析

084 **第四章　黄酒成品分析**
084 第一节　黄酒理化指标分析
103 第二节　黄酒成品微生物检测

109 **第五章　黄酒相关标准**
109 第一节　黄酒（GB/T 13662—2008）
119 第二节　地理标志产品　绍兴酒（GB/T 17946—2008）
125 第三节　烹饪黄酒（QB/T 2745—2005）
129 **实验一　黄酒分析与检测实验**
129 一、糯米中粗淀粉的检测
131 二、糯米互混的检测
132 三、小麦容重的检测
133 四、半成品发酵醪酸度检测
133 五、半成品发酵醪酒精度检测
134 六、氧化钙检测（EDTA 滴定法）
135 七、半甜黄酒中总糖检测

第二部分　黄酒副产品分析与检测

138 **第六章　糟烧（白酒）分析**
138 第一节　原辅料检测分析
151 第二节　糟烧（白酒）半成品分析
154 第三节　成品糟烧（白酒）的检测分析
171 **实验二　糟烧（白酒）分析与检测实验**
171 一、成品糟烧（白酒）酒精度检测
171 二、成品糟烧（白酒）总酸检测
172 三、成品糟烧（白酒）总酯检测
173 四、成品糟烧（白酒）固形物检测

175 **第七章　酒精分析与检测**
175 第一节　淀粉原料分析
176 第二节　酿酒活性干酵母分析
178 第三节　半成品分析
187 第四节　成品分析
197 第五节　残渣与残水分析

201 **实验三　酒精分析与检测实验**
201 一、酒精发酵醪酒精度的检测
201 二、酒精发酵醪酸度的检测
202 三、酒精残渣、残水中残留酒精的检测（重铬酸钾比色法）
203 四、成品酒精酯的检测
203 五、不挥发物的检测

第三部分　黄酒实践训练

206 **第八章　黄酒分析与检测实践操作训练**
206 实训一　糯米水分的检测
207 实训二　糖化曲（块曲、爆麦曲）水分的检测
207 实训三　麦曲（糖化曲）糖化力的检测
209 实训四　麦曲（糖化曲）酸度的检测
210 实训五　干黄酒和半干黄酒中总糖的检测
211 实训六　非糖固形物的检测
212 实训七　黄酒总酸和氨基酸态氮的检测
214 实训八　黄酒 pH 的检测
215 实训九　成品黄酒酒精度的检测（蒸馏法）
215 实训十　绍兴加饭酒（花雕）中挥发酯的检测
216 实训十一　黄酒成品菌落总数的检测
219 实训十二　黄酒成品大肠菌群总数的检测
220 实训十三　β-苯乙醇的检测
222 实训十四　废水中化学耗氧量（COD）的检测
223 实训十五　黄酒酒精度的检测（酒精仪）

226 **附录一　酒精计示值换算成20℃时的酒精浓度（酒精度）**
242 **附录二　料酒中氯化钠的测定**
244 **附录三　焦糖色的感官及吸光度的测定**
245 **附录四　20℃酒精比重与百分含量对照表**
247 **附录五　20℃酒精相对密度（比重）与百分含量对照表**
250 **附录六　20℃酒精相对密度与酒精度（%，体积分数）对照表**

257 **参考文献**

第一部分

黄酒分析与检测

第一章　黄酒检测的基本知识

高中学习阶段已掌握了一些化学反应及仪器与设备的基本知识，下面介绍四种滴定方法及黄酒分析与检测要使用到的一些常规仪器与设备。

第一节　滴定分析法

一、滴定分析法的原理

滴定分析法是将一种已知准确浓度的试剂溶液，滴加到被测物质的溶液中，直到所加的试剂与被测物质按化学计量定量反应为止，根据试剂溶液的浓度和消耗的体积，计算出被测物质的含量。其中已知准确浓度的试剂溶液称为滴定液。将滴定液从滴定管中加到被测物质溶液中的过程称为滴定。当加入滴定液中物质的量与被测物质的量按化学计量定量反应完成时，反应达到了计量点，在滴定过程中，指示剂发生颜色变化的转变点称为滴定终点。滴定终点与计量点不一定恰好符合，由此所造成的分析误差称为滴定误差。适合滴定分析的化学反应应该具备以下条件：

（1）反应必须按方程式定量地完成，通常要求在99.9%以上。

（2）反应能够迅速地完成。

（3）共存物质不干扰主要反应或可用适当的方法消除其干扰。

（4）有比较简便的方法确定化学计量点。

二、滴定分析法的分类

（1）直接滴定法　用标准溶液直接滴定被测物质，是滴定分析法中最常用的基本滴定方法，凡能满足滴定分析要求的化学反应都可用直接滴定法。黄酒分析中酸度的滴定等都是用此法。黄酒滴定时，反应的容器是三角瓶，如图1－1所示。

图1－1　三角瓶（振荡三角瓶、具塞三角瓶）

（2）返滴定法　又称剩余滴定法或回滴定法。当反应速度较慢或反应物是固体时，滴定剂加入样品后反应无法在瞬间定量完成，可先加入一定过量的标准溶液，待反应定量完成后用另外一种标准溶液滴定剩余的标准溶液，如白酒分析中总酯的测定。

（3）置换滴定法　对于不按确定化学计量关系反应的物质，有时可以通过其他化学反应间接进行滴定，即加入适当试剂与待测物质反应，使其置换成另外一种可直接滴定的物质，再用标准溶液滴定此生成物。

（4）间接滴定法　对于不能与滴定剂直接起反应的物质，有时可以通过另一种化学反应，以滴定法间接进行滴定，这种方法称为间接滴定法。例如，高锰酸钾法测定钙就属于间接滴定法。由于 Ca^{2+} 在溶液中没有可变价态，所以不能直接用氧化还原法滴定。但若先将 Ca^{2+} 沉淀为 CaC_2O_4，过滤洗涤后用 H_2SO_4 溶解，再用 $KMnO_4$ 标准溶液滴定与 Ca^{2+} 结合的 $C_2O_4^{2-}$，便可间接测定钙的含量。

另外，根据所利用的化学反应类型的不同，滴定分析法也可以分为酸碱滴定法、沉淀滴定法、络合滴定法和氧化还原滴定法等。

第二节　黄酒检测常用的仪器设备

一、常用玻璃仪器

1. 移液管

移液管是精密转移一定体积溶液时用的一种玻璃量器。它形状有两种：一种是中部吹成圆柱形，圆柱形上端及下端为较细的管颈，下部的管颈拉尖，上部的管颈刻有一环状刻度；另一种吸量管的全称是分度吸量管，它是带有分度的量出式量器，用于移取不固定量的溶液。吸量管的使用方法与移液管大致相同，如图1－2所示。

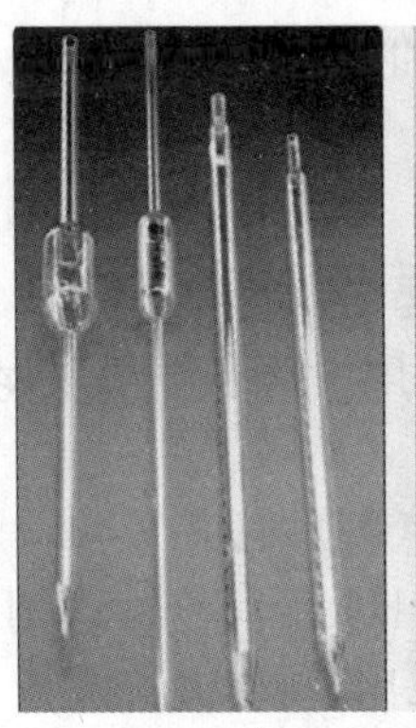
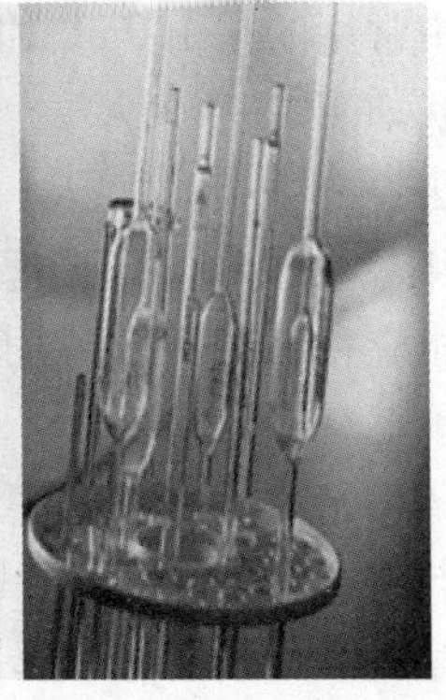

图1－2　吸量管、移液管

移液管的使用方法：

（1）使用时，应先将移液管洗净，自然沥干，并用少许待量取的溶液荡洗3次。

（2）然后以右手拇指及中指捏住管颈标线以上的地方，将移液管插入待量取的溶液液面下约1cm，不应伸入太多，以避免管口的外壁沾有溶液过多，也不应伸入太少，以免液面下降后而吸空。这时，左手拿吸耳球轻轻将溶液吸上，眼睛注意正在上升的液面位置，移液管应随容器内液面下降而下降，当液面上升到刻度标线以上约1cm时，迅速用右手食指堵住管口取出移液管，用滤纸条拭干移液管下端外壁，并使与地面垂直，稍微松开右手食指，使液面缓缓下降，此时视线应平视标线，直到弯月面与标线相切，立即按紧食指，使液体不再流出，并使出口尖端接触容器外壁，以除去尖端外残留溶液，如图1－3所示。

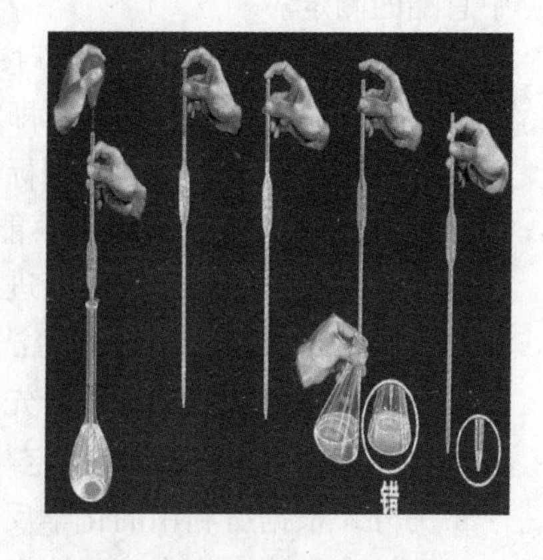

图1－3　移液管的使用

（3）再将移液管移入准备接收溶液的容器中，使其出口尖端接触器壁，容器微倾斜而移液管直立，然后放松右手食指，使溶液自由地顺壁流下，待溶液停止流出后，一般等待15s拿出。

（4）注意移液管尖端仍残留有一滴液体不能吹出。

2. 容量瓶

容量瓶是一种细颈梨形平底的容量器，带有磨口玻塞，颈上有标线，表示在所指温度下液体充满到标线时，溶液体积恰好与瓶上所注明的容积相等。

容量瓶是为配制准确浓度的溶液用的。它常和移液管配合使用，把某种物质分为若干等份。容量瓶通常有25、50、100、250、500、1000mL等数种规格，本实验中常用的是100mL和250mL的容量瓶。容量瓶形状如图1－4所示。

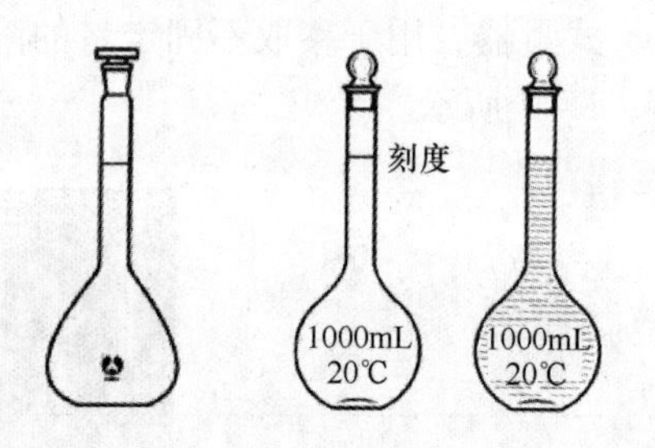

图1－4　容量瓶

容量瓶的使用方法：

（1）容量瓶具有细长的颈和磨口玻塞，也有塑料塞的瓶子，塞与瓶应和编号配套或用绳子相连接以免弄错，在瓶颈上有环状刻度。

（2）容量瓶中加入溶液时，必须注意弯月面最低点恰与瓶颈上的刻度相切，观察时眼睛位置也应与液面和刻度在同一水平面上，否则会引起测量体积不准确。容量瓶有无色、棕色两种，应注意选用。

（3）容量瓶是用来精密配制一定体积的溶液，配好后的溶液如需保存应转

移到试剂瓶中，容量瓶不能用于贮存溶液，同时容量瓶不能在烘箱中烘烤。

3. 滴定管

滴定管分酸式滴定管与碱式滴定管。酸式滴定管具有玻璃活塞，量取或滴定酸溶液或氧化性试剂；碱式滴定管是橡胶管中加玻璃珠，它用来量取或滴定碱溶液（图1－5）。上端从0刻度开始，最小刻度为0.1mL。下部尖嘴内液体不在刻度内，量取或滴定溶液时不能将尖嘴内的液体放出。

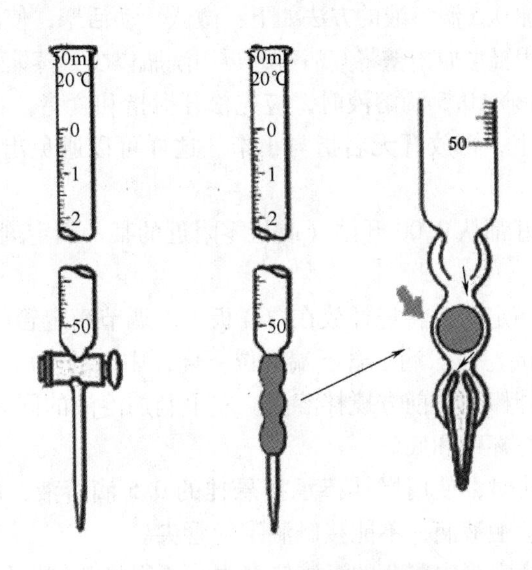

图1－5　酸式、碱式滴定管形状

（1）滴定操作　滴定操作可在锥形瓶和烧杯内进行，并以白瓷板或白纸作背景。在锥形瓶中滴定时，用右手前三指拿住锥形瓶瓶颈，使瓶底离瓷板2～3cm。同时调节滴管的高度，使滴定管的下端伸入瓶口约1cm。左手按前述方法滴加溶液，右手运用腕力摇动锥形瓶，边滴加溶液边摇动（图1－6）。滴定操作中应注意以下几点：

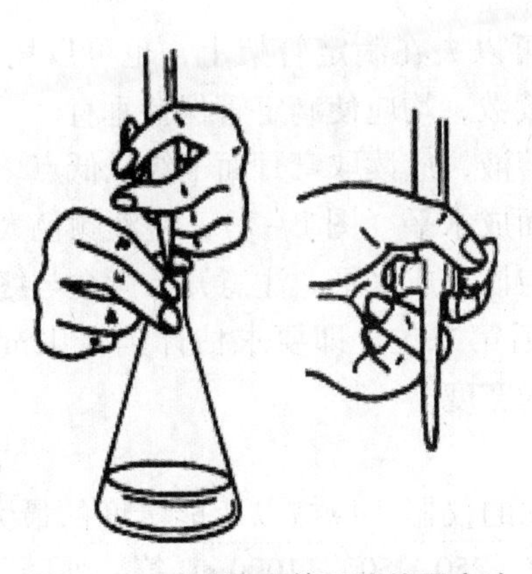

图1－6　酸式滴定管正确使用方法

①摇瓶时，应使溶液向同一方向做圆周运动（左右旋转均可），但勿使瓶口接触滴定管，溶液也不得溅出。

②滴定时，左手不能离开活塞任其自流。

③注意观察溶液落点周围溶液颜色的变化。

④开始时，一边摇动一边滴定，滴定速度可稍快，但不能流成水线。接近终点时，应改为加一滴，摇几下。最后，每加0.5滴溶液就摇动锥形瓶，直至溶液出现明显的颜色变化。加0.5滴溶液的方法如下：微微转动活塞，使溶液悬挂在出口管嘴上，形成半滴，用锥形瓶内壁将其沾落，再用洗瓶以少量蒸馏水吹洗瓶壁。

用碱式滴定管滴加0.5滴溶液时，应先松开拇指和食指，将悬挂的0.5滴溶液沾在锥形瓶内壁上，再放开无名指与小指。这样可以避免出口管尖出现气泡，使读数造成误差。

⑤每次滴定最好都从0.00开始（或从零附近的某一固定刻度线开始），这样可以减小误差。

在烧杯中进行滴定时，将烧杯放在白瓷板上，调节滴定管的高度，使滴定管下端伸入烧杯内1cm左右。滴定管下端应位于烧杯中心的左后方，但不要过分靠近杯壁。右手持搅拌棒在右前方搅拌溶液。左手滴加溶液的同时，搅拌棒做圆周搅动，但不得接触烧杯壁和底。

当加0.5滴溶液时，使用搅拌棒承接悬挂的0.5滴溶液，放入溶液中搅拌。注意，搅拌棒只能接触液滴，不能接触滴定管管尖。

滴定结束后，滴定管内剩余的溶液应弃去，不得将其倒回原瓶，以免污染整瓶操作溶液。随即洗净滴定管，并用蒸馏水冲洗全管，晾干，备用。

（2）滴定管的读数　读数时应遵循下列原则。

①装满或放出溶液后，必须等1~2min，使附着在内壁的溶液流下来，再进行读数。如果放出溶液的速度较慢（例如，滴定到最后阶段，每次只加0.5滴溶液时），等0.5~1min即可读数。每次读数前要检查一下管壁内是否挂水珠，滴定管下端是否有气泡。

②读数时，滴定管可以夹在滴定管架上，也可以用手拿滴定管上部无刻度处。不管用哪一种方法读数，均应使滴定管保持垂直。

③对于无色或浅色溶液，应读取弯月面下缘最低点，读数时，视线在弯月面下缘最低点处，且与液面成水平（图1-7）；溶液颜色太深时，可读液面两侧的最高点。此时，视线应与该点成水平。注意开始读数与终点读数采用同一标准。

④必须读到小数点后第二位，即要求估计到0.01mL。注意，估计读数时，应该考虑到刻度线本身的宽度。

4. 量筒

量筒是量度液体体积的仪器。规格以所能量度的最大容量（mL）表示，常用的有10、25、50、100、250、500、1000mL等。外壁刻度都是以mL为单位，

10mL 量筒每小格表示 0.2mL，50mL 量筒每小格表示 1mL。量筒越大，管径越粗，其精确度越小，由视线的偏差所造成的读数误差也越大。所以，实验中应根据所取溶液的体积，尽量选用能一次量取的最小规格的量筒。分次量取也能引起误差。如量取 70mL 液体，应选用 100mL 量筒。

注意事项：

（1）不能用量筒配制溶液或进行化学反应。

（2）不能加热，也不能盛装热溶液，以免炸裂。

（3）量取液体时应在室温下进行。注入液体后，静止 1～2min，使附着在内壁上的液体流下来，再读出刻度值，否则读出的数值偏小。

（4）读数时，应把量筒放在平整的桌面上，观察刻度时，视线与量筒内液体凹液面的最低处保持水平，再读出所取液体的体积数。否则，读数会偏高或偏低，如图 1－7 所示。

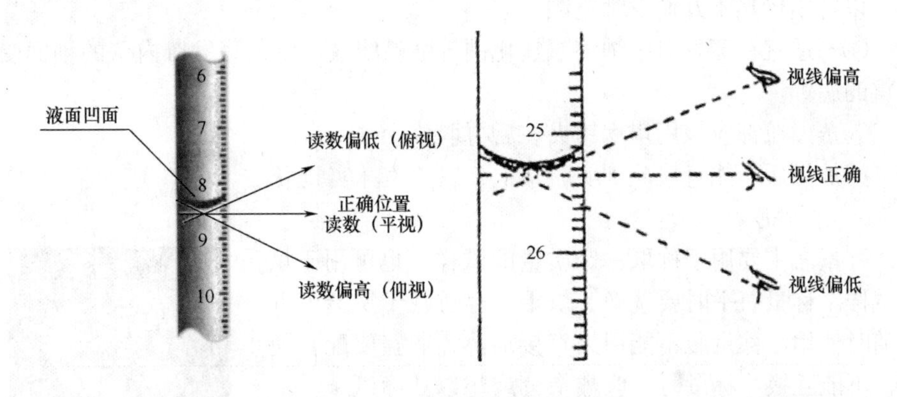

图 1－7　液体读数的方法

（5）量取已知体积的液体，应该选择比已知体积稍大的量筒，否则会造成误差过大。如量取 15mL 的液体，应选用容量为 20mL 的量筒，不能选用容量为 50mL 或 100mL 的量筒。

5. 蒸发皿

蒸发皿主要用于液体的蒸发、浓缩和物质的结晶。能耐高温，但不能骤冷。液体量多的时候（液体量不能超过其容积的三分之二）可直接在火焰上加热蒸发。液体量少或黏稠时，要隔着石棉网加热。蒸发皿主要用于蒸馏等操作，是理想的化学蒸馏仪器。有用瓷做的、有玻璃的、有石英的，甚至有铂金的。分无柄蒸发皿和有柄蒸发皿两种，规格以毫升表示，有 70～1000mL 等多种，常用的为 100～150mL，如图 1－8 所示。

图 1－8　瓷蒸发皿

（1）蒸发皿的使用方法　当欲由溶液中得到固体时，常需以加热的方法赶走溶剂，此时就要用到蒸发皿。溶剂蒸发的速率越快，它的结晶颗粒就越小。视所需蒸发速率的快慢不同，可以选用直接将蒸发皿放在火焰上加热的快速蒸发、用水浴加热的较缓和的蒸发或是令其在室温的状态下慢慢地蒸发三种方式。

（2）蒸发皿的使用注意事项

①进行溶液的浓缩或将溶液蒸发至干时，需将蒸发皿放置在三脚架上或铁架台的铁圈上，可以用电炉直接加热。

②浓缩溶液时，在蒸发皿中溶液的量最多不超过容积的三分之二，还应该用玻璃棒不停地进行搅拌。

③若要把溶液蒸发至干，当看到蒸发皿中有大量溶质析出后，除用玻璃棒不停地继续搅拌外，还需要撤去酒精灯，用余热使溶液蒸发至干或垫石棉网小火加热，以防因传热不好而发生迸溅。

④不适宜在蒸发皿中浓缩氢氧化钠等强碱溶液，以免蒸发皿内壁的釉面受到严重的腐蚀。

⑤蒸发皿都应该用坩埚钳夹住后再取放。

⑥加热后不能直接放到实验桌上，以免烫坏实验桌。

6. 称量瓶

称量瓶主要用于称取一定质量的试样，也可用于烘干试样。称量瓶平时要洗净、烘干，存放在干燥器内以备随时使用。称量瓶不能用火直接加热，瓶盖要配套使用，不能互换。称量时，应戴指套或垫以洁净纸条，不可用手直接拿取。常见的称量瓶以外径×高（cm）表示，有高型和扁型两种，扁型用作测定水分或在烘箱中烘干基准物；高型用于称量基准物、样品。黄酒中使用的称量瓶主要如图1-9所示。

图1-9　称量瓶

蒸发皿、称量瓶的恒重方法：在检验蒸发残渣、不挥发物和灼烧残渣、灰分、挥发分等项目时，需要恒重蒸发皿、称量瓶、坩埚等仪器。蒸发皿的恒重有多种方法，根据个人爱好和使用习惯而采用不同的方法。

（1）将蒸发皿洗净→放在（103±2）℃的烘箱中烘2h→放在干燥器内冷却后称量→反复烘干→冷却→称量→直至恒重（两次称量的质量差不超过0.5mg），放在干燥器内备用。

（2）在规定的温度下烘4h左右，取出置于干燥器中，放置30~60min，冷却至天平室的温度，称重。然后再烘1h取出放在干燥器中，冷却至天平室的温度，放置、称重。一般情况两次就可恒重。

二、设备

1. 电热恒温水浴锅

电热恒温水浴锅构造：由内外两层组成，内层用铝板制成，装有电阻丝，用接线柱接至控制器。控制器由热开关及电路组成，其表面有电源开关、调温按钮（高温旋钮）和指示灯，如图 1－10 所示。

（1）操作方法

①使用时应将电热恒温水浴锅放在固定工作平台上，先将排水口的胶管夹紧（放水龙头关紧），再将清水注入水浴锅箱体内（为缩短升温时间，也可注入热水）。

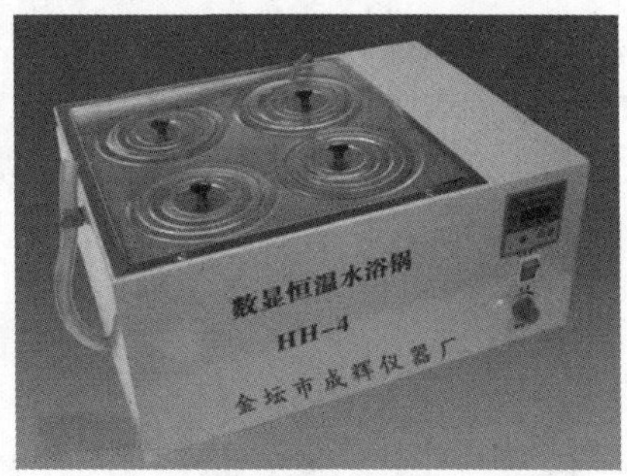

图 1－10　电热恒温水浴锅

②接通电源，打开开关，温控仪显示实际水温，点击功能键（set），此时显示设定温度，点击▲或▼选择工作温度，选择完毕，点击功能键（set）退出，即按设定温度运行，水开始被加热，并有（out）指示灯亮，当温度上升到设定温度时，指示灯（off）亮，水箱内的水进入恒温状态，且有（out）和（off）交替闪烁，水温被恒定在设定温度。

③水浴恒温后，将装有待恒温物品的容器放入水浴中开始恒温。

④使用完毕后，取出恒温容器，关闭电源，排除箱体内的水，并做好仪器使用记录。

（2）电热恒温水浴锅的维护保养

①注水时不可将水流入控制箱内，以防发生触电，使用后，箱内水应及时放净，并擦拭干净，保持清洁以利延长使用寿命。

②水箱应放在固定的平台上，仪器所接电源电压应为 220V，电源插座应采用三孔插座，并必须安装地线接地。

③加入锅内的水最好用纯净水，以避免产生水垢。

④加水之前切勿接通电源，而且在使用过程中，水位必须高于隔板，切勿无水或水位低于隔板加热，否则会损坏加热管。

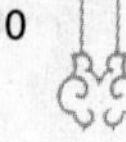

2. 培养箱

培养箱是培养微生物的主要设备，可用于细菌、细胞的培养繁殖。其原理是应用人工的方法在培养箱内形成微生物、细胞和细菌生长繁殖的人工环境，如控制一定的温度、湿度、气体等。目前使用的培养箱主要分为三种：直接电热式培养箱、隔水电热式培养箱、生化培养箱。

培养箱一般为方形或长方形，以铁皮喷漆制成外壳，铝板作内壁，夹层充以石棉或玻璃棉等绝缘材料以保温。内层安装电阻丝用以加热，利用空气对流，使箱内温度均匀。箱内设有金属孔架数层，用以搁置培养材料。箱门外门为金属门，内层为玻璃门，便于观看箱内物品情况。为满足使用要求，装有温度调节器以调节温度。

（1）直接电热式和隔水电热式培养箱　直接电热式和隔水电热式培养箱的外壳通常用石棉板或铁皮喷漆制成，隔水电热式培养箱内层为紫铜皮制的贮水夹层，直接电热式培养箱的夹层是用石棉或玻璃棉等绝热材料制成，以增强保温效果，用温度控制器自动控制，使箱内温度恒定。隔水电热式培养箱采用电热管加热水的方式加温，直接电热式培养箱采用电阻丝加热，利用空气对流，使箱内温度均匀。如图1－11和图1－12所示。

图1－11　直接电热式培养箱

图1－12　隔水电热式培养箱

在培养箱内的正面和侧面，有指示灯和温度调节旋钮，当电源接通后，红色指示灯亮，按照要求设定所需要的温度，待温度达到后，红色指示灯熄灭，表示箱内已达到所需温度，此后箱内温度用温度控制器自动控制。

使用与维修保养：

①箱内的培养物不宜放置过挤，以便于热空气对流，无论放入或取出物品应随手关门，以免温度波动。

②直接电热式培养箱应在箱内放一个盛水的容器，以保持一定的湿度。

③隔水电热式培养箱应注意先加水再通电，同时应经常检查水位，及时添加水。

④直接电热式培养箱在使用时，应将上顶风洞适当旋开，以利于调节箱内的温度。

（2）生化培养箱　这种培养箱同时装有电热丝加热和压缩机制冷。因此可适应范围很大，一年四季均可保持在恒定温度，因而逐渐普及，如图1-13所示。

该培养箱使用与维修保养类似直接电热式培养箱。由于安装有压缩机，因此同时也要遵守冰箱保养的注意事项，如保持电压稳定、箱体放正、不能倾斜、及时清扫散热器上的灰尘等。

操作方法：

①接通电源，加热到所需温度。

②箱内不应放入过热或过冷之物，取放物品时，应随手关闭箱门，以维持恒温。

③培养箱最底层温度较高，培养物不宜与之直接接触，而箱内培养物不应放置过挤，以保证培养和受热均匀。各层金属孔上放置物品不应过重，以免将金属管架压弯滑脱，打碎培养物。

④培养箱消毒可用3%来苏水溶液。

3. 超净工作台

超净工作台是一种局部层流装置，它能在局部造成高洁净度的环境。一般用于微生物接种，如图1-14所示，在黄酒生产中用于微生物指标分析及菌种分离等工作，与无菌室操作相比，使用超净工作台比较方便且无菌程度更易保证，是目前较常用的设备。

图1-13　生化培养箱

图1-14　超净工作台

（1）操作方法

①使用前30min打开紫外灯杀菌。

②使用前10min将通风机启动。

③操作时关掉紫外灯，一般将开关按钮拨在照明处，杀菌灯即熄灭。

④工作完毕后停止风机运行，放下防尘帘。

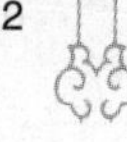

（2）超净工作台的维护

①保持室内的干燥和清洁。

②超净工作台安装应远离振动及噪声，以防止对它的影响。

③定期对设备进行清洁。

④熏蒸时，应将超净工作台所有缝隙完全密封。

4. 显微镜

显微镜主要用于观察微生物，进行微生物测量及计数等，显微镜的外观如图1－15所示。

显微镜的基本结构包括光学部分和机械部分。光学部分由目镜、物镜、集光器、反光镜等构成；机械部分由镜座、镜臂、镜筒、旋转器、载物台、升降调节器、倾斜开关、光圈等构成，如图1－16所示。

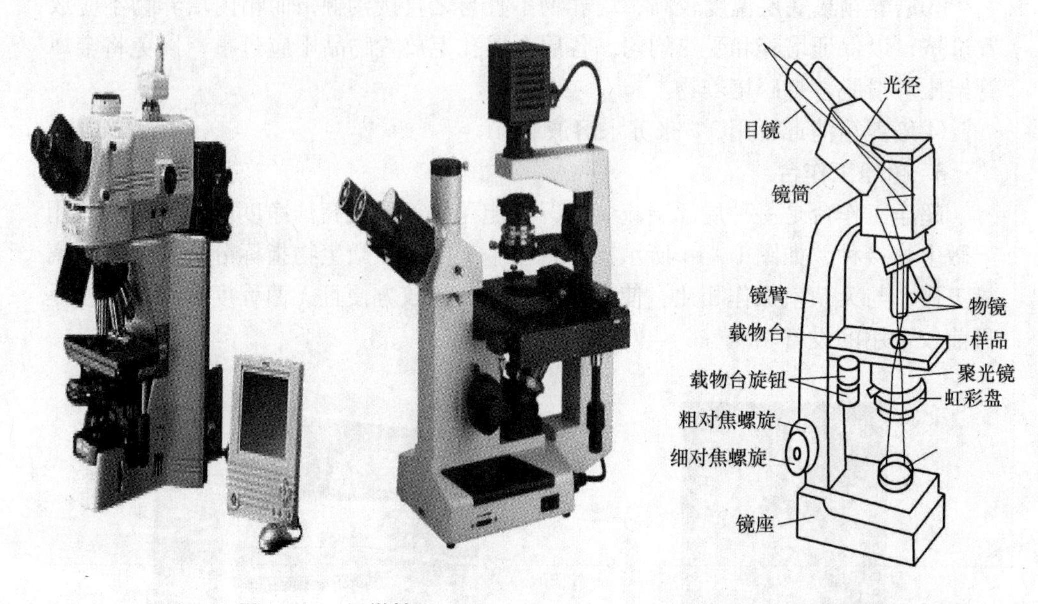

图1－15 显微镜　　图1－16 显微镜结构图

普通光学显微镜是利用目镜和物镜两组透镜系统来放大成像。一般微生物学使用的显微镜有三个物镜，其中油镜对微生物学研究最为重要。油镜的分辨力可达到0.2μm左右。大部分细菌的直径在0.5μm以上，所以油镜更能看清细菌的个体形成。

（1）显微镜的使用　显微镜的操作应按以下顺序进行：安置→光源→目镜→聚光器→低倍镜→高倍镜→油镜→擦镜→复原。

①显微镜的安置：置显微镜于平整的试验台上，显微镜镜座距离试验台边缘约10cm。

②光源调节：安装在镜座内的光源灯可通过调节电压以获得适当的照明亮

度，若使用反光镜采集自然光或灯光作为照明光源时，应根据光源的强度及所用物镜的放大倍数，先用反光镜并调节其角度，使视野内的光线均匀，亮度适宜。

③双筒显微镜的目镜调节：根据使用者的个人情况，目镜间距可适当调节，而左目镜上一般还配有屈光调节环。

④聚光器数值孔径值的调节：正确使用聚光镜才能提高镜检的效果。聚光镜的主要参数是数值孔径。通过调节聚光镜下面可变光栏的开放程度，可以得到各种不同的数值孔径，以适应不同物镜的需要。

⑤显微观察：进行显微观察时应遵守从低倍镜到高倍镜再到油镜的观察程序。

a. 低倍镜观察：将标本玻片置于载物台上，用标本夹夹住，移动推进器使观察对象处在物镜的正下方。下降 10 倍物镜，使其接近标本，用粗调节器慢慢升起镜筒，使标本在视野中初步聚焦，再用细调节器调节使物像至清晰。通过玻片使推进器慢慢移动玻片，认真观察标本各部位，找到合适的目的物，仔细观察并记录所观察到的结果。

b. 高倍镜观察：在低倍镜下找到合适的观察目标，并将其移至视野中心后，将高倍镜移至工作位置。对聚光器光圈及视野高度进行适当调节后，微调细调节器使物像清晰，利用推进器移动标本找到需要观察的部位，并移至视野中心仔细观察或准备用油镜观察。

c. 油镜观察：在高倍镜或低倍镜下找到要观察的样品区域后，用粗调节器将镜筒升高，然后将油镜旋到工作位置。在等待观察的样品区域加一滴香柏油，从侧面注视，用粗调节器将镜筒小心地降下，使油镜镜头浸在香柏油中，并几乎与标本接触时止（注意：切不可将油镜镜头压到标本，否则不但会压碎玻片，还会损坏镜头）。将聚光器升至最高位置并开足光圈，调节照明使视野的亮度合适，用粗调节器将镜筒徐徐上升，直至视野中出现物像，并用微调节器使其清晰聚焦为止。

⑥擦镜与复原。

（2）显微镜用后的处理及维护

①上升镜筒，取下载玻片，先用擦镜纸擦去镜头上的油，再用擦镜纸沾取少许二甲苯擦去镜头上的残留油迹，然后用擦镜纸擦去残留的二甲苯，最后用绸布清洁显微镜的金属部件。将各部分还原，将物镜转成“八”字形，再向下旋。套上镜套，放回原处。

②显微镜是很贵重和精密的仪器，使用时要十分爱护，各部件不要随意拆卸。搬动显微镜时应一手握镜座，一手握镜臂，放于胸前，以免损坏。

③显微镜放置的地方要干燥，以免镜片生霉；也要避免灰尘，在箱外暂时放置不用时，要用纱布等盖住镜体。显微镜应避免阳光暴晒，并要远离热源。

5. 分光光度计

（1）分光光度计的工作原理　物质对光的吸收有选择性，不同的物质有其特定的吸收波长，根据朗伯 - 比尔定律，当一束单色光通过均匀溶液时，其吸光

度与溶液浓度和液层厚度的乘积成正比，通过测定溶液的吸光度就可以确定被测组分的含量。

（2）分光光度计的构造

①光源：紫外线可见分光光度计常用两种光源，在可见区（300～800nm）用钨丝灯；在紫外区（185～350nm）用氢气或氘气放电管，放电管带石英窗，内充低压氢气或氘气，在两电极间施发一定压力，激发气体分子，引起气体分子发射连续的紫外光。

②单色器：单色器是将混合光分离为单色光的装置，一般包括棱镜和狭缝两部分。当光线射入棱镜，光的传播方向发生改变，即发生折射，其折射角度因波长而异，可将光源发出的混合光分散成单色光。狭缝的作用在于分散所需要的单色光，固定狭缝的宽度、转动棱镜，可使各个所需波长的光穿过狭缝照射在测定溶液上，棱镜转动的位置用校正过的波长标尺指示，波长与狭缝的宽度有关。紫外线可见分光光度计用棱镜或用光栅作色散元件。玻璃棱镜则适用于可见光区，天然水晶棱镜适用于紫外区。

③比色皿：用硅石或石英制成，每一套的大小尺寸必须严格一致。

④光电管：光电管具有一个阴极和一个阳极，阴极由对光敏感的金属（多为碱土金属的氧化物）做成，当光照射到阴极达到一定能量时，金属原子中的电子即发射出来，光越强，发射出的电子越多，如果阴极有电压，则电子被吸引到阳极，因而产生电流。

⑤记录器：光电管因光照而产生的光电流很微弱，要经过放大才能测量，仪器中都带有光电流放大系统，再由读数电位计记录。

（3）分光光度计的维护

①仪器应安置在干燥、无污染的地方。

②仪器内的防潮硅胶应定期更换或再生。

③仪器停止工作时，必须切断电源，应按开关机顺序关闭主机和稳流稳压电源开关。

④比色皿使用完毕，应立即用蒸馏水或有机溶液冲洗干净，并用柔软清洁的纱布把水渍擦净，防止表面光洁度受损，影响正常使用。

⑤仪器经过搬动后，要及时检查并纠正波长精度，确保仪器的正常使用。

⑥光源灯、光电管通常在使用一定时期后，会衰老和损坏，必须按规定换新。

⑦仪器的内光路系统一般不会发生故障，不能随便拆动。

（4）分光光度计的使用

①首先调试好仪器，根据测试的要求，选择合适的灯，氘灯的适用波长为200～320nm，钨灯的适用波长为320～1000nm。

②接通电源，开启电源开关，预热30min左右。

③把光门杆推到底，使光电管不见光，用波长选择钮选定测试波长。

④把光电管选择杆选择测试波长所对应的光电管，625nm 以下，选用蓝敏管；625nm 以上，选用红敏管。

⑤选择合适的比色皿，在紫外波段用 1cm 石英比色皿；在可见光、近红外波段使用 0.5、1、2、3cm 玻璃比色皿。一般在 350nm 以下，就可选用石英比色皿。

⑥将测量液和空白液（或蒸馏水）倒入比色皿，放入比色皿架上，盖好暗盒盖。

⑦校正仪器，把空白液置于光路之中，使透光率达 100%，吸光度为零。

⑧将拉杆轻轻拉出一格，使第二个比色皿内的待测溶液进入光路，读出吸光度，其余的待测溶液以此类推。

⑨测试完毕，取出比色皿，洗净后倒置于滤纸上晾干，各旋钮置于原来位置，电源开关置于“关”，拔出电源插头。

（5）分光光度计的故障排除

①仪器在接通电源后，如指示灯及光源灯都不亮，电流表也无偏转，这可能是：电源插头内的导线脱落；电源开关接触不良，要更换同样规格开关；熔体熔断，要更换新的熔体。

②电表指针不动或指示不稳定，可能是波段开关接触不好。如果在所有的位置都不动，检查表头线圈是否断路，如果电表指针左右摇晃不定，光门开启时比关闭时晃动更厉害，可能仪器的光源灯处有较严重的气浪波动，可将仪器移置于室内空气流通又无流速较大的地方；也可能是仪器光电管暗盒内受潮，应更换干燥处理过的硅胶，并用电吹风从硅胶筒送入适量的干燥热风。

6. 722 型分光光度计的使用方法

722 型分光光度计的外观如图 1－17 所示。

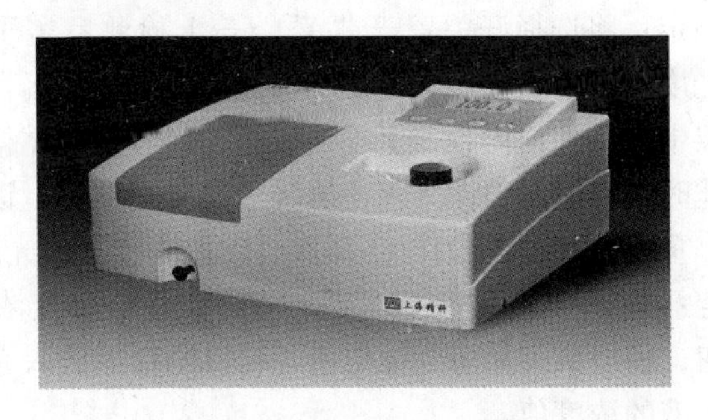

图 1－17　722 型分光光度计

（1）测量原理　分光光度法测量的理论依据是朗伯－比耳定律：当溶液中的物质在光的照射和激发下，产生了对光吸收的效应。但物质对光的吸收是有选择性的，各种不同的物质都有其各自的吸收光谱。所以根据定律，当一束单色光通过一定浓度范围的稀有色溶液时，溶液对光的吸收程度 A 与溶液的浓度 c（g/L）或液层厚度 b（cm）成正比。其定律表达式 $A=abc$（a 是比例系数）。当 c 的单位为 mol/L 时，比例系数用 ε 表示，则 $A=\varepsilon bc$ 称为摩尔吸光系数，其单位为 L/（mol · cm），它是有色物质在一定波长下的特征常数。

$$T（透光率）=I/I_0$$

$$A（吸光度）=-\lg T=K\cdot C\cdot L（比色皿的厚度）$$

测定时，入射光 I，透射光强度 I_0，吸光系数和溶液的光经长度不变时，透过光是根据溶液的浓度而变化的，即 K 为常数。比色皿厚度一定，L、I_0、I 也一定。只要测出 A 即可算出 C。

分光光度计的表头上，一行是透光率，一行是吸光度。

（2）使用方法

①预热仪器：将选择开关置于“T”，打开电源开关，使仪器预热 30min。为了防止光电管疲劳，不要连续光照，预热仪器时和不测定时应将检测室的盖打开，使光路切断。

②选定波长：根据实验要求，转动波长手轮，调至所需要的单色波长。

③固定灵敏度挡：在能使空白溶液很好地调到“100%”的情况下，尽可能采用灵敏度较低的挡，使用时，首先调到“1”挡，灵敏度不够时再逐渐升高。但换挡改变灵敏度后，需重新校正“0%”和“100%”。选好的灵敏度在实验过程中不要再变动。

④调节 T=0%：轻轻旋动“0%”旋钮，使数字显示为“00.0”（此时检测室是打开的）。

⑤调节 T=100%：将盛蒸馏水（或空白溶液，或纯溶剂）的比色皿放入比色皿座架中的第一格内，并对准光路，把检测室盖子轻轻盖上，调节透光率“100%”旋钮，使数字显示正好为“100.0”。

⑥吸光度的测定：将选择开关置于“A”，盖上检测室盖子，将空白液置于光路中，调节吸光度调节旋钮，使数字显示为“00.0”。将盛有待测溶液的比色皿放入比色皿座架中的其他格内，盖上检测室盖，轻轻拉动试样架拉手，使待测溶液进入光路，此时数字显示值即为该待测溶液的吸光度值。读数后，打开检测室盖，切断光路。重复上述测定操作 1～2 次，读取相应的吸光度值，取平均值。

⑦浓度的测定：选择开关由“A”旋置“C”，将已标定浓度的样品放入光路，调节浓度旋钮，使得数字显示为标定值，将被测样品放入光路，此时数字显示值即为该待测溶液的浓度值。

⑧关机：实验完毕，切断电源，将比色皿取出洗净，并将比色皿座架用软纸擦净。

（3）注意事项

①测量完毕，速将暗盒盖打开，关闭电源开关，将灵敏度旋钮调至最低挡，

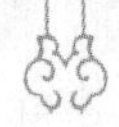

取出比色皿，将装有硅胶的干燥剂袋放入暗盒内，关上盖子，将比色皿中的溶液倒入烧杯中，用蒸馏水洗净、干燥后放回比色皿盒内。

②每台仪器所配套的比色皿不可与其他仪器上的比色皿单个调换。

7. 高压蒸汽灭菌锅

高压蒸汽灭菌锅是应用最广、效果最好的灭菌器，可用于培养基、生理盐水、废弃的培养物以及耐高热药品、纱布、玻璃等的灭菌。其种类有直立式、手提式两种：如图 1－18、图 1－19 所示，它们的构造与灭菌原理基本相同。常用的是手提式高压蒸汽灭菌锅。

图 1－18　直立式高压蒸汽灭菌锅

图 1－19　手提式高压蒸汽灭菌锅

（1）构造　高压蒸汽灭菌锅为一双层金属圆筒，两层之间盛水，外壁坚厚，其上方有金属厚盖，盖上装有螺旋，借以坚固盖门，使蒸汽不能外溢，因而锅内蒸汽压力升高，随之温度也相应升高。锅盖上还装有排汽阀、溢流阀，用以调节锅内蒸汽压力与温度以保障安全。

（2）操作方法

①使用前，先打开锅盖，向锅内加入适量的水。

②将待灭菌物品放入锅内。一般不能放得太多、太挤，以免影响蒸汽的流通和降低灭菌效果，然后关严锅盖，可采用对角式均匀拧紧锅盖上的翼形螺母，勿使其漏气。

③打开排气阀，加热，产生蒸汽 5～10min 后，关紧排汽阀门，则温度随蒸汽压力升高而升高，待到压力上升至所需压力时控制热源，维持所需时间。灭菌完毕后，关闭热源。

④待压力降到“0”时，打开排汽阀，然后打开锅盖取出待灭菌物品。

⑤灭菌结束，打开水阀门，排尽锅内剩水。

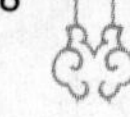

8. pH 酸度计

酸度计在黄酒中主要用来测量黄酒的酸度与氨基酸态氮的含量，有便携式与台式两种类型。如图 1 - 20 所示为台式酸度计。

（1）工作原理　水溶液 pH 的测量传统是用玻璃电极作为指示电极，甘汞电极作为参比电极，当溶液中氢离子浓度（严格说是活度）即溶液的 pH 发生变化时，玻璃电极和甘汞电极之间产生的电势也随着发生变化，而电势变化关系符合下列公式：

$$\Delta E = -0.1983T\Delta pH$$

式中　ΔE——表示电势的变化，mV

ΔpH——表示溶液 pH 的变化

T——表示被测溶液的温度，℃

常用的指示电极有玻璃电极、锑电极、氟电极、银电极等，其中玻璃电极使用最广。pH 玻璃电极头部是由特殊的敏感薄膜制成，它对氢离子有敏感作用，当它插入被测溶液内，其电位随被测液中氢离子的浓度和温度而改变。在溶液温度为 25℃时，每变化 1 个 pH，电极电位就改变 59.16mV。这就是常说的电极的理论斜率系数。常用的参比电极为甘汞电极，其电位不随被测液中氢离子浓度而改变。pH 测量的实质就是测量两电极间的电位差。当一对电极在溶液中产生的电位差等于零时，被测溶液的 pH 即为零电位 pH。

复合电极就是把甘汞电极和玻璃电极做在一起了，原理还是一样的，内参比电极加的是饱和氯化钾溶液，不是盐酸，外部电极是玻璃电极，它们都是与溶液相通的。玻璃泡内外溶液的氢离子浓度不同，产生的电位差不同，以此来测量 pH，如图 1 - 21 所示。

图 1 - 20　台式酸度计

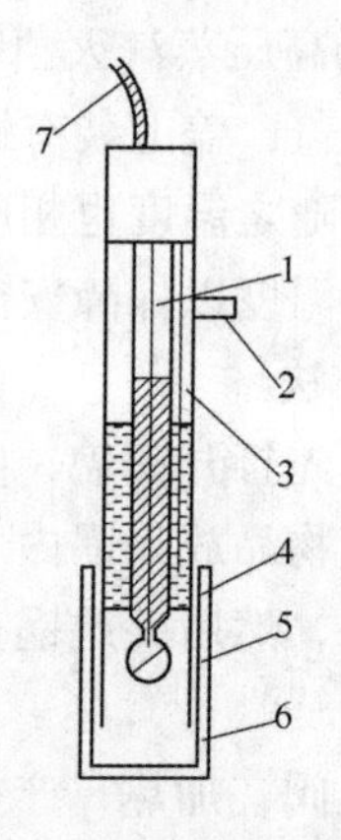

图 1 - 21　复合电极结构图

1—pH 玻璃电极　2—胶皮帽　3—Ag · AgCl 参比电极
4—参比电极底部陶瓷芯　5—塑料保护栅
6—塑料保护帽　7—电极引出端

(2) 操作方法

①开机前准备

a. 电极梗旋入电极梗插座，调节电极夹到适当位置。

b. 复合电极夹在电极夹上拉下电极前端的电极套。

c. 用蒸馏水清洗电极，清洗后用滤纸吸干。

②开机

a. 电源线插入电源插座。

b. 按下电源开关，电源接通后，预热30min，接着进行标定。

③标定：仪器使用前，先要标定，一般来说，仪器在连续使用时，每天要标定一次。

a. 在测量电极插座处拔去短路插座。

b. 在测量电极插座处插上复合电极。

c. 把选择开关旋钮调到 pH 挡。

d. 调节温度补偿旋钮，使旋钮白线对准溶液温度值。

e. 把斜率调节旋钮顺时针旋到底（即调到100%位置）。

f. 把清洗过的电极插入 pH6.86 的缓冲溶液中。

g. 调节定位调节旋钮，使仪器显示读数与该缓冲溶液当时温度下的 pH 相一致（如用混合磷酸定位温度为10℃时，pH6.92）。

h. 用蒸馏水清洗过的电极，插入 pH4.00（或 pH9.18）的标准溶液中，调节斜率旋钮，使仪器显示读数与该缓冲溶液中当时温度下的 pH 一致。

i. 重复 f～h 步骤，直至不用再调节定位或斜率两调节旋钮时，显示的数据重现稳定在标准溶液 pH 的数值上，允许变化范围为 ±0.01pH。

j. 仪器完成标定。

④测量 pH：经标定过的 pH 计，可用来测定被测溶液，被测溶液与标定溶液温度相同与否，测量步骤也有所不同。

a. 被测溶液与定位溶液温度相同时，测量步骤为：用蒸馏水洗电极头部，用被测溶液清洗一次；把电极浸入被测溶液中，用玻璃棒搅拌溶液（或电磁搅拌），使溶液均匀，在显示屏上读出溶液的 pH。

b. 被测溶液和定位溶液温度不相同时，测量步骤为：电极头部用被测溶液清洗一次；用温度计测出被测溶液的温度值；调节温度调节旋钮，使白线对准被测溶液的温度值；把电极插入被测溶液内，用玻璃棒搅动溶液，使溶液均匀后读出该溶液的 pH；测量结束后，洗净电极，加满饱和氯化钾溶液，套上电极套，塞上小塞子，先关机器上的电源开关，再关插座上的开关。用完的物品都要放回原处。

(3) pH 酸度计维护　目前实验室使用的电极都是复合电极，其优点是使用方便、不受氧化性或还原性物质的影响、平衡速度较快。使用时，将电极加液口上所套的橡胶套和下端的橡皮套全取下，以保持电极内氯化钾溶液的液压差。下面就电极的使用与维护简单做一介绍：

①复合电极不用时，可充分浸泡 3mol/L 氯化钾溶液中。切忌用洗涤液或其他吸水性试剂浸洗。

②使用前，检查复合电极前端的球泡。正常情况下，电极应该透明而无裂纹；球泡内要充满溶液，不能有气泡存在。

③测量浓度较大的溶液时，尽量缩短测量时间，用后仔细清洗，防止被测液沾在电极上而污染电极。

④电磁搅拌子应先行放入，搅动稳定后再放入电极，以免电极损伤，实验完毕先提起电极再关电磁搅拌器。

⑤清洗电极后，不要用滤纸擦拭玻璃膜，而应用滤纸吸干，避免损坏玻璃薄膜，防止交叉污染，影响测量精度。

⑥测量中注意电极的银－氯化银内参比电极应浸入到球泡内氯化物缓冲溶液中，避免电极显示部分出现数字乱跳现象。使用时，注意将电极轻轻甩几下。

⑦电极不能用于强酸、强碱或其他腐蚀性溶液。

⑧严禁在脱水性介质中使用，如无水乙醇、重铬酸钾等。

(4) 校准工作结束后　对使用频繁的 pH 计一般在 48h 内，仪器不需再次定标，如遇到下列情况之一，仪器则需要重新标定：

①溶液温度与定标温度有较大的差异时。

②电极在空气中暴露过久，如半小时以上时。

③定位或斜率调节器被误动。

④测量过酸（pH <2）或过碱（pH >12）的溶液后。

⑤换过电极后。

⑥当所测溶液的 pH 不在两点定标时所选溶液的中间，且距 pH7 又较远时。

9. 气相色谱仪

气相色谱仪分为两类：一类是气固色谱仪，另一类是气液分配色谱仪。这两类色谱仪所分离的固定相不同，但仪器的结构是通用的。气相色谱常用五类检测器：火焰热离子检测器（FTD）、火焰光度检测器（FPD）、热导检测器（TCD）、火焰离子化检测器（FID）、电子捕获检测器（ECD）。配有 FID 检测器的气相色谱仪在黄酒中主要用来检测会挥发性的物质，如 β－苯乙醇、正丁醇等，FID 对在火焰中产生离子的任何物质都有响应，几乎包括所有有机化合物，仅有少数例外，它是最常用的检测器。图 1－22 所示为气相色谱仪（岛津 GC－2014）。

(1) 色谱分离基本原理　在色谱法中存在两相，一相是固定不动的，称为固定相；另一相则不断流过固定相，称为流动相。

色谱法的分离原理就是利用待分离的各种物质在两相中的分配系数、吸附能力等亲和能力的不同来进行分离的。

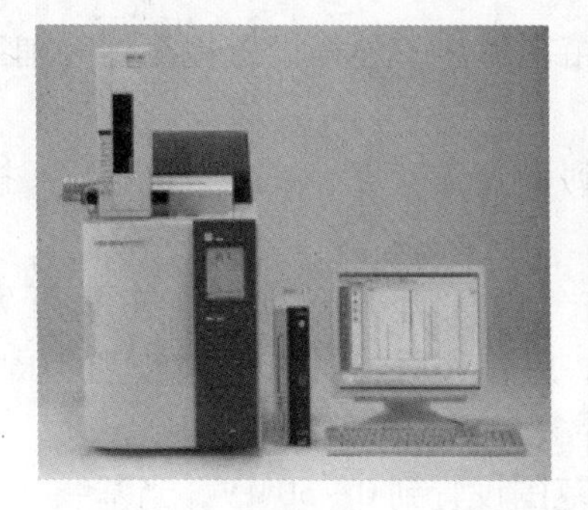

图 1-22 气相色谱仪（岛津 GC-2014）

使用外力使含有样品的流动相（气体、液体）通过固定于柱中或平板上、与流动相互不相溶的固定相表面。当流动相中携带的混合物流经固定相时，混合物中的各组分与固定相发生相互作用。由于混合物中各组分在性质和结构上的差异，与固定相之间产生的作用力的大小、强弱不同，随着流动相的移动，混合物在两相间经过反复多次的分配平衡，使得各组分被固定相保留的时间不同，从而按一定次序由固定相中先后流出。与适当的柱后检测方法结合，实现混合物中各组分的分离与检测。气相色谱仪器工作原理为：样品由载气吹动→样品经色谱柱分离→检测器检测成分→工作站打印分析结果。气相色谱流程示意图如图 1-23 所示。

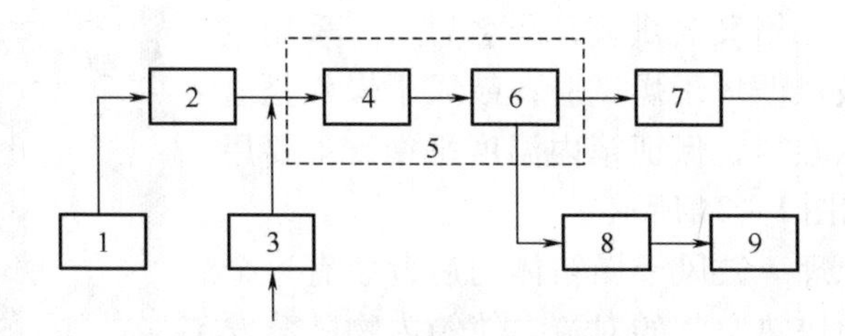

图 1-23 气相色谱流程示意图

1—载气源 2—流量控制器 3—进样装置 4—分离色谱柱 5—恒温箱
6—检测器 7—气体流量计 8—信号衰减器 9—记录仪

（2）气相色谱仪的基本组成 基本部件包括 5 个组成部分：气路系统，进样系统，分离系统，检测系统，记录系统。

（3）气相色谱操作步骤

①将净化器开关，氮气、氢气、空气的三个开关都保持在关的状态。

②打开三气发生器，氮气、氢气、空气三个压力表达到 4kg 的压力，氮气和氢气的输出流量都为 0。

③将净化器上的氮气开关打开（看载气压力表是否在 0.06MPa），如果载气压力表有压力，将气相色谱主机上的加热开关和电源开关同时打开。

④根据检测方法要求设置参数：设置柱箱、检测器、辅助Ⅰ的温度（按

"柱箱" -按"显示" -按"输入",柱箱在加热,同样设置检测器和辅助Ⅰ的温度)。

⑤柱箱、检测器、辅助Ⅰ的温度达到设定温度后(按"柱箱" -按"显示",上面是设定温度,下面是实际温度),进行点火。

⑥点火时,将净化器上的氢气和空气开关打开。调节氢气Ⅱ压力表到0.15MPa,空气压力表在0.05MPa,点火。点着火后将氢气Ⅱ和空气的压力表都调到0.1MPa(看火是否熄灭,如果熄灭重复上面步骤⑥的操作)。

⑦点着火后,将工作站打开,将电压范围设置到0~30MV,当基线为一条直线后,看仪器的控制面板上的灯光显示准备状态,可以进样品,并同时点击启动按钮或按一下色谱仪旁边的快捷按钮,进行色谱数据分析。分析结束时,点击停止按钮,数据即自动保存。

⑧做完样品后,当仪器的基线走成一条直线,没有样品后,将净化器上的氢气和空气开关关闭,关闭氢气和空气气源,使氢火焰检测器灭火。

⑨降温:柱箱、检测器、辅助Ⅰ降温(按"柱箱" -按"显示" -按"清除",柱箱停止加热,同样的对检测器和辅助Ⅰ进行降温)。

⑩柱箱的温度降到50℃以下,将气相色谱上的电源开关和加热开关同时关闭;将三气发生器电源开关关闭,最后再关闭氮气。

10. 电热鼓风干燥箱

电热鼓风干燥箱又名烘箱,顾名思义,采用电加热方式进行鼓风循环干燥试验,鼓风干燥就是通过循环风机吹出热风,保证箱内温度平衡,主要用来干燥样品。如图1-24所示。

图1-24 电热鼓风干燥箱

(1) 工作原理 鼓风干燥箱体的后背装有一个电风扇,用以加快热空气的对流,使箱内物品蒸发的水蒸气加速散逸到箱外的空气中,以提高干燥效率,从而使箱内温度均匀。

电风扇工作运行方式可分为水平送风和垂直送风。

①水平送风:适用于需放置在托盘中烘烤的物件,水平送风的热风是由工作室两边吹出的,因此可以沐浴在托盘中的物件,此烘烤效果很好。

②垂直送风:适用于烘烤放置在网架上的物件,垂直送风热风是由上而下吹出,由于是网架,这样会使上下流通性好,让热风可完全沐浴在物件上。

(2) 高温鼓风干燥箱使用方法

①使用前检查电源,要有良好地线,使用完毕后,应将电源关闭,以保证使用安全。

②干燥箱应放置在具有良好通风条件的室内，在其周围不可放置易燃易爆物品，切勿将易燃物品及挥发性物品放在箱内加热，保证使用安全。

③干燥箱内物品放置切勿过挤，必须留出空间，以利热空气循环。

④箱内热风电机应定期保养，清洁灰尘，保持正常使用，鼓风机的电动机轴承应该每半年加一次油。

⑤不宜在高电压、大电流、强磁场、带腐蚀性气体环境下使用。以免干扰损坏及发生危险。

⑥箱内外应经常保持清洁，长期不用应罩好塑料防尘罩，放在干燥的室内。

⑦应做好干燥箱的日常维护保养工作，做到干燥箱的使用、维护由专职人员进行。

复习思考题

一、填空题

1. 根据所利用的化学反应类型的不同，滴定分析法可以分为_____、_____、_____以及_____等。

2. 显微观察时应遵守从_____到_____再至_____的观察程序。

3. 复合电极就是把_____和_____做在一起，原理还是一样的，内参比电极加的是_____，不是_____。

二、判断题

1. 搬动显微镜时应一手握镜座，一手握镜臂，放于胸前，以免损坏。（　）

2. 分光光度计每台仪器所配套的比色皿，不可与其他仪器上的比色皿单个调换。（　）

3. 高压蒸汽灭菌锅压力不降到“0”，就可打开排汽阀，然后打开锅盖取出灭菌物品。（　）

4. 复合电极不用时，可充分浸泡在3mol/L氯化钾溶液中。切忌用洗涤液或其他吸水性试剂浸洗。（　）

5. 电热恒温水浴锅使用时应注意水位，要保持不低于电热管。（　）

6. 超净工作台使用前30min打开紫外灯杀菌，操作时关掉紫外灯，一般将开关按钮拨在照明处，杀菌灯即熄灭。（　）

三、简答题

1. 滴定分析法的原理是什么？

2. 显微镜用后怎样正确处理及维护？

3. 分光光度计的工作原理是什么？

4. 简述高压蒸汽灭菌锅的操作方法。

第二章　黄酒原料分析

第一节　取　　样

原料取样由单位检测部门指定专人负责。取样时，必须使试样具有代表性，以真实地代表分析对象。凡袋装原料，按总袋数的5% ~10% 袋中取样（可用取样器如图 2 –1 所示）。按上、中、下分层进行取样。

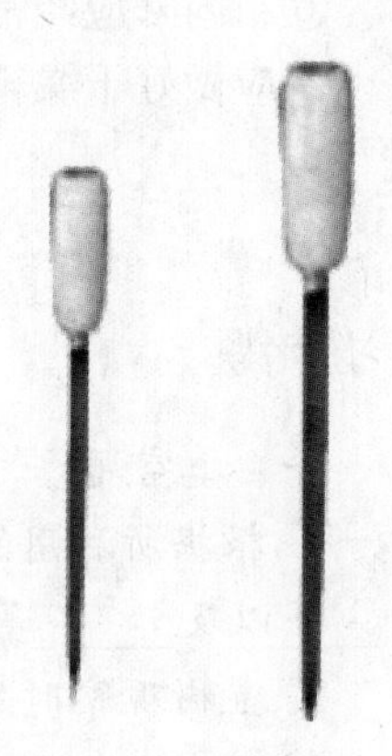

图 2 –1　取样器

一、采样的原则

（1）采集的样品必须具有代表性。

（2）采样方法必须与分析目的保持一致。

（3）在采样及样品制备过程中，要设法保持原有的理化指标，避免预测组分发生化学变化或丢失。

（4）要防止和避免预测组分的污染。

（5）样品的处理过程尽可能简单易行。

二、采样一般方法

样品的采集有代表性取样和随机抽样两种方法。随机抽样即按照随机原则，从大批物料中抽取部分样品。操作时，可采用多点取样的方法，使所有物料的各部分都有被抽取的机会。代表性取样是用系统抽样法进行采集，根据样品随空间、时间变化规律，采集能代表其相应部分的组成和质量的样品。如按组批取样、随生产过程流动定时取样、定期抽取货架商品取样等。

采样通常采用随机抽样与代表性抽样相结合的方式，具体取样方法则因分析对象的不同而异。黄酒生产中主要是原料大米、小麦等原料采样，所以下面介绍一下均匀固体物料（大米、小麦、粉状食品）的采样方法。

对于有完整包装（袋、桶、箱）的均匀固体物料，可先确定采样件数，其确定公式为：

$$S=\sqrt{n/2}$$

式中　n——被检测对象的数目

S——采样件数

然后从样品堆放的不同部位按采样件数确定具体采样袋数，再用取样管插入包装容器中采样，回转180°取出样品，每一包装须由上、中、下三层取样，把许多份检测样品合起来即为原始样品；再用四分法将原始样做成平均样品：将原始样品充分混匀后堆在桌面上，压成厚度在3cm以下的形状，并划对角线或十字线，将样品分成四份，取对角的两份混合，再如上操作分为四份，取对角的两份，重复这样的操作直至取得所需数量为止，一般为三、四次（如图2-2）。根据企业的实际情况，以供应部送检单注明的数量为一批次。取样包数不少于总包数的5%~10%，抽样量不少于0.5~1.0kg；抽样的包点要分布均匀；抽样时，取样器的槽口向下，从包的一端斜对角插入包的另一端，然后槽口向上取出，每包取样次数一致。所取试样经四分法后，留200~500g装入干净磨口瓶中，注明名称、日期等，保留以备日后查对。另取试样品100~200g，粉碎至全部通过40目筛孔（如最后有少量不能通过筛子的应直接倒入试样中）。

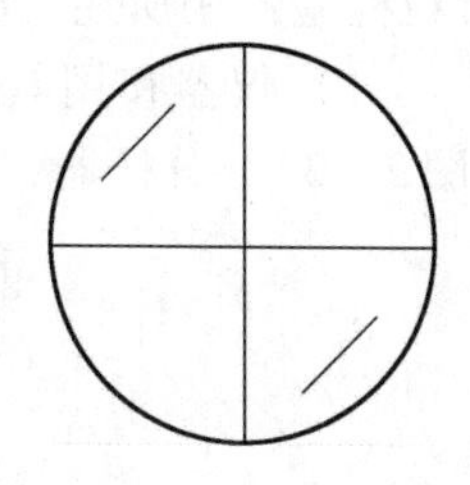
图2-2　四分法示意

第二节　大米与小麦物理分析

一、感官鉴定

（1）用具　天平（分度值1g），谷物筛选，广口瓶，水浴锅。

（2）色泽、气味　本方法采用GB/T 5492—2008《粮油检验　粮食、油料的色泽、气味、口味鉴定》中色泽、气味鉴定。

①色泽鉴定：分取20~50g已去除杂质的样品，放在手掌中均匀地摊平，在散射光线下仔细观察样品的整体颜色和光泽。黄酒原料的大米以米色洁白、无杂色、略有光泽者为好的，呈暗黄色或失去光泽者不适于酿酒。夹有杂色的大米常含有较多的蛋白质与脂肪，也不利于酿酒。制麦曲用原料小麦，应籽粒饱满，颜色淡黄或淡红，富有光泽，不得有呈褐色、灰色和虫蛀的现象。

②气味鉴定：分取20~50g样品，简易的检验方法是取少许试样放在手掌中紧握，或用哈气或摩擦的方法，提高样品的温度后，立即嗅其气味。对气味不易鉴定的样品，分取20g样品，放入广口瓶中，置于60~70℃的水浴锅中，盖上瓶塞，保温8~10min，开盖后，嗅其气味。优质的大米与小麦应具有固有的气味，绝不应有腐败气味及霉味。

③结果表示：正常的大米、小麦具有固有的色泽、气味，鉴定结果以“正常”或“不正常”表示。品尝评分值高于60分的为“正常”，低于60分的为“不正常”，对“不正常”的应加以说明。

二、杂质

杂质是指混在原料中没有利用价值的，甚至影响酒的品质的物质。

小麦杂质测定按照 GB/T 5494—2008《粮油检验　粮食、油料的杂质、不完善粒检验》中所述之法。

(1) 仪器和用具　天平（感量 0.01、0.1、1g）、谷物选筛、电动筛选器（图 2-3）、分样器、分样板、分析盘、镊子等。

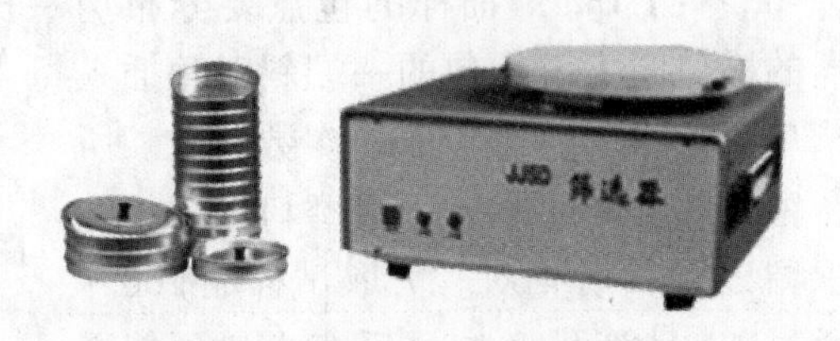

图 2-3　电动筛选器

(2) 照明要求　操作过程中照明条件应符合 GB/T 22505—2008《粮油检验　感官检验环境照明》的要求。

(3) 样品制备　检验杂质的试样分大样、小样两种。大样是用于检验大样杂质，包括大型杂质和绝对筛层的筛下物；小样是从检验过大样杂质的样品中分出少量试样，检验与粮粒大小相似的杂质。检验小麦中杂质的试样用量：大样质量约 500g，小样质量约 50g。

(4) 筛选　电动筛选器选法：按质量标准中规定的筛层套好（大孔筛在上，小孔筛在下，套上筛底），按规定称取试样放在筛上，盖上筛盖，放在电动筛选器上，接通电源，打开开关，选筛自动地向左向右各转 1min（110 ~ 120r/min），筛后静止片刻，将筛上物和筛下物分别倒入分析盘内。卡在筛孔中间的颗粒属于筛上物。

(5) 大样杂质检验

①操作方法：从平均样品中，称取大样用量 500g，精确至 1g，分两次进行筛选，然后拣出筛上大样杂质和筛下物合并称重（m_1），精确至 0.01g（小麦大样杂质在 4.5mm 筛上拣出）。

②结果计算：大样杂质含量（ω_1）以质量分数（%）表示，按以下公式计算：

$$\omega_1 = \frac{m_1}{500} \times 100$$

式中　ω_1——大样杂质百分率，%

m_1——大样杂质质量，g

500——大样质量，g

在重复条件下，获得的两次独立测试结果的绝对差值不超过0.3%，求其平均数，即为检验结果。检验结果取到小数后一位。

（6）小样杂质检验

①操作方法：从检验过大样杂质的试样中，称取小样用量50g，精确至0.01g，倒入分析盘中，按质量标准的规定拣出杂质，称重（m_2），精确至0.01g。

②结果计算：小样杂质含量（ω_2）以质量分数（%）表示，按以下公式计算：

$$\omega_2 = (100 - \omega_1) \times \frac{m_2}{50}$$

式中　m_2——小样杂质质量，g

50——小样质量，g

ω_1——大样杂质百分率，%

在重复条件下，获得的两次独立测试结果的绝对差值不超过0.3%，求其平均数，即为检验结果。检验结果取到小数后一位。

（7）杂质总量计算　杂质总量（ω）以质量分数（%）表示，按以下公式计算：

$$\omega = \omega_1 + \omega_2$$

式中　ω——杂质总量，%

ω_1——大样杂质百分率，%

ω_2——小样杂质百分率，%

计算结果取到小数点后一位。

（8）不完善粒检验

①操作方法：在检验小样杂质的同时，按质量标准的规定挑出不完善粒，称重（m_3），精确至0.01g。

②结果计算：不完善粒（C）以质量分数（%）表示，按以下公式计算：

$$C = (100 - \omega_1) \times \frac{m_3}{50}$$

式中　m_3——小样杂质质量，g

50——小样质量，g

C——不完善粒百分率，%

ω_1——大样杂质百分率，%

在重复条件下，获得的两次独立测试结果的绝对差值不超过0.5%，求其平均数，即为检验结果。检验结果取到小数后一位。

三、小麦容重测定

容重是原料颗粒在单位容积内的质量，以g/L表示。通常容重大的，其颗粒饱满整齐，淀粉含量相对来说也高些。本法采用 GB/T 5498—2013《粮油检验 容重测定》。

1. 仪器和用具

（1）HGT－1000 型容重器　即增设专用底板的 61－71 型容重器，如图 2－4 所示。

（2）天平　感量 0.1g。

（3）谷物选筛　不同粮种选用的筛层如下规定：

①小麦：上筛层 4.5mm，下筛层 1.5mm。

②高粱：上筛层 4.0mm，下筛层 2.0mm。

③谷子：上筛层 3.5mm，下筛层 1.2mm。

图 2－4　容重器

2. 试样制备

从平均样品中分取试样约 1000g，按谷物选筛规定的筛层分 4 次进行筛选，拣出上层筛上的大型杂质并弃除下层筛筛下物，合并上、下层筛上的粮食籽粒混匀作为测定容重的试样。

3. 容重检测步骤

（1）打开箱盖，取出所有部件，盖好箱盖。

（2）在箱盖的插座上安装立柱，将横梁支架安装在立柱上，并用螺丝固定，再将不等臂式双梁安装在支架上。

（3）将放有排气砣的容量筒挂在吊环上，将大、小游锤移至零点处，检查空载时的零点。如不平衡，则捻动平衡调整砣至平衡。

（4）取下容量筒，倒出排气砣，将容量筒安装在铁板底座上，插上插片，放上排气砣，套上中间筒，关闭谷物筒下部的漏斗开关。

（5）将制备的试样倒入谷物筒内，装满刮平。再将谷物筒套在中间筒上，打开漏斗开关，待试样全部落入中间筒后关闭漏斗开关。握住谷物筒与中间筒接合处，平稳地抽出插片，使试样与排气砣一同落入容量筒内，再将插片准确地插

入豁口槽中，依次取下谷物筒，拿起中间筒和容量筒，倒净插片上多余的试样，抽出插片，将容量筒挂在吊环上称重。平行试验结果允许差不超过3g/L，求其平均数，即为测定结果，测定结果取整数。

四、水分测定

（1）原料水分测定常用烘干法，本方法采用GB 5497—1985《粮食、油料检验　水分测定法》中定温定时烘干法。

①原理：采用比水的沸点稍高的温度（105℃）加热同样一定的时间，让水分充分蒸发，根据试样减轻的质量计算水分含量。

②仪器和用具：电热恒温干燥箱，分析天平（感量0.001g），实验室用电动粉碎机（图2－5），备有变色硅胶的干燥器，谷物选筛，铝盒（内径4.5cm，高2cm）。

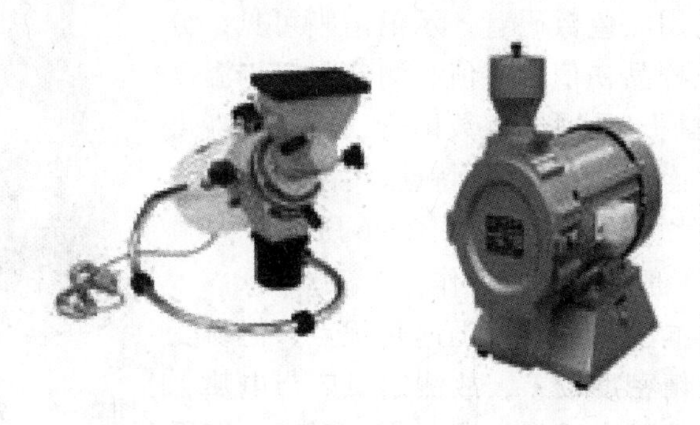

图2－5　不同形状电动粉碎机

③试样制备：用四分法从平均样品中分取30～50g样品，除去大样杂质和矿物质，粉碎细度通过1.5mm圆孔筛的不少于90%。

④测定方法：用已烘干至恒重的铝盒称取试样2g（准确至0.001g），待烘箱温度升至135～145℃时，将盛有试样的铝盒送入烘箱内温度计周围的烘网上，在5min内，将烘箱温度调到（130±2）℃，开始计时，烘40min后取出放入干燥器内冷却，称重。

⑤结果计算

大米与小麦含水量按如下公式计算：

$$水分（\%）=\frac{m_1-m_2}{m_1-m_0}\times 100$$

式中　m_0——铝盒重，g

m_1——烘前试样和铝盒重，g

m_2——烘后试样和铝盒重，g

在重复条件下，获得的两次独立测试结果的绝对差值不超过0.2%，求其平均数，即为检验结果。检验结果取到小数后一位。

⑥注意事项：一般情况下，烘干后称量的最佳时间为30min。烘箱一定要用带鼓风装置的烘箱，样品要在盒子内摊开。

（2）快速水分测定仪测定水分，红外干燥法。

①原理：红外干燥法是利用物料吸收一定穿透性的远红外线，使内部自身发热、温度升高导致失水。红外线快速水分测定仪，是采用热解质量原理设计的，是一种新型快速水分检测仪器。水分测定仪在测量样品质量的同时，红外加热单元和水分蒸发通道快速干燥样品，在干燥过程中，水分仪持续测量并即时显示样品丢失的水分含量（%），干燥程序完成后，最终测定的水分含量值被锁定显示。与传统的烘箱加热法相比，红外加热可以在最短时间内达到最大加热功率，在高温下样品快速被干燥，大大加快了测量时间，一般样品只需几分钟即可完成测定。该仪器操作简单，测试准确，显示部分采用红色数码管，示值清晰可见，分别可显示水分值、样品初值、终值、测定时间、温度初值、最终值等数据，采用红色数码管，示值清晰可见。具有保质、干燥快速和节能等特点。

图2-6 快速水分测定仪

②仪器：快速水分测定仪，如图2-6所示。

③测定方法：一般按说明书操作。

④注意事项：本法测定较为迅速是优点，但易受操作时条件影响，精密度较差，故测定时应与电热干燥箱法做对照，以选择合适的灯距与干燥时间。需平行测定2份样品，取其平均值（误差小于0.2%）。

第三节 大米与小麦化学分析

一、大米粗淀粉的测定

淀粉为黄酒原料的主要成分，测定原料中的淀粉含量具有重要的意义。原料中淀粉的测定常用酸水解法和酶水解方法两种，酸水解法操作方便，但由于酸不但能水解淀粉，同时也能水解原料中的一些其他多糖如半纤维素、多缩戊糖等成为木糖、阿拉伯糖、半乳糖及糖醛酸等还原糖，而使结果偏高。故只能代表粗淀粉的含量，适用于谷类、薯类原料。酶水解方法测定结果较准确，能代表纯淀粉含量，适宜于含有半纤维素、多缩戊糖较多的原料。因为酶具有专一性，其他多糖不被水解，但是操作很麻烦。所以，现今我们黄酒企业一般都采用酸水解法。

1. 原理

淀粉经酸或酶水解成具有还原性的单糖，然后按还原糖测定，折算成淀粉。

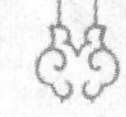

$$(C_6H_{10}O_5)_n + nH_2O \xrightarrow{H^+ 或酶} nC_6H_{12}O_6$$

这里采用廉-爱农法，它以斐林溶液为氧化剂。斐林溶液由甲、乙液组成，甲液为硫酸铜溶液，乙液为酒石酸钾钠与氢氧化钠溶液。当甲、乙两液混合时，硫酸铜与氢氧化钠起反应生成氢氧化铜沉淀。

$$CuSO_4 + 2NaOH \longrightarrow Cu(OH)_2（沉淀）+ Na_2SO_4$$

生成的氢氧化铜与酒石酸钾钠反应，生成可溶性的酒石酸铜络合物，使沉淀溶解。酒石酸钾钠铜中的 Cu^{2+} 是氧化剂，而葡萄糖在碱性溶液中起烯醇化作用，生成的葡萄糖烯二醇是一种较强的还原剂。两者产生氧化还原反应后，Cu^{2+} 被还原成 Cu^{+}，葡萄糖被氧化为葡萄糖酸。

用次甲基蓝作指示剂，次甲基蓝氧化型也具有氧化能力，但氧化能力较 Cu^{2+} 为弱。当溶液中含有未被还原的 Cu^{2+} 时，滴入的糖首先使 Cu^{2+} 还原。当 Cu^{2+} 全部被还原后，糖液才使次甲基蓝还原，生成无色的次甲基蓝还原型，溶液的蓝色消失，即为终点。

2. 仪器和用具

（1）实验室用电动粉碎机。

（2）电子天平（精度 0.01g）。

（3）150、250mL 三角瓶。

（4）电炉。

（5）1m 长具塞玻璃管。

（6）500mL 容量瓶。

（7）50mL 酸式滴定管。

3. 试剂

（1）1∶4 的盐酸溶液。

（2）20% NaOH 溶液　称取 20g 氢氧化钠，加蒸馏水溶解并稀释至 100mL。

（3）1% 次甲基蓝指示剂　称取 1g 次甲基蓝，溶于乙醇（95%）并稀释至 100mL。

（4）10g/L 酚酞指示剂　称取 1g 酚酞，溶于乙醇（95%）并稀释至 100mL。

（5）斐林溶液

①斐林甲液：称取硫酸铜（$CuSO_4 \cdot 5H_2O$）69.28g，加蒸馏水溶解并定容到 1000mL。

②斐林乙液：称取酒石酸钾钠 346g 及氢氧化钠 100g，加蒸馏水溶解并定容到 1000mL，摇匀，过滤，备用。

（6）2.5g/L 葡萄糖标准溶液　称取经 103～105℃ 烘干至恒重的无水葡萄糖 2.5g（精确至 0.0001g），加水溶解，并加浓盐酸 5mL，再用蒸馏水定容到 1000mL。

4. 标定斐林溶液

①标定斐林溶液的预滴定：准确吸取斐林甲、乙液各5mL于150mL三角瓶中，加水30mL，混合后置于电炉上加热至沸腾。滴入2.5g/L葡萄糖标准溶液，保持沸腾，待试液蓝色即将消失时，加入次甲基蓝指示液两滴，继续用葡萄糖标准溶液滴定至蓝色刚好消失为终点。记录消耗葡萄糖标准溶液的体积（V）。

②斐林溶液的标定：准确吸取斐林甲、乙液各5mL于150mL三角瓶中，加水30mL，混匀后加入比预先滴定体积（V）少1mL的葡萄糖标准溶液，置于电炉上加热至沸腾，加入次甲基蓝指示液2滴，保持沸腾2min，继续用葡萄糖标准溶液滴定至蓝色刚好消失为终点，记录消耗葡萄糖标准溶液的体积（V_1）。全部滴定操作须在3min内完成。

斐林甲、乙液各5mL相当于葡萄糖的质量，按下式计算：

$$F = \frac{m_1 \times V_1}{1000}$$

式中 F——斐林甲、乙液各5mL相当于葡萄糖的质量，g

m_1——称取葡萄糖的质量，g

V_1——正式标定时，消耗葡萄糖标准溶液的总体积，mL

5. 测定方法

从上述试样中用电子天平准确称取2g，置于250mL三角瓶中，加1:4盐酸溶液50mL，轻轻摇动三角瓶，使试样充分湿润。在瓶口加上长约1m的长玻璃管，在电炉上加热，保持微沸半小时。冷却后加酚酞指示剂2滴，用20%氢氧化钠溶液中和至中性。用脱脂棉过滤，滤液用500mL容量瓶接收，用水充分洗涤残渣，洗液并入容量瓶中，然后用蒸馏水定容，摇匀。以试样水解液代替葡萄糖标准溶液按斐林溶液标定的操作步骤进行测定。

6. 结果计算

$$淀粉（\%）= \frac{500 \times F}{V \times m} \times 0.9 \times 100$$

式中 F——斐林甲、乙液各5mL相当于葡萄糖的质量，g

V——滴定消耗糖液的体积，mL

m——试样的质量，g

500——滤液总体积，mL

0.9——葡萄糖与淀粉的换算系数

7. 注意事项

（1）本法严格要求在规定的操作条件下进行，加热的温度以600W电炉为好。在电炉上微沸时，要严格做到气体不冲出回流的玻璃管。米粉不要粘贴在回流的玻璃瓶壁上。每次滴定时均应保持相同程度的沸腾，如果沸腾程度相差悬殊，会造成误差。

（2）由于次甲基蓝也能被空气氧化成为蓝色，同时反应生成的氧化亚铜也

易被氧化，因此滴定操作必须在试液沸腾状况下进行，以逐出瓶中的空气，故不能从电炉上取下滴定。

（3）葡萄糖与斐林溶液反应需要一定的时间，因此滴定速度不能太快，一般以每2秒滴1滴为宜。严格掌握滴定时间，做预备滴定的目的是便于控制时间，以免造成较大误差。

（4）试样经水解、中和后，应立即定糖，不能久置，否则糖易腐败而导致结果偏低。

（5）葡萄糖与淀粉换算系数 换算系数：淀粉的相对分子质量（162）÷葡萄糖相对分子质量（180）=0.9，即0.9g淀粉水解后生成1g葡萄糖。

（6）斐林甲、乙溶液在临用时量取等容量相混合，酒石酸钾钠铜络合物长期在碱性条件下，会缓慢分解，如果贮存过久，在使用前须检查是否适用。方法是吸取斐林甲、乙溶液各5mL于三角瓶中，加蒸馏水30mL，摇匀煮沸数分钟，若仍属清澈，则可以继续使用；假使发现有红色氧化亚铜析出，即使是微量，也应重新配制或标定。

（7）次甲基蓝指示剂的用量也应一定的，不然也会造成误差。

二、糯米互混测定

1. 原理

直链淀粉与碘酒作用显蓝色，支链淀粉与碘酒作用显紫色或紫红色，这取决于该淀粉中直链淀粉与支链淀粉的比例。在糯米中，支链淀粉占98%，直链淀粉占2%；粳米中，支链淀粉占83%，直链淀粉占17%；籼米中支链淀粉占70%，直链淀粉占30%。糯米中几乎全是支链淀粉，遇碘酒显紫色或紫红色，粳米与籼米直链淀粉占17%和30%，所以粳米与籼米遇碘酒所显示的颜色为蓝色。

2. 试剂

0.01mol/L碘－碘化钾溶液：1.27g碘、3.5g碘化钾，加少量水溶解，再用水定容到100mL（或0.1%碘乙醇溶液：0.1g固体碘加入少量75%酒精溶解，再加75%酒精定容到100mL）。

3. 操作步骤

非糯性与糯性米粒互混不易鉴别时，不加挑选地取出200粒完整粒，用0.1%碘乙醇溶液浸泡1min左右，然后洗净，观察米粒着色情况。糯性米粒呈紫红色，非糯性米粒呈蓝色。拣出混有异类型的粒数n。按公式：

$$\text{互混（\%）}=\frac{n}{200}\times 100$$

式中 n——异类粒数

200——试样粒数

在重复性条件下，获得的两次独立测试结果的绝对差值不大于1%，求其平均数即为测试结果。检验结果取整数。

三、蛋白质

米中各类蛋白质由蛋白酶分解成肽及不同的氨基酸，是酵母的营养成分及黄酒的呈味成分；氨基酸在酵母作用下转变为高级醇，一部分进一步转变为相应的酯，这些都是呈香成分。但若米粒的蛋白质含量较高，则饭粒的消化性较差；细菌在发酵醪中的产酸量增多，也是黄酒浑浊的主要根源之一，并使黄酒色度和杂味加重。

蛋白质测定常用凯氏定氮法。凯氏定氮法是测定总有机氮量较为准确、操作较为简单的方法之一，可用于所有动、植物物料的分析及各种加工品的分析，应用较为普遍，是经典的分析方法，至今仍被作为标准检验方法。

常量凯氏定氮法如下：

1. 原理

常量凯氏定氮法是利用硫酸及催化剂与试样一同加热消化，使蛋白质分解。其中C、H形成CO_2及H_2O逸出，而氮以氨的形式与硫酸作用，形成硫酸铵留在酸液中。将消化液碱化、蒸馏，使氨游离，随水蒸气蒸出，被硼酸吸收。用盐酸标准液滴定所生成的四硼酸铵，从消耗盐酸标准液的量可计算出总氮量。

2. 仪器与试剂

（1）定氮蒸馏装置　如图2－7所示。

（2）硫酸铜。

（3）硫酸钾。

（4）硫酸。

（5）40g/L硼酸溶液。

（6）混合指示剂　1g/L甲基红乙醇与1g/L亚甲基蓝乙醇溶液，临用时按2∶1的比例混合。或1g/L甲基红乙醇与1g/L溴甲酚绿乙醇溶液，临用时按1∶5的比例混合。

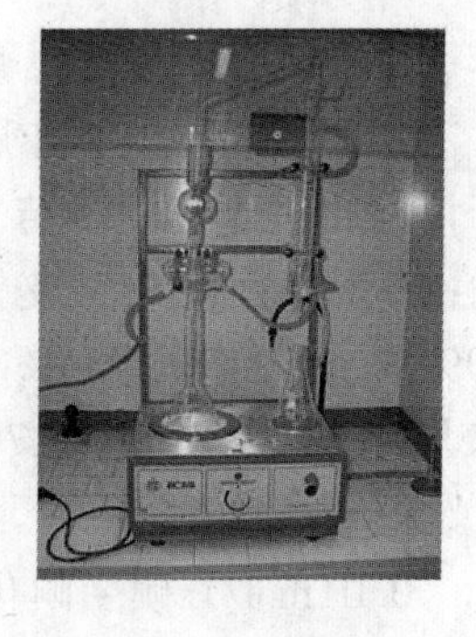

图2－7　定氮蒸馏装置

（7）400g/L NaOH溶液。

（8）0.1mol/L HCl标准溶液　量取浓盐酸9mL加水稀释至1000mL。

标定：准确称取于270～300℃灼烧至恒重的基准无水碳酸钠0.17g（准确至0.0002g），溶于50mL水中，加5滴溴甲酚绿－甲基红混合指示液，用配制好的盐酸溶液滴定至溶液由绿变为暗红色，煮沸2min，冷却后继续滴定至溶液再呈暗红色。同时做空白试验。

计算公式：

$$c_{HCl}=\frac{m}{(V_1-V_2)\times 0.05299}$$

式中　m——无水碳酸钠的质量，g

V_1——消耗 HCl 溶液的体积，mL

V_2——空白试验消耗 HCl 溶液的体积，mL

0.05299——消耗 1mL 1mol/L HCl 标准溶液相当于无水碳酸钠的质量，g/mmol

3. 测定步骤

（1）样品消化　准确称取粉碎样品 1～2g，移入干燥的 250mL 凯氏烧瓶中。加入 1g 硫酸铜、10g 硫酸钾及 25mL 浓硫酸，小心地摇匀后，于瓶口置一小漏斗，瓶颈 45°角倾斜置于电炉上，在通风橱内加热消化（若无通风橱可于瓶口倒插一口径适宜的干燥管，用胶管与水力真空管相连，利用水力抽除消化过程所产生的烟气）。先以小火缓慢加热，待到内容物完全炭化、泡沫消失后，加大火力，消化至溶液透明呈蓝绿色。取下漏斗，继续加热 0.5h，冷却至室温。

（2）蒸馏、吸收　安装好蒸馏装置，冷凝管下端浸入接收瓶液面之下（瓶内预先装有 50mL 40g/L 硼酸溶液及混合指示剂 5～6 滴）。在凯氏烧瓶内加入 100mL 水、玻璃珠数颗，从安全漏斗中慢慢加入 70mL 400g/L NaOH 溶液，溶液应呈蓝褐色。将定氮瓶连接好，加热蒸馏 30min，然后将蒸馏装置出口离开液面继续蒸馏 1min，用水淋洗尖端后停止蒸馏。

（3）滴定　将接收瓶内的硼酸液用 0.1mol/L HCl 标准溶液滴定至终点。同时做空白（除不加样品外，从消化开始操作完全相同）。

4. 计算

$$蛋白质含量（\%）=(V-V_0)\times c\times 0.014\times \frac{1}{m}\times F\times 100$$

式中　c——HCl 标准溶液的浓度，mol/L

V——试样滴定消耗 HCl 标准溶液的体积，mL

V_0——空白滴定消耗 HCl 标准溶液的体积，mL

m——样品的质量，g

0.014——消耗 1mL 1mol/L HCl 标准溶液相当于氮的质量，g/mmol

F——蛋白质系数（6.25）

5. 讨论

（1）所用试剂应用无氨水配制。

（2）消化过程应注意转动凯氏烧瓶，利用冷凝酸液将附着在瓶上的炭粒冲下，以促进消化完全。

（3）若样品消化液不澄清透明，可将凯氏烧瓶冷却，加 2～3mL 30% 过氧化氢后再加热。

（4）消化时，硫酸与硫酸钾作用生成硫酸氢钾，可提高沸点达 400℃，从而加快消化速度。

（5）硫酸铜起到催化作用，加速氧化分解。硫酸铜也是蒸馏时样品液碱化的指示剂，若所加碱量不足，分解液呈蓝色不生成氢氧化铜沉淀，需再增加 NaOH 用量。

（6）一般消化至呈透明后，继续消化30min，使杂环氨基酸上的氮分解释放。

（7）蒸馏过程应注意接头处不要漏，蒸馏完毕，先将蒸馏出口离开液面，继续蒸馏1min，将附着在尖端上的吸收液都洗入吸收瓶内，再将吸收瓶移开，最后关闭电源，否则吸收液将发生倒吸。

四、粗脂肪的定量测定

1. 原理

本实验采用索氏抽提法中的残余法，即用低沸点有机溶剂（乙醚或石油醚）回流抽提，除去样品中的粗脂肪，以样品与残渣质量之差，计算粗脂肪含量。由于有机溶剂的抽提物中除脂肪外，或多或少含有游离脂肪酸、甾醇、磷脂、蜡及色素等类脂物质，因而抽提法测定的结果只能是粗脂肪。

2. 试剂及仪器

（1）试剂　无水乙醚、石油醚。

（2）仪器　索氏抽提器（图2-8）、恒温水浴锅、烘箱、样品筛（60目）、分析天平（感量0.0001g）。

（3）其他　不锈钢镊子（长2cm）、脱脂滤纸。

3. 操作步骤

（1）将滤纸切成8cm×8cm，叠成一边不封口的纸包，用铅笔编写顺序号，按顺序排列在培养皿中。将盛有滤纸包的培养皿移入（105±2）℃烘箱中干燥2h，取出放入干燥器中，冷却至室温。按顺序将各滤纸包放入同一称量瓶中称重（记作a）、称量时室内相对湿度必须低于70%。

（2）包装和干燥　在上述已称重的滤纸包中装入3g左右研细的样品，封好包口，放入（105±2）℃的烘箱中干燥3h，移至干燥器中冷却至室温。按顺序号依次放入称量瓶中称重（记作b）。

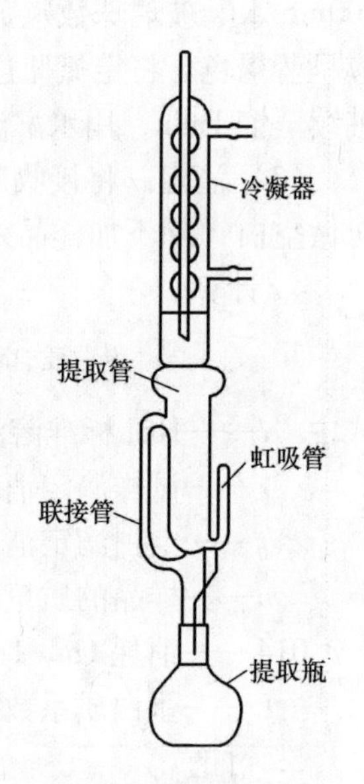

图2-8　索氏抽提器

（3）抽提　将装有样品的滤纸包用长镊子放入抽提筒中，注入一次虹吸量1.67倍的无水乙醚，使样品包全部浸没在乙醚中。连接好抽提器各部分，接通冷凝水水流，在恒温水浴中进行抽提，调节水温在70~80℃，使冷凝下滴的乙醚成连珠状（120~150滴/min或回流7次/h以上），抽提至抽取筒内的乙醚用滤纸点滴检查无油迹为止（需6~12h）。抽提完毕后，用长镊子取出滤纸包，在通风处使乙醚挥发（抽提室温以12~25℃为宜）。提取瓶中乙醚另行回收。

（4）称重　待乙醚挥发之后，将滤纸包置于（105±2）℃烘箱中干燥2h，放入干燥器冷却至恒重为止（记作c）。

4. 结果与计算

$$粗脂肪含量（\%）=\frac{b-c}{b-a}\times100$$

式中　a——称量瓶加滤纸包重，g

b——称量瓶加滤纸包和烘干样重，g

c——称量瓶加滤纸包和抽提后烘干残渣重，g

5. 注意事项

（1）测定用样品、抽提器、抽提用有机溶剂都需要进行脱水处理。这是因为：第一，抽提体系中有水，会使样品中的水溶性物质溶出，导致测定结果偏高；第二，抽提体系中有水，则抽提溶剂易被水饱和（尤其是乙醚，可饱和约2%的水），从而影响抽提效率；第三，样品中有水，抽提溶剂不易渗入细胞组织内部，不易将脂肪抽提干净。

（2）试样粗细度要适宜。试样粉末过粗，脂肪不易抽提干净；试样粉末过细，则有可能透过滤纸孔隙随回流溶剂流失，影响测定结果。

（3）索氏抽提法测定脂肪最大的不足是耗时过长，如能将样品先回流1~2次，然后浸泡在溶剂中过夜，次日再继续抽提，则可明显缩短抽提时间。

（4）必须十分注意乙醚的安全使用。抽提室内严禁有明火存在或用明火加热。乙醚中不得含有过氧化物，保持抽提室内良好通风，以防燃爆。乙醚中过氧化物的检查方法是：取适量乙醚，加入碘化钾溶液，用力摇动，放置1min，若出现黄色则表明存在过氧化物，进行处理后方可使用。处理的方法是：将乙醚放入分液漏斗，先以1/5乙醚量的稀KOH溶液洗涤2~3次，以除去乙醇；然后用盐酸酸化，加入1/5乙醚量的$FeSO_4$或Na_2SO_3溶液，振摇，静置，分层后弃去下层水溶液，以除去过氧化物；最后用水洗至中性，用无水$CaCl_2$或无水Na_2SO_4脱水，并进行重蒸馏。

五、纤维素

纤维素是组成植物细胞壁的基本物质，种子的表皮和果皮大部分是由纤维素构成的，它是自然界中分布最广的一种糖，大米中纤维素含量为0.6%~0.8%。本方法适用于植物类样品中粗纤维含量的测定。

1. 酸碱醇醚法

（1）原理　纤维素对酸、碱及有机溶剂的处理都较稳定，且不易被破坏。测定粗纤维素时，用1.25%硫酸在加热的条件下能水解碳水化合物，如淀粉和部分的半纤维素即转化成单糖，并能溶解植物碱和矿物质等，使其从溶液中与纤维素分离开来。1.25%的碱液能使蛋白质溶解，并除去脂肪，此外，还能溶解酸不溶部分的半纤维素及木质素。最后用酒精和乙醚处理，目的是抽出单宁、色素、剩余的脂肪、蛋白质和戊糖等。虽经如此多种处理，得到的沉淀物中，仍留有少量的其他物质，还不是纯的纤维素。因此称为粗纤维素。

（2）试剂及用具

①1.25%硫酸溶液：量取约7.3mL浓硫酸，缓缓倒入已盛有一定数量蒸馏水的烧杯中，用蒸馏水稀释到1000mL。

②1.25% NaOH 溶液：称取 NaOH 12.5g，加蒸馏水溶解并稀释定容到1000mL。

③酒精。

④乙醚。

⑤酸洗石棉。

（3）测定步骤

①准备工作

a. 抽滤管的制备：取氯化钙干燥管，将尼龙或锦纶的筛网布剪成圆形，包扎在抽气管的下端，筛网粗的包两层，细的包一层，作为抽滤管。或用上端小、下端粗、中下部细的玻璃管，把玻璃棉塞入下端口部，制成玻璃棉过滤器。

b. 石棉古氏坩埚的制备：把适量酸洗石棉，置于烧杯中，加蒸馏水搅拌后，倾入预先放在抽滤装置上的古氏坩埚内，进行抽滤，使其形成一层均匀的过滤薄层，再压上有小孔的小瓷板，一面抽气，一面用蒸馏水洗涤后烘干，于500～550℃灼烧至恒重。

②酸液处理：准确称取2～5g磨碎的试样放于500mL烧杯内，加200mL预先煮沸的1.25%硫酸溶液于试样的烧杯中，盖上表面皿，在烧杯外壁液面高度处做记号，继续加热煮沸。在加热中要不断补充减少的水量，维持液面高度，并不断用玻璃棒搅拌，同时防止泡沫上升，待煮沸至30min，马上取下，趁热用抽滤管抽去上层清液，至吸尽后，以沸水洗涤沉淀，仍以抽滤管吸去洗液，洗至洗液不呈酸性反应为止（以石蕊试纸试验），最后将抽滤管上附着的少量沉淀物，用洗瓶把沉淀物冲入烧杯中。

③碱液处理：在经酸液处理过的沉淀物中加入200mL预先煮沸的1.25% NaOH溶液，按酸液处理的方法操作。加热煮沸30min后，趁热先将上层清液倾入已铺好石棉的古氏坩埚内，进行抽滤，再把烧杯中的沉淀物用热水洗入坩埚中，然后将坩埚中的沉淀物洗至中性并抽干。

④酒精及乙醚处理：用20mL 50℃左右的热酒精，分几次洗涤沉淀物，最后用20mL乙醚分几次洗涤，并将沉淀物抽干。

⑤烘干与灼烧：将抽干的古氏坩埚及沉淀物置于105℃烘箱中烘3～4h，烘至恒重，再将坩埚移至500～550℃高温电炉中灼烧2～3h（或在700℃高温电炉中灼烧30min），冷却后再灼烧，直至恒重为止。

（4）计算

$$粗纤维素含量（\%）=\frac{m_1-m_2}{m_0}\times 100$$

式中　m_1——坩埚和沉淀物烘干后的总质量，g

m_2——坩埚灼烧后的质量，g

m_0——试样质量，g

（5）讨论

①酸、碱溶液的浓度、添加数量以及处理时间都要严格按照规定配制和处理，否则均会造成误差，影响准确性。

②制备好的石棉坩埚，可连续使用，不必另行处理。

③试样必须磨细，一般要求通过40目筛孔。如果测定的样品脂肪含量较高时，还需要先用乙醚将脂肪去掉，或采用测定脂肪后的残渣。

2. 酸性洗涤剂法

（1）原理　样品经磨碎烘干，用十六烷基三甲基溴化铵的硫酸溶液回流煮，使样品中的非纤维素组分水解、润湿、乳化、分散，经过滤、洗涤、烘干，残渣即为酸性洗涤纤维。

（2）试剂与设备

① 0.5mol/L 硫酸溶液：量取约27.87mL浓硫酸，缓缓倒入已盛有一定数量蒸馏水的烧杯中，用蒸馏水稀释到1000mL。

②酸性洗涤剂溶液：称取20g十六烷基三甲基溴化铵，用0.5mol/L硫酸溶液溶解并稀释至1000mL。

③萘烷。

④丙酮。

⑤鼓风烘箱。

⑥回流装置。

⑦玻璃砂蕊坩埚（1号）。

⑧电子天平：感量0.0001g。

（3）测定步骤　将样品磨碎并过16目（1mm孔径）筛，在通风95℃烘箱内烘干后，移入干燥器中冷却。精确称取1g干燥样品，放入500mL锥形瓶中，加入100mL酸性洗涤剂溶液，2mL萘烷，连接回流装置，加热使其在3~5min内沸腾，并保持微沸1h，然后用预先称好质量的玻璃砂蕊坩埚（1号）过滤。用95℃热水洗涤锥形瓶，滤液合并入玻璃砂蕊坩埚内，在轻微抽滤下，用约300mL热水将坩埚充分洗涤。用丙酮洗涤残留物2~3次至滤液无色为止，抽滤，然后将坩埚与残留物在100~105℃烘箱中烘4h，冷却，称重。

（4）计算

$$粗纤维素含量（\%）=\frac{m_1-m_2}{m_0}\times 100$$

式中　m_1——坩埚和沉淀物烘干后的总质量，g

m_2——空坩埚恒重质量，g

m_0——试样质量，g

（5）讨论

①酸化时必须要保持微沸充分，冲洗热水要控制在300mL。

②测定过的砂蕊坩埚必须用铬酸冲洗干净。

③试样必须磨细，一般要求通过16目筛孔。

六、灰分

试样中有机物经过完全燃烧后所留存的残渣称为灰分。灰分是无机矿物质，主要含有钾、钠、钙、镁、铁、硅、硫、磷等元素的氧化物，数量虽不多，但却是发酵生产中培养微生物生长发育必需的营养物质。粮食原料的灰分，一般皮层较多，胚乳内较少。

糙米中无机成分约占1%，主要为钾、磷及镁，占总量的93%～94%。这些成分尤其是钾含量高的大米，制曲时曲霉菌繁殖良好，醪发酵旺盛。米中的无机成分有游离型和结合型（有机磷）之分，后者在微生物的作用下，可变为无机离子被微生物利用。

1. 原理

原料经灼烧后，原料中的有机物如蛋白质、脂肪、糖类等在高温下被氧化成气体，残留的无机物称为灰分，样品质量发生改变，根据样品质量的失重，可用称量法测定，计算总灰分的含量。

2. 仪器

高温电炉，瓷坩埚（图2－9），长柄坩埚钳，天平，干燥器，电炉。

图2－9 瓷坩埚

3. 测定步骤

（1）瓷坩埚用1∶4 盐酸煮沸洗净干燥，取大小适宜的瓷坩埚于高温炉中，在600℃高温电炉中灼烧0.5h，冷至200℃以下，取出。放入干燥器中冷却至室温，准确称重，并重复灼烧至恒重（准确至0.0001g）。

（2）加入2～3g 固体样品于坩埚内，连同坩埚一起准确称重（准确至0.0001g）。

（3）先以小火加热或在电炉上烧，使样品充分炭化至无烟，然后放入500～600℃高温炉中，灼烧2～3h（需灼烧至试样完全灰化成白色）。冷至200℃以下，取出放入干燥器中冷却至室温，准确称重，并重复灼烧至前后两次称量相差不超过0.5mg 为恒重。

4. 计算

$$灰分含量（\%）=\frac{m_2-m_0}{m_1-m_0}\times 100$$

式中　m_2——坩埚与灰分质重，g

m_1——坩埚与试样质重，g

m_0——坩埚质重，g

七、食品中有机磷农药残留量的测定（GB/T 5009.20—2003）

1. 原理

含有机磷的样品在富氢焰上燃烧，以 HPO 碎片的形式，放射出波长 526nm 的特性光。这种光通过滤光片选择后，由光电倍增管接收，转换成电信号，经过微电流放大器放大后被记录下来。试样的峰面积或峰高与标准品的峰面积或峰高进行比较定量。

2. 仪器与试剂

（1）仪器

①气相色谱仪：附有火焰光度检测器（FPD），用于检测含磷含硫化合物。

②粉碎机。

③旋转蒸发仪。

④组织捣碎机。

（2）试剂

①丙酮。

②二氯甲烷。

③氯化钠。

④无水硫酸钠。

⑤助滤剂 Celite545。

⑥农药标准品：敌敌畏（纯度≥99%）、速灭磷（顺式纯度≥60%，反式纯度≥40%）、久效磷（纯度≥99%）、甲拌磷（纯度≥98%）、巴胺磷（纯度≥99%）、二嗪农（纯度≥98%）、乙嘧硫磷（纯度≥97%）、甲基嘧啶硫磷（纯度≥99%）等。

⑦农药标准溶液的配制：分别准确称取农药标准品，用二氯甲烷为溶剂，分别配制成 1mg/mL 的标准贮备液，贮于冰箱（4℃）中，使用时用二氯甲烷稀释成单一品种的标准使用液（1μg/mL）。再根据各农药品种的食品相应值或最小检测限，吸取不同量的标准贮备液，用二氯甲烷稀释成混合标准使用液。

3. 分析步骤

（1）试样的制备　取粮食样品经粉碎，过 20 目筛制成粮食试样。

（2）提取　称取 25g 试样，置于 300mL 烧杯中，加入 50mL 水和 100mL 丙酮

（提取液总体积为150mL），用组织捣碎机提取1～2min。匀浆液经铺有二层滤纸和约10g Celite545的布氏漏斗减压抽滤。从滤液中分取100mL移至500mL分液漏斗中。

（3）净化　向滤液中加入10～15g氯化钠，使溶液处于饱和状态。猛烈振摇2～3min静置10min，使丙酮从水相中盐析出来，水相用50mL二氯甲烷振摇2min，再静置分层。

将丙酮与二氯甲烷提取液合并，经装有20～30g无水硫酸钠的玻璃漏斗脱水，滤入250mL圆底烧瓶中，再以约40mL二氯甲烷分数次洗涤容器和无水硫酸钠。洗涤液也并入烧瓶中，用旋转蒸发器浓缩至约2mL，浓缩液定量转移至5～25mL容量瓶中，加二氯甲烷定容至刻度线。

（4）气相色谱测定条件

①色谱柱：

a. 玻璃柱2.6m×3mm（i. d），填装涂有4.5%（m/m）DC－200＋2.5%（m/m）OV－17的ChromosorbWAWDMCS（80～100目）的担体。

b. 玻璃柱2.6m×3mm（i. d），填装涂有1.5%（m/m）DCOE－1的ChromosorbWAW DMCS（60～80）的担体。

②气体速度氮气（N_2）50mL/mim，氢气（H_2）100mL/mim，空气50mL/mim。

③温度：柱箱240℃，汽化室260℃，检测器270℃。

（5）测定　吸取2～5μL，混合标准液及样品净化液注入气相色谱中，以保留时间定性，以试样的峰高或峰面积与标准比较定量。

4. 计算

$$X_i = \frac{A_i \times V_1 \times V_3 \times E_i}{A_{0i} \times V_2 \times V_4 \times m}$$

式中　X_i——i组分有机磷农药的含量，mg/kg

A_i——试样中i组分的峰面积，积分单位

A_{0i}——混合标准液中组分的峰面积，积分单位

V_1——试样提取液的总体积，mL

V_2——净化用提取液的总体积，mL

V_3——浓缩后的定容体积，mL

V_4——进样体积，mL

E_i——注入色谱仪中i标准组分的质量，ng

m——样品的质量，g

计算结果保留两位有效数字。

5. 精密度

在重复条件下获得的两次独立测定结果的绝对差值，不得超过算术平均值的15%。

第四节　酿造用水分析

在黄酒生产中，人们形象地将水比喻为“酒之血”，可见水的重要性。黄酒中水分含量达80%以上，是黄酒的主要成分。黄酒生产用水量很大，每生产1t黄酒需耗水10~20t。用水环节包括制曲、浸米、洗涤、冷却、发酵等。其中制曲、浸米和发酵用水为酿造用水，直接关系到黄酒质量。

酿造用水应基本符合我国生活饮用水的标准，某些项目还应符合酿造黄酒的专业要求：pH理想值为6.8~7.2，最高极限6.5~7.8；总硬度理想要求AA185 2~5°d（德国度）[1°d（德国度）=0.357mmol/L]，最高极限AA185（12°d）；硝酸态氮的理想要求0~2mg/L以下，最高极限0.5mg/L；游离余氯量理想要求0.1mg/L，最高极限0.3mg/L；铁含量要求0.5mg/L以下；锰含量要求在0.1mg/L以下等。黄酒酿造用水的水质要求高于日常的饮用水，对水的感官指标、硬度、pH、无机盐、有机物含量等项目有较高的要求，还要求无病原体、细菌总数及大肠杆菌不得检出。

绍兴鉴湖水具有清澈透明、水色低（色度10）、透明度高（平均透明度为0.96m，最高达1.4m）、溶解氧高（平均为8.75mg/L）、耗氧量少（平均BOD为2.53mg/L）等优点。又因为上游集雨面积较大，雨量充沛，山水补给量较多，故水体常年更换频繁。据估算，每年平均更换次数为47.5次，平均7.5d更换一次。更特别的是，湖区还广泛地埋藏着上下两层泥煤。下层泥煤埋在湖底4m深处，分布比较零散，对湖水仅有间接作用。上层泥煤分布在湖岸和裸露在湖底，直接与水体相接触，其长度约占鉴湖水域的78%，湖底覆盖面积约30%。这些泥煤含有多种含氧官能团，能吸附湖水中的金属离子和有害物质等污染物。研究结果表明，岸边泥煤层所吸附的污染物质高于上、下土层，说明它的吸污能力远胜于一般土壤。而实测的结果又表明，这些泥煤层所吸附的污染物的含量还是很低，仍有巨大的吸污容量。这是特殊地质条件所形成的，是其他湖泊水体所没有的。

鉴湖的优良水质，形成了绍兴黄酒的独特品质，因此离开了鉴湖水也就酿不成绍兴黄酒了。清代梁章钜在《浪迹续谈》中就曾说过：“盖山阴、会稽之间，水最宜酒，宜地则不能为良，故他府皆有绍兴人如法酿制，而水既不同，味即远逊”。绍兴有些酒厂就在上海附近的苏州、无锡、常州、嘉兴等地建厂酿酒，就近取当地的优质糯米为原料，从绍兴本地聘用酿酒师傅和工人，用绍兴传统的酿酒艺术如法酿制。但所酿的酒，无论色、香、味，都不能与绍兴所产相比，因而只能名为“苏绍”或“仿绍”。所以绍兴酒只能是绍兴产的，非外地所能仿造。近年来有些外地厂商和外国商人，他们雇用绍兴工人，引进绍兴曲种，或者把绍兴黄酒的生产流程全部拍成照片，回去仿制，但仍然酿制不出堪与绍兴黄酒媲美

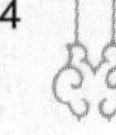

的酒来，其中一个最重要的原因就在于没有鉴湖水。

一、色度

水的色度是对天然水或处理后的各种水进行颜色定量测定时的指标。纯洁的水是无色透明的。但一般的天然水经常显示出浅黄、浅褐或黄绿等不同的颜色。产生颜色的原因是由于溶于水的腐殖质、有机物或无机物所造成的。另外，当水体受到工业废水的污染时也会呈现不同的颜色。这些颜色分为真色与表色。真色是由于水中溶解性物质引起的，也就是除去水中悬浮物后的颜色。而表色是没有除去水中悬浮物时产生的颜色。这些颜色的定量程度就是色度。测定水样的真色还是表色，需在报告结果时给以注明。一般洁净的天然水，其色度在 15 ~ 25 度，自来水的色度多在 5 ~ 10 度。水质标准中规定，色度不得超过 15 度。

测定水的色度的方法有铂钴标准比色法和铬钴标准比色法。相同点是两种方法的精密度和准确度相同。前者是测定水色度的标准方法，操作简便，色度稳定，标准比色系列保存时间适宜，可长时间使用，但是氯铂酸钾太贵，大量使用时不经济。后者用重铬酸钾代替氯铂酸钾，便宜而且易于保存，只是标准比色系列保存时间较短。

1. 铂钴比色法

（1）原理　将水样与用氯铂酸钾和氯化钴试剂配制成已知浓度的标准比色系列进行目视比色测定，以氯铂酸盐离子的形式 1mg/L 铂（Pt）产生的颜色规定为 1 个色度单位。

（2）试剂

①标准贮备液：准确称取 1. 2456g 氯铂酸钾（K_2PtCl_6 相对分子质量 486，相当于 500mg Pt）和 1g 氯化钴（$CoCl_2 \cdot 6H_2O$ 相对分子质量 237. 93）溶于每升含 100mL 盐酸的水中，然后无损失移入 1000mL 的容量瓶中，用蒸馏水定容到刻度，摇匀。此溶液为 500 单位色度。配制测色度的标准溶液，规定 1L 水中含有 2. 419mg 氯铂酸钾和 2. 000mg 氯化钴时，将 Pt 的浓度为 1mg/L 时所产生的颜色深浅定为 1 度。如果买不到有效的氯铂酸钾，可用金属铂来制备氯铂酸（氯铂酸极容易吸水，可使铂含量变化）。准确称取 0. 500gPt，溶解于适量的王水（1 份浓硝酸与 3 份浓盐酸混合）中，在石棉网上加热助溶，反复地加入数份新的浓盐酸，蒸发去除硝酸。将产物与 1g $CoCl_2 \cdot 6H_2O$ 结晶一起溶解。

②标准颜色系列液：吸取 0、0. 5、1. 0、1. 5、2. 0、2. 5、3. 0、3. 5、4. 0、4. 5、5. 0mL 标准贮备液，分别于已编号的比色管中，用水稀释定容到 50mL，加塞摇匀各管。则各管色度依次为 0、5、10、15、20、25、30、35、40、45、50 度。此系列液在做好防止蒸发和污染的情况下，可长期使用。

（3）测定步骤　将水样置于与标准比色系列管规格一致的 50mL 比色管中，在白瓷板或白纸上同标准系列进行比较。在观察时，要调整好比色管的角度，使

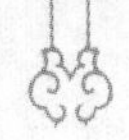

光线向上反射时通过液柱，同时，眼睛自管口向下垂直观察。水样品管与标准系列管中某个颜色相同时，这个标准管的颜色就是水样的颜色。如果是两个标准管颜色之间，可取中间值，如果超过标准管的颜色时，可将水样稀释。

（4）计算

$$水样色度=标准管色度的度数\times水样稀释倍数$$

2. 铬钴比色法

（1）原理　重铬酸钾和硫酸钴配制成与天然水黄色色调相同的标准比色系列，用目视比色法测定，单位与铂钴比色法相同。

（2）试剂

①铬钴标准溶液：称取0.0437g $K_2Cr_2O_7$ 及1g $CoSO_4 \cdot 7H_2O$ 溶于少量水中，加入0.5mL H_2SO_4，稀释至500mL，摇匀。此溶液色度为500度。

②稀盐酸溶液：吸取1mL浓盐酸，用水稀释至1000mL。

③铬钴标准溶液比色系列液：吸取0、0.5、1.0、1.5、2.0、2.5、3.0、3.5、4.0、4.5、5.0mL铬钴标准溶液分别注入11支50mL比色管中，用稀盐酸溶液稀释至刻度。则各管色度依次为0、5、10、15、20、25、30、35、40、45、50度。

（3）测定步骤　同本节铂钴比色法。

（4）计算　同本节铂钴比色法。

二、浊度

水的浊度是可溶或不溶的有机物和无机物以及其他微生物等悬浮物质所造成的。浊度将直接影响水的感官质量和卫生质量。水质标准中规定，浊度不得超过5度。

浊度是水样光学性质的一种表达语，表示水中悬浮物质对光线透过时所产生的阻碍程度。测定水的浊度方法有目视法和分光光度法。

1. 原理

浊度是表现水中悬浮物对光线透过时所发生的阻碍程度。水中的浊度是天然水和饮用水的一项重要水质指标。在适当温度下，硫酸肼与六次甲基四胺聚合形成白色高分子聚合物，以此作为浊度标准液，在一定条件下与水样浊度相比较。规定硫酸肼1.25mg/L和六次甲基四胺12.5mg/L水中形成的白色高分子聚合物所产生的浊度为1度。

2. 仪器与试剂

（1）50mL具塞比色管。

（2）分光光度计，30mm比色皿。

（3）无浊度水　将蒸馏水通过0.2μm滤膜过滤，收集于用滤过水淋洗2~3次的烧瓶中。

（4）浊度标准贮备液配制

①1g/100mL 硫酸肼溶液：准确称取 1g 硫酸肼（$N_2H_4 \cdot H_2SO_4$），用少量无浊度水溶解于 100mL 容量瓶中，并稀释至刻度。

②10g/100mL 六次甲基四胺溶液：准确称取 10g 六次甲基四胺 [$(CH_2)_6N_4$]，用少量无浊度水溶解于 100mL 容量瓶中，并稀释至刻度。

③浊度标准贮备液：准确吸取 5mL 硫酸肼溶液与 5mL 六次甲基四胺溶液于 100mL 容量瓶中，混匀。在（25±3）℃条件下，静置 24h，用无浊度水稀释至刻度，混匀。该贮备溶液的浊度为 400 度（0.4 度/mL），可保存 1 个月。

3. 测定步骤

（1）标准曲线绘制　准确吸取 0、0.50、1.25、2.50、5.00、10.00 及 12.50mL 浊度标准贮备液（0.4 度/mL）分别置于 50mL 比色管中，加无浊度水稀释至刻度，摇匀，即得到浊度分别为 0、4、10、20、40、80 及 100 度的标准系列。然后于 680nm 波长，用 30mm 比色皿测定吸光度值，并做记录，绘制标准曲线。（在 680nm 波长下测定，天然水中存在淡黄色、淡绿色无干扰）

（2）水样的测定　吸取 50mL 水样并摇匀（如浊度超过 100 度可根据实际情况而定，用无浊度水稀释至 50mL），于 50mL 比色管中，按绘制标准曲线步骤测定吸光度值，由标准曲线上查得水样对应的浊度。

4. 数据处理

$$浊度（度）=\frac{C\times 50}{V}$$

式中　C——已稀释水样标准曲线上查得的浊度值

V——原水样的体积，mL

50——水样最终稀释的体积，mL

（1）数据记录　见表 2-1。

表 2-1　水样吸光度数据记录表

标准溶液体积/mL	0	0.50	1.25	2.50	5.00	10.00	12.50
浊度/度	0	4	10	20	40	80	100
吸光度							
水样吸光度							

（2）标准曲线绘制　以水中浊度为横坐标，对应的吸光度值为纵坐标绘制标准曲线。由测得的水样吸光度值，在标准曲线上查出对应的浊度。

5. 注意事项

（1）水中应无碎屑和易沉颗粒，如所用器皿不清洁，或水中有溶解的气泡和有色物质，则会干扰测定。

（2）分光光度法适用于饮用水、天然水及高浊度水，最低检测浊度为 3 度。

（3）样品应收集到具塞玻璃瓶中，取样后尽快测定。如需保存，可保存在冷暗处不超过24h。测试前须剧烈摇动并恢复到室温。

（4）注：硫酸肼有毒、致癌！

（5）所有与样品接触的玻璃器皿必须清洁，可用盐酸或表面活性剂清洗。

三、pH

详见第四章第一节黄酒理化指标分析中的pH的测定，用pH计法。

四、硬度的测定（EDTA络合滴定法）

1. 原理

本法测定的硬度是钙、镁离子的总量，并换算成氧化钙计算。将水样的pH调到10后，乙二胺四乙酸二钠（简称EDTA）可与水中钙、镁离子形成无色可溶性络合物，铬黑T指示剂则能与钙、镁离子形成酒红色络合物。由于EDTA络合能力比铬黑T强，用EDTA滴定钙，镁到达终点时，钙、镁离子全部与EDTA络合而使铬黑T游离，溶液由酒红色变为蓝色。由消耗EDTA溶液的体积，便可计算出水样钙离子与镁离子的总量。

水样的pH对滴定结果影响很大，碱性增大可使滴定终点明显，但有析出碳酸钙和氢氧化镁沉淀的可能，故将溶液的pH控制在10为宜。某些普通金属离子的干扰作用，如滴定的时候铜离子、铅离子等重金属离子可用硫化钠掩蔽，铁离子、铝离子可用三乙醇胺掩蔽消除。在缓冲溶液中加入足量的镁盐，可使滴定终点明显。

2. 试剂

（1）缓冲溶液（pH10）　称取20g氯化铵，溶于500mL水中，加100mL氨水，用水稀释至1L。

（2）铬黑T指示剂　称取0.5g铬黑T和2g盐酸羟胺，溶于乙醇（95%），并用乙醇（95%）稀释至100mL，放在冰箱中保存，此指示剂可稳定一个月。用此法配制的固体指示剂可较长期保存：称取0.5g铬黑T，加100g分析纯氯化钠，研磨均匀，贮于棕色瓶内，密封备用。

（3）0.010mol/L乙二胺四乙酸二钠标准溶液　称取3.72g分析纯乙二胺四乙酸二钠（$Na_2H_2C_{10}H_{12}O_8N_2 \cdot 2H_2O$）溶于蒸馏水中，并稀释至1L。按下述方法标定乙二胺四乙酸二钠的浓度。

①锌标准溶液：准确称取0.6~0.8g分析纯锌粒，溶于20mL 1∶1的盐酸中，置于水浴上温热，溶解后用蒸馏水稀释至1000mL。

②吸取25mL锌标准溶液于150mL三角瓶中，加入25mL蒸馏水，加氨水调节溶液至近中性，再加2mL缓冲溶液及5滴铬黑T指示剂，用EDTA溶液滴定至溶液由酒红色变为蓝色，即达终点。记下所消耗的体积，平行标定三次，计算EDTA—Na_2标准溶液的浓度：

$$\text{EDTA—Na}_2\text{ 标准溶液的浓度（mol/L）}=0.01\times25/V$$

（4）5%硫化钠溶液　称取5g化学纯硫化钠（$Na_2S \cdot 9H_2O$），溶于100mL蒸馏水中。

（5）1%盐酸羟胺溶液　称取1g化学纯盐酸羟胺（$NH_2OH \cdot HCl$），溶于100mL蒸馏水。

（6）1∶2氨水。

（7）1∶1盐酸。

（8）1∶2三乙醇胺。

3. 实验步骤

（1）吸取50mL水样（若硬度过大，可少取水样，用蒸馏水稀释至50mL）置于150mL三角瓶中。用1∶1盐酸酸化使刚果红试纸变蓝，煮沸数分钟除去二氧化碳，冷却至室温。

（2）用氨水调至水样为微碱性（pH8，微具氨臭），加入5mL三乙醇胺溶液、1mL 5%硫化钠溶液及缓冲液5mL（此时水样pH应为10）。

（3）加入5滴铬黑T指示剂或一小勺固体指示剂，立即用EDTA—Na_2标准溶液滴定，充分振摇，至溶液呈蓝色时，即为终点。

4. 计算

定义：每升水中含10mg氧化钙称1个德国度（°d）。

$$\text{总硬度（°d）}=\frac{c\times V\times56.08}{10\times V_1}\times1000$$

式中　V——滴定消耗EDTA—Na_2标准溶液的体积，mL

V_1——取样体积，mL

c——EDTA—Na_2标准溶液的摩尔浓度，mol/L

56.08——氧化钙的摩尔质量，g/mol

10——氧化钙的量换算成德国度

5. 注意事项

（1）因EDTA络合滴定较酸碱反应慢得多，故滴定时速度不可过快。接近终点时，每加1滴EDTA溶液都应充分振荡，否则会使终点过早出现，测定结果偏低。

（2）水样中加缓冲溶液后，为防止Ca^{2+}、Mg^{2+}产生沉淀，必须立即进行滴定，并在5min内完成滴定过程。

（3）若水样中有较多高价锰离子，滴定终点模糊，需加少量（5滴）1%盐酸羟胺溶液，使之还原Mn^{2+}溶于溶液中。

五、氯化物

氯化物（呈离子状态）是饮用水中一种主要无机阴离子，一般含量在3~120mg/L，对人体健康无影响。但当水中含氯化钠高达2500~5000mg/L时，常饮用对人的味感产生迟钝和引起高血压等病。适量的氯化钠可使黄酒口味醇和而

鲜美，但含量较多则酒质粗糙，其含量应控制在20～60mg/L。测定氯化物的方法常用莫尔法。

1. 原理

水样中Cl^-与$AgNO_3$反应生成白色氯化银沉淀，过量的$AgNO_3$与K_2CrO_4反应，形成砖红色铬酸银沉淀，以$AgNO_3$消耗体积求得Cl^-的含量。

2. 试剂

（1）50g/L铬酸钾指示液　称取5g K_2CrO_4溶于水并稀释至100mL。

（2）硝酸银标准溶液　称取17g硝酸银，溶于1000mL水中，贮存于棕色瓶中。

标定：准确称取0.15g氯化钠（预先在500～600℃灼烧），置入250mL三角瓶中，加100mL水溶解，加1mL 50g/L铬酸钾指示剂，在强烈摇动下，用0.1mol/L硝酸银标准溶液滴定到砖红色。

计算公式：

$$AgNO_3\text{浓度（mol/L）}=\frac{m}{58.45\times V}\times 1000$$

式中　m——氯化钠称取量，g

V——消耗硝酸银标准溶液体积，mL

58.45——氯化钠的摩尔质量，g/mol

3. 测定步骤

吸取水样25～50mL，置入250mL三角瓶中，加约1mL 50g/L铬酸钾指示剂，在强烈摇动下，用0.1mol/L硝酸银标准溶液滴定到砖红色，记录硝酸银溶液的消耗体积（mL）。

4. 计算

$$Cl^-\text{浓度（g/L）}=\frac{cV_1}{V}\times 35.5$$

式中　c——$AgNO_3$溶液的浓度，mol/L

V_1——滴定水样时消耗$AgNO_3$标准溶液的体积，mL

V——所取水样的体积，mL

35.5——氯离子的摩尔质量，g/mol

5. 注意事项

（1）此测定的滴定终点不易掌握。为便于判断，可以拿一个按同样操作滴定到临近等当点的水样作对照颜色，滴定进行到黄色中略带红色，即为终点（同对照作比较）。

（2）滴定含Cl^-很少的水样时，终点更不易判断，如改在白瓷皿内进行，则比较好观察。

（3）SO_3^{2-}及S^{2-}对滴定有干扰，可以于滴定前加3% H_2O_2 1mL，将其氧化后再滴定。

（4）含量低于10mg/L的水样，需加碳酸钠碱化后蒸发浓缩，否则测定的误差大。滴定时可将硝酸银标准溶液稀释一倍再用。

（5）水样的耗氧量超过15mg/L时，可取100mL水样，加入数粒高锰酸钾晶体煮沸，再滴加乙醇破坏剩余的高锰酸钾，过滤后进行测定。

六、铁

1. 原理

以盐酸羟胺为还原剂，将三价铁还原为二价铁。在微酸性条件下二价铁与邻菲罗啉反应生成橘红色的络合物，比色法测定。

2. 试剂

（1）亚铁标准溶液　称取0.7020g分析纯硫酸亚铁铵［$Fe(NH_4)_2(SO_4)_2 \cdot 6H_2O$］，溶于50mL蒸馏水中，加入20mL浓硫酸，用蒸馏水稀释至1000mL，此溶液1mL含有0.1mg亚铁。取此溶液10mL，加蒸馏水至100mL，此溶液1mL含有10μg亚铁。

（2）邻菲罗啉溶液　称取120mg邻菲罗啉（$C_{12}H_8N_2 \cdot H_2O$），溶于加有2滴浓盐酸的100mL蒸馏水中，贮存于棕色瓶内。

（3）10%盐酸羟胺溶液　称取10g分析纯盐酸羟胺，溶于蒸馏水中，并稀释至100mL。

（4）（1+3）盐酸溶液　1体积浓盐酸加入到3体积的水中。

（5）缓冲溶液　40g乙酸铵加50mL冰乙酸用水稀释至100mL。

3. 分析步骤

（1）标准曲线绘制　依次移取铁的标准使用液0、0.3、0.5、1.0、2.0、3.0、4.0及5.0mL置于150mL锥形瓶中，加蒸馏水至约50mL，加入1mL（1+3）盐酸溶液、1mL 10%盐酸羟胺溶液、玻璃珠1~2粒，然后，加热煮沸至溶液剩15mL左右。冷却至室温，定容转移到50mL具塞刻度管中，加一小片刚果红试纸，滴加饱和乙酸钠溶液至试纸刚刚变红，加入5mL缓冲溶液、1mL邻菲罗啉溶液，加蒸馏水至标线，摇匀，显色15min后，用10mm比色皿，以蒸馏水为参比，在510nm处测定吸光度，由经过空白校正的吸光度对铁的含量（μg）作图。

（2）总铁测定　采样后立即将样品用盐酸酸化至pH为1，分析时吸取50mL混匀的水样（含铁量不超过0.05mg），至于150mL三角瓶中，加入1mL（1+3）盐酸、1mL 10%盐酸羟胺溶液，煮沸至水样体积为35mL左右，以保证全部铁的溶解与还原，冷却后移入50mL比色管中。后面步骤按绘制标准曲线同样操作，测定吸光度并做空白校正。

（3）亚铁测定　采样时将2mL盐酸放在一个100mL具塞的水样瓶内，直接将水样注满样品瓶，塞好塞，以防氧化，一直保存到进行显色和测量（最好现场测定），分析时只需取适量水样，直接加入缓冲溶液与邻菲罗啉溶液，显色5~

10min，在 510nm 处，以蒸馏水为参比，测定吸光度，并做空白校正。

4. 计算

$$总铁（或亚铁）含量（mg/L）=\frac{C}{50}\times 1000$$

式中　C——50mL 水样中铁的含量（从标准曲线中查出），mg

50——吸取水样体积，mL

5. 注意事项

（1）总铁包括水体中的悬浮铁和生物体中的铁，因此应取充分摇匀的水样进行测定。

（2）水样中若有难溶性铁盐，经煮沸后还未完全溶解时，可继续煮沸至水样体积达 15 ~ 20mL。

（3）若水样含铁量较高，可适当稀释；浓度低时，可换用 30mm 或 50mm 的比色皿。

七、有机物

有机物的测定目前常用方法有酸性高锰酸钾氧化法与重铬酸钾氧化法。下面介绍酸性高锰酸钾氧化法，有机物是水源被污染的主要指标之一，其含量以高锰酸钾滴定的耗用量表示，要求在 5mg/L。耗氧量是指 1L 水中的还原性物质，在规定的条件下被高锰酸钾氧化时，所消耗氧的质量（mg）。

1. 原理

水在酸性的条件下加入一定量的高锰酸钾，煮沸 10min，使水中有机物被过量的高锰酸钾氧化成红色，然后用草酸来分解剩余的高锰酸钾（无色），最后用高锰酸钾返滴定多余的草酸（红色出现时为终点，自身指示剂）。

当水样中氯化物含量超过 300mg/L 时，在硫酸酸性条件下，氯化物被高锰酸钾氧化，这样就多消耗了高锰酸钾而使结果偏高。遇此情况，可加蒸馏水稀释水样，使氯化物浓度降低后再进行测定。

2. 试剂

（1）1∶3 硫酸溶液　将 1 份化学纯浓硫酸加至 3 份蒸馏水中，煮沸，滴加高锰酸钾溶液至硫酸溶液保持微红色。

（2）0.1mol/L 草酸（$1/2H_2C_2O_4$）标准溶液　称取 6.3032g 分析纯草酸（$H_2C_2O_4 \cdot 2H_2O$），溶于少量蒸馏水中，并稀释至 1000mL，置暗处保存。

（3）0.01mol/L 草酸（$1/2H_2C_2O_4$）标准溶液　将 0.1mol/L 草酸溶液准确稀释 10 倍，置冰箱中保存。

（4）0.1mol/L 高锰酸钾标准（$1/5KMnO_4$）溶液　称取 3.16g 分析纯高锰酸钾，溶于少量蒸馏水中，并稀释至 1L，煮沸 15min，静至 2d 以上，然后用玻璃砂芯漏斗过滤，滤液置于棕色瓶内（或用虹吸管将上部清液移入棕色瓶内），再置暗处保存。

（5）0.01mol/L 高锰酸钾标准（$1/5KMnO_4$）溶液　将 0.1mol/L 高锰酸钾溶液准确稀释 10 倍。

标定：于 250mL 三角瓶中注入 100mL 水，加 5mL 1∶3 硫酸溶液，然后用吸管加入 10mL 0.01mol/L 草酸标准溶液，在石棉网上加热煮沸 5min，以 0.01mol/L 高锰酸钾溶液滴定至浅红色为终点。记录消耗高锰酸钾溶液的体积（V）。

计算公式：

$$c\ (1/5KMnO_4,\ mol/L) = \frac{10 \times 0.01}{V}$$

3. 分析步骤

（1）吸取适量水样（25～50mL 或 50～100mL）于 250mL 三角瓶内，加水至 100mL，再加入 5mL 1∶3 硫酸溶液，摇匀后用滴定管加入 10mL 0.01mol/L 高锰酸钾溶液，并加入数粒玻璃珠，在石棉网上大火加热煮沸，保持 5min，溶液应保持微红色（煮沸的水样必须仍为红色，倘若溶液颜色消失，则表明有机物含量过多，需将水样稀释后再做）。

（2）取下三角瓶，立即从滴定管加入 10mL 0.01mol/L 草酸溶液，充分振摇，使红色褪尽。

（3）再于白色背景上，用滴定管加入 0.01mol/L 高锰酸钾溶液，至溶液呈微红色，即为终点，记录用量（V_1，mL）。V_1 超过 5mL 时，应另取少量水样用蒸馏水稀释重做。同时做空白试验。同上述步骤滴定，记录高锰酸钾溶液消耗量（V_2，mL）。

4. 计算

$$耗氧量（以\ KMnO_4\ 计，mg/L） = \frac{c \times (V_1 - V_2) \times 31.6}{V} \times 1000$$

式中　V——水样用量，mL

V_1——水样滴定时消耗高锰酸钾标准溶液的总体积，mL

V_2——空白滴定时消耗高锰酸钾标准溶液的总体积，mL

c——高锰酸钾标准溶液的浓度，mol/L

31.6——1/5 高锰酸钾的摩尔质量，g/mol

5. 注意事项

（1）此法较适用于清洁或轻度污染的水样。

（2）高锰酸钾溶液的准确浓度只能等于或略小于草酸溶液的准确浓度。

（3）必须严格控制测定的条件，若采用沸腾水浴锅中加热的方法，其时间应为半小时。

八、化学耗氧量的测定（重铬酸钾法）

1. 原理

在强酸性溶液中，准确加入过量的重铬酸钾标准溶液，加热回流，将水样中

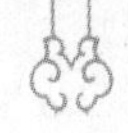

还原性物质（主要是有机物）氧化，加入过量的重铬酸钾，以试亚铁灵指示液作为指示剂，用硫酸亚铁铵标准溶液回滴，根据所消耗的重铬酸钾标准溶液量来计算水样化学需氧量。

2. 仪器

（1）500mL 全玻璃回流装置。

（2）加热装置（电炉）。

（3）25mL 或 50mL 酸式滴定管、锥形瓶、移液管、容量瓶等。

3. 试剂

（1）重铬酸钾标准溶液 c（$1/6K_2Cr_2O_7$）=0.2500mol/L　称取预先在 120℃ 烘干 2h 的基准重铬酸钾 12.258g 溶于水中，移入 1000mL 容量瓶，稀释至标线，摇匀。

（2）试亚铁灵指示液　称取 1.485g 邻菲罗啉（$C_{12}H_8N_2 \cdot H_2O$），0.695g 硫酸亚铁（$FeSO_4 \cdot 7H_2O$）溶于水中，稀释至 100mL，贮于棕色瓶中。

（3）硫酸亚铁铵标准溶液 c［（NH_4）Fe（SO_4）$_2 \cdot 6H_2O$］≈0.1mol/L　称取 39.5g 硫酸亚铁铵溶于水中，边搅拌边缓慢加入 20mL 浓硫酸，冷却后移入 1000mL 容量瓶中，加水稀释至标线，摇匀。临用前，用重铬酸钾标准溶液标定。

标定方法：准确吸取 10mL 重铬酸钾标准溶液于 500mL 锥形瓶中，加水稀释至 110mL 左右，缓慢加入 30mL 浓硫酸，摇匀。冷却后，加入 3 滴试亚铁灵指示液（约 0.15mL），用硫酸亚铁铵溶液滴定，溶液的颜色由黄色转变成蓝绿色至红褐色即为终点。记录硫酸亚铁铵的消耗量（V，mL）。

$$c = \frac{0.25 \times 10}{V}$$

式中　c——硫酸亚铁铵标准溶液浓度，mol/L

V——硫酸亚铁铵标准溶液的用量，mL

（4）硫酸－硫酸银溶液　于 500mL 浓硫酸中加入 5g 硫酸银放置 1～2 滴，不时摇动使其溶解。

（5）硫酸汞　结晶或粉末。

4. 测定步骤

（1）先加硫酸汞少许于 250mL 磨口的回流锥形瓶中，再加入 20mL 混合均匀的水样（或适量水样稀释至 20mL）摇匀，准确加入 10mL 重铬酸钾标准溶液及数粒小玻璃珠或沸石，连接磨口回流冷凝管，从冷凝管上口慢慢地加入 30mL 硫酸－硫酸银溶液，轻轻摇动锥形瓶使溶液混匀，加热回流 2h（自开始沸腾计时）。

对于化学需氧量高的废水样，可先取上述操作所需体积 1/10 的废水样和试剂于 15mm×150mm 硬质玻璃试管中，摇匀，加热后观察是否呈绿色。如果溶液呈绿色，再适当减少废水取样量，直至溶液不变绿色为止，从而确定废水样分析时应取用的体积。稀释时，取废水检测样品量不得少于 5mL，如果化学需氧量很高，则废水检测样应多次稀释。废水中氯离子含量超过 30mg/L 时，应先把 0.4g

硫酸汞加入回流锥形瓶中，再加入 20mL 废水（或适量废水稀释至 20mL），摇匀。

（2）冷却后，用 90mL 水冲洗冷凝管壁，取下锥形瓶。溶液总体积不得少于 140mL，否则因酸度太大，滴定终点不明显。

（3）溶液再度冷却后，加 3 滴试亚铁灵指示液，用硫酸亚铁铵标准溶液滴定，溶液的颜色由黄色经蓝绿色至红褐色，即为终点，记录消耗硫酸亚铁铵标准溶液的用量（V_1）。

（4）测定水样的同时，取 20mL 重蒸馏水，按同样操作步骤做空白实验。记录滴定空白时消耗硫酸亚铁铵标准溶液的用量（V_0）。

5. 计算

$$COD_{cr}\ (O_2,\ mg/L) = \frac{(V_0 - V_1) \times c \times 8 \times 1000}{V}$$

式中 c——硫酸亚铁铵标准溶液的浓度，mol/L

V_0——滴定空白时硫酸亚铁铵标准溶液的用量，mL

V_1——滴定水样时硫酸亚铁铵标准溶液的用量，mL

V——水样的体积，mL

8——氧（1/2O）摩尔质量，g/mol

6. 注意事项

（1）使用 0.4g 硫酸汞络合氯离子的最高量可达 40mg，如取用 20mL 水样，即最高可络合 2000mg/L 氯离子浓度的水样。若氯离子的浓度较低，也可少加硫酸汞，使保持硫酸汞∶氯离子 = 10∶1（质量分数）。若出现少量氯化汞沉淀，不影响测定。

（2）水样取用体积可在 10 ~ 50mL，但试剂用量及浓度需按表 2 - 2 进行相应调整，可得到较满意的结果。

表 2 - 2　水样取用量和试剂用量表

水样体积/mL	0.25mol/L $K_2Cr_2O_7$ 溶液/mL	$H_2SO_4 - Ag_2SO_4$/mL	$HgSO_4$/g	$(NH_4)_2Fe(SO_4)_2$/(mol/L)	滴定前总体积/mL
10	5	15	0.2	0.05	70
20	10	30	0.4	0.1	140
30	15	45	0.6	0.15	210
40	20	60	0.8	0.2	280
50	25	75	1	0.25	350

（3）对于化学需氧量小于 50mg/L 的水样，应改用 0.025mol/L 重铬酸钾标准溶液。回滴时用 0.01mol/L 硫酸亚铁铵标准溶液。

（4）水样加热回流后，溶液中重铬酸钾剩余量应为加入量的 1/5 ~4/5。

（5）邻苯二甲酸氢钾标准溶液检查试剂的质量和操作技术时，每克邻苯二甲酸氢钾的理论 COD_{cr} 为 1.176g，溶解 0.4251g 邻苯二甲酸氢钾（$HOOCC_6H_4COOK$）于重蒸馏水中，转入 1000mL 容量瓶，用重蒸馏水稀释至标线，使之成为 500mg/L 的 COD_{cr} 标准溶液。用时重新配。

（6）COD_{cr} 的测定结果应保留三位有效数字。

（7）每次实验时，应对硫酸亚铁铵标准滴定溶液进行标定，室温较高时尤其注意浓度的变化。

第五节　黄酒用活性干酵母分析

一、活性干酵母的活化

1. 活化用溶液

以温开水为活化用水，其用量为黄酒活性干酵母质量的 20～25 倍；溶液的含糖量以 1%～2% 为宜，即用糖量为黄酒活性干酵母的四分之一左右。可用白糖、葡萄糖、红糖或饴糖，以饴糖为最好，例如，以 300g 饴糖或 400g 白糖，溶解于 25kg、35～37℃ 的水即可。

2. 制备活化酵母液

活化温度应适宜，若温度过低，则细胞半透膜形成太慢，使浸出物增加而大大降低活力；若温度过高，则酵母易衰老。但目前不少生产厂存在的问题是活化温度偏低。活化时间通常为 15～30min，即在产生气泡后 1～2min，即可使用。因为这时酵母刚开始增殖。若活化时间太长，则酿成的酒异味较重。例如，可将 150～200g 黄酒活性干酵母，加至上述活化用溶液中，搅拌 2 次，静置到产生气泡后 1～2min，即可使用。

二、活性干酵母的检测

外购的活性干酵母，因种种原因，较难科学地决定其用量，故应测定如下项目作为依据。

1. 水分测定

称取样品 3g（精度 0.0002g），置于已烘至恒重的称量瓶中，在 103℃ 干燥箱中干燥 6h 后，移入干燥器中冷却 30min，再精确地称重。其测定公式如下：

$$水分（\%）=\frac{m_1-m_2}{m_1-m}\times 100$$

式中　m——称量瓶的质量，g

m_1——干燥前称量瓶加样品的总质量，g

m_2——干燥后称量瓶加样品的总质量，g

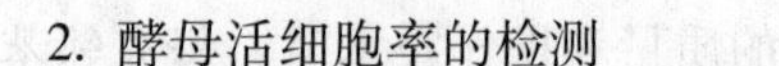

2. 酵母活细胞率的检测

（1）原理　取一定量的干酵母，用无菌生理盐水活化。然后做适当稀释与染色。用显微镜、血球计数板所测得的酵母活细胞数和总酵母细胞数之比的百分数，即为该样品的酵母活细胞率。

（2）试剂与仪器

①无菌生理盐水的制法：称取 0.85g NaCl，加蒸馏水至 100mL，在 0.1MPa 的蒸汽压下灭菌 20min 即可。

②染色液：因染色液的浓度和作用时间等因素均影响酵母死活细胞的确认，故应选用一种较为灵敏的染色液。配制方法为将 0.025g 次甲基蓝、0.042g KCl、0.048g $CaCl_2 \cdot 6H_2O$、0.02g $NaHCO_3$、1g 葡萄糖，用上述无菌生理盐水溶解并定容到 100mL。

③血球计数板：25×16 或 16×25。

④血球计数板专用盖玻片：20mm×20mm。

（3）测定步骤

①活性干酵母的活化：称取活性干酵母 0.1g（精度 0.0002g），用无菌吸管吸取 20mL 38～40℃的无菌生理盐水稀释后，在 32℃恒温水浴中活化 1h。这样的浓度适于死活酵母细胞的计数。

②检测：用无菌吸管吸取上述刚活化的酵母液 0.1mL，加入上述染色液 0.9mL 摇匀；在 20℃下染色 10min 后，立即在显微镜下用血球计数板检测，应先调整显微镜的视野，酵母细胞在计数范围内需分散均匀。凡呈现无色透明者，能将次甲基蓝还原的为活细胞，被染上蓝色者为死细胞，可数对角线方位上的中方或左上、右上、左下、右下和中心的中方格内的无色及蓝色酵母数，取平行试验的平均值，进行计算。

（4）计算

$$酵母活细胞率（\%）=\frac{活细胞总数}{活细胞总数+死细胞总数}\times 100$$

若采用平板培养法检测活性干酵母的细胞数，则结果更为可靠，还可根据菌落的形态，初步了解酵母的纯度。一般情况下，正常的活性干酵母活细胞率在 80%以上，而含水量在 5%以下。

第六节　小曲（酒药）分析

在浙江绍兴酒酿制中，把曲比喻为“酒之骨”。它的主要功能不仅是液化与糖化，而且是形成黄酒独特香味和风格的主体之一。黄酒曲随各地的习惯和酿制方法不同，种类繁多。按原料分有麦曲、米曲和小曲（酒药）。在我国南方，使用酒药较为普遍，不论是传统黄酒生产或小曲白酒生产都要用酒药。现代黄酒生产常采用纯种培养法生产酒曲，主要是根霉曲。酒药（小曲）中含有根霉、毛

霉、酵母、细菌等糖化菌和发酵菌。酒药中的主要糖化菌是根霉。在糖化阶段，主要是根霉、毛霉生长，分泌出淀粉酶及蛋白酶等多种酶类，将淀粉及蛋白质等分解为糖类及氨基酸等成分，将糖化液加水稀释后，酵母菌才大量繁殖，醪的酒精含量逐渐上升，其他菌类就陆续被淘汰。

一、取样

取样时从盛放曲的容器中或堆积场所各个不同点（如麻袋则从上、中、下及四角部位取样）取1.0～2.0kg，然后用四分法缩减2次，装入磨口瓶中备用。分析时将试样取出，用研钵研碎或用小型粉碎机粉碎，直到全部通过40目筛孔，混匀。

二、感官鉴定

（1）色泽　酒药的剖面应呈现一致的颜色，白色或稍显淡黄色，如有其他杂色，皆不是好的酒药。

（2）气味　具有酒药的清香味，不得带有霉酸味。

（3）菌丝　酒药应疏松，中心应有微小的菌丝生长。

三、原始酸度测定

1. 原理

利用酸碱中和原理，酚酞作为指示剂，用0.1mol/L氢氧化钠标准溶液进行滴定。

2. 试剂

（1）1%酚酞指示剂　称取1g酚酞溶于100mL 95%乙醇中。

（2）0.1mol/L氢氧化钠标准溶液

①配制：称取55g氢氧化钠溶于50mL水中，放入60mL的聚苯乙烯瓶中，静置数日。待碳酸钠沉淀后，取上层清液5.6mL，用新煮沸后冷却的蒸馏水稀释至1000mL混匀。

②标定：准确称取经105～110℃烘2h的邻苯二甲酸氢钾0.75g放入250mL三角瓶中，加50mL水溶解。加2滴1%酚酞指示剂，用0.1mol/L氢氧化钠溶液滴定至溶液呈微红色。

③浓度计算

$$c = \frac{m \times 1000}{204 \times V}$$

式中　m——邻苯二甲酸氢钾的质量，g

V——消耗氢氧化钠溶液的体积，mL

204——邻苯二甲酸氢钾摩尔质量，g/mol

c——氢氧化钠溶液的浓度，mol/L

3. 测定方法

（1）称取酒药10g，放入烧杯中，加100mL水在30℃水浴中浸泡1h（中间每隔15min搅拌1次），用滤纸或脱脂棉过滤。

（2）吸取滤液20mL于150mL三角瓶中，加2滴1%酚酞指示剂，用0.1mol/L氢氧化钠标准溶液滴至呈现微红色，半分钟内不褪色为止。

4. 计算

原始酸度：以100g酒药消耗1mol/L氢氧化钠溶液的体积（mL）表示。

$$原始酸度 = c \times V \times \frac{100}{20} \times \frac{100}{10}$$

式中　c——氢氧化钠标准溶液的摩尔浓度，mol/L

V——20mL滤液消耗氢氧化钠标准溶液的体积，mL

100/20——20是测定时吸取滤液的体积，mL；100是酒药总浸出液的体积，mL

100/10——10g酒药换算成100g酒药的倍数

四、发酵酸度测定

1. 原理

同本节原始酸度测定。

2. 试剂

同本节原始酸度测定。

3. 测定方法

（1）扩大培养　称取50g大米于500mL三角瓶中，加入水50mL，浸渍10h，用油纸包裹棉塞于常压下蒸料40min（或0.1MPa灭菌20min）。取出，稍冷，在无菌室中用玻璃棒搅散饭团。待冷却至30℃时，小心撒入酒药粉末梢0.25g（0.5%），搅拌均匀，置于30℃培养箱中培养26~30h。

（2）测定　首先观察瓶内生长状态和气味，如果米饭黏成棉絮似的团状，一般为好的酒药。如米粒松散，则质量欠佳。在扩大培养后的大米醅中加入100mL水，浸泡1h（中间每15min搅拌1次），用滤纸或脱脂棉过滤。吸取滤液25mL于250mL三角瓶中，加入1%酚酞指示剂2滴，用0.1mol/L氢氧化钠标准溶液滴定至微红色，半分钟内不消失为止。

4. 计算

发酵酸度：100g大米经酒药作用后所生成的酸量，以1mol/L氢氧化钠溶液的量（mL）表示。即100g大米经酒药作用后消耗1mL 1mol/L氢氧化钠溶液称为1度。

$$发酵酸度 = \frac{c \times V \times 100}{25} \times 2 = 8c \times V$$

式中　c——NaOH溶液的摩尔浓度，mol/L

V——滴定消耗NaOH的体积，mL

25——测定时吸取滤液的体积，mL

100——总的浸出液的体积，mL

2——50g 大米换成 100g 的倍数

所得结果保留一位小数。

（5）注意事项　撒入酒药时勿使酒药粘在三角瓶壁上；灭菌后的饭粒易结成团状，必须用玻璃棒搅散，使饭粒间有空隙，让菌丝均匀繁殖。

五、发酵率（淀粉利用率）测定

1. 试剂

（1）碳酸钠（粉末）。

（2）1% 酚酞指示剂。

2. 测定方法

（1）扩大培养方法与发酵酸度测定相同。在 30℃ 培养 26 ~ 30h 后取出，加无菌水 100mL，再继续培养至全部时间为 120h。

（2）测定　将三角瓶中的酒醅倒入 1000mL 圆底烧瓶中，用 100mL 水洗涤三角瓶，洗液并入圆底烧瓶中，加 2 滴 1% 酚酞指示剂，用碳酸钠粉末中和至微酸性蒸馏，待馏出液达 95mL 时停止蒸馏。加水定容到刻度，摇匀，将容量瓶中馏出液倒入 100mL 量筒中，用酒精计测定酒精度（以弯月曲下缘为准），并记录馏出液的温度。酒精蒸馏装置如图 2 – 10 所示。

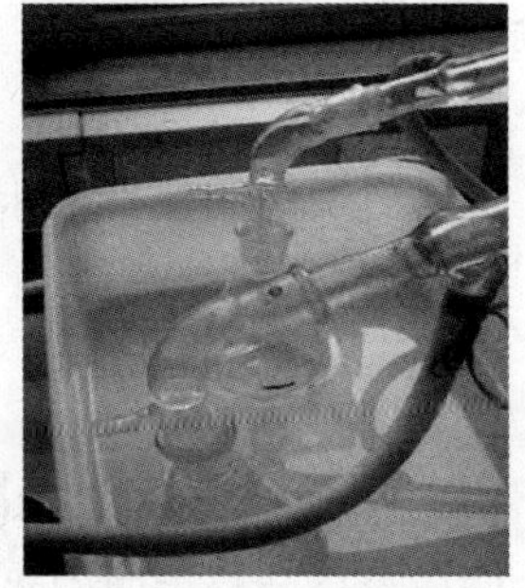

图 2 – 10　酒精蒸馏装置

3. 计算

（1）酒精含量计算　查附录一将酒精度校正为 20℃ 时的酒精度，再查附录四求出 100mL 中所含的酒精克数。

（2）发酵率计算

$$发酵率（\%）=\frac{纯酒精}{50\times 大米淀粉含量（\%）\times 0.5678}\times 100$$

式中　50——大米质量，g

0.5678——1g 淀粉理论上产生纯酒精的量，g

100——换算成百分率

第七节 麦曲分析

麦曲分析包括糖化曲（爆麦曲、块曲）水分、糖化力、酸度、液化力、蛋白酶活力的测定。

一、取样

(1) 爆麦曲　以每房为一批次，曲池四周及中间分别取适量作为样品。

(2) 块曲　以每班（也可几班混合）为一批次，曲堆前、中、后上下面分别抽取曲块（图 2-11），经粉碎，用四分法缩减后取适量作为样品，共取约 250g 装入干燥的磨口瓶中。

图 2-11　块状麦曲图片

二、感官鉴定

1. 色泽

块状麦曲的颜色主要从断面检查。把曲块从中间打断，观察断面的颜色，应布满灰白色菌丝。不得有黑心，烂心。爆麦曲（熟麦曲）的色泽应为浅黄绿色，布满分生孢子。

2. 气味

应具有麦曲的特有香味，不得有臭味、霉烂味。

三、水分的测定

1. 麦曲水分测定方法一

(1) 原理　试样经 (103±2)℃的鼓风电热干燥，其中的水分被蒸发，称重减少的质量，就是麦曲中水分的含量。

(2) 设备与试剂　电热恒温干燥箱，分析天平（感量 0.001g），小瓷盒。

(3) 操作步骤　称取 5g 糖化曲在 (103±2)℃的鼓风电热干燥箱中烘 3h 后冷却，称重记为 m，算得其的水分含量。

(4) 计算

$$水分含量（\%）= \frac{5-m}{5} \times 100$$

式中　m——烘干后曲的质量，g

5——糖化曲的质量，g

100——换算成百分率

2. 麦曲水分测定方法二

（1）原理　根据水与油沸点不同的原理。

（2）试剂与仪器　500mL 三角瓶，25mL 量筒，冷凝管冷却装置，菜油，200℃水银温度计。

（3）操作步骤　称取拌匀且有代表性的麦曲 25g 于 500mL 三角瓶中，加入已经在 200℃处理过的菜油约 150mL，塞好装有 200℃水银温度计及玻璃弯管的橡皮塞，接好冷凝管（冷凝管预先用水冲洗一下），用 25mL 量筒盛接冷凝管下端，并加热至 200℃，停止加热，冷却至 170℃，先取下三角瓶，再取下冷凝管下端的 25mL 量筒，读出盛接水分的量（V）。

（4）计算

$$麦曲水分（\%）=\frac{V}{25}\times 100$$

式中　V——蒸馏所得水分，mL

25——试样质量，g

100——换算成百分率

结果保留一位小数。

四、糖化力的测定

1. 原理

糖化酶有催化淀粉水解的作用，能从淀粉分子非还原性末端开始，分解 α - 1，4 葡萄糖苷键，生成葡萄糖。也就是说淀粉在一定操作条件下受糖化酶的作用，生成葡萄糖，然后测得葡萄糖的含量来计算糖化力的大小。

2. 试剂和仪器

（1）微量斐林试剂

①甲溶液：称取硫酸铜（$CuSO_4 \cdot 5H_2O$）15g 及次甲基蓝 0. 05g，加蒸馏水溶解并定容到 1000mL，摇匀备用。

②乙溶液：称取酒石酸钾钠 50g、氢氧化钠 54g、亚铁氰化钾 4g，加蒸馏水溶解并定容到 1000mL，摇匀备用。

（2）1g/L 葡萄糖标准溶液　称取 1g 葡萄糖（精确到 0. 0001g）加蒸馏水溶解，并加浓盐酸 5mL，再用蒸馏水定容到 1000mL。

（3）pH4. 6 醋酸 - 醋酸钠缓冲溶液　醋酸溶液：吸取冰醋酸 11. 8mL，加蒸馏水定容到 1000mL。醋酸钠溶液：称取醋酸钠（$CH_3COONa \cdot 3H_2O$）27. 2g，加蒸馏水定容到 1000mL。将醋酸溶液与醋酸钠溶液等体积混合，即可得 pH4. 6 的缓冲溶液。

（4）20g/L 可溶性淀粉溶液　称取 2g 经 100 ~ 105℃烘 2h 的可溶性淀粉，加 10mL 蒸馏水调匀，慢慢倾入 60mL 沸水中，用 10mL 蒸馏水洗净烧杯，洗液并入沸水中，搅匀，煮沸至透明，冷却后用蒸馏水定容到 100mL，此溶液需要当天配制。

（5）0.1mol/L NaOH 溶液。

（6）恒温水浴锅。

（7）150mL 三角瓶，500mL 三角瓶，50mL 容量瓶，100mL 容量瓶。

（8）5、10mL 吸管各一支。

（9）50mL 滴定管。

3. 测定方法与步骤

（1）糖化曲浸出液的制备　称取 5g 糖化曲（以绝对干曲计）于 500mL 三角瓶中，加水$\left[90-\left(\frac{5}{1-\text{麦曲水分}}-5\right)\right]$mL 及 pH4.6 醋酸－醋酸钠缓冲溶液 10mL，搅拌均匀，于 30℃水溶液中保温浸取 1h，每隔 15min 搅拌一次，用脱脂棉过滤，吸取滤液 10mL 于 100mL 容量瓶中，加水到刻度线，所得即为稀释液。

注：总的水分体积是 100mL，10mL 为醋酸－醋酸钠缓冲溶液体积，90mL 的水中要减去麦曲中的水分，用公式表示为$\left[90-\left(\frac{5}{1-\text{麦曲水分}}-5\right)\right]$mL。

（2）糖化　吸取 20g/L 可溶性淀粉溶液 25mL 于 50mL 容量瓶中，加 pH4.6 醋酸－醋酸钠缓冲溶液 5mL，于 30℃水浴预热 10min，准确加入 5mL 稀释液，立即摇匀计时，于 30℃水浴准确保温糖化 1h，迅速加入 15mL 0.1mol/L NaOH 溶液，终止酶解反应。冷却至室温后，用蒸馏水定容到 50mL，摇匀，得到糖化液。

同时做空白试验：吸取 20g/L 淀粉溶液 25mL，置入 50mL 容量瓶中，加 pH4.6 醋酸－醋酸钠缓冲溶液 5mL。先加入 15mL 0.1mol/L NaOH 溶液，然后再准确加入 5mL 稀释液，用蒸馏水定容到 50mL，摇匀。

（3）测定　空白液测定：吸取微量斐林试剂甲、乙液各 5mL 于 150mL 三角瓶中，准确加入 5mL 空白液，并用滴定管预先加入适量的 1g/L 标准葡萄糖溶液，使后滴定时消耗标准糖溶液在 1mL 内，摇匀，于电炉上加热至沸腾，立即用 1g/L 标准葡萄糖溶液滴到蓝色消失而呈淡黄色，记录葡萄糖标准溶液的总用量。糖度滴定如图 2－12 所示。此滴定在 1min 内完成。糖化液测定：吸取 5mL 糖化液代替 5mL 空白液，其余操作同上。

图 2－12　糖度滴定

4. 计算

糖化曲的糖化力：1g 绝对干的麦曲在 30℃、pH4.6 糖化 1h 内，酶解可溶性淀粉为葡萄糖的质量（mg）。

$$糖化力[葡萄糖,\ mg/(g\cdot h)] = (V_0 - V)\times C\times\frac{100}{10}\times\frac{100}{5}\times\frac{50}{5}\times\frac{1}{m_s}\times\frac{1}{t}\times 1000$$

式中 V_0——5mL 空白液滴定消耗标准葡萄糖的体积，mL

V——5mL 糖化液滴定消耗标准葡萄糖的体积，mL

C——葡萄糖标准溶液的浓度，g/mL

m_s——以绝对干的麦曲计的试样称取量（5g），g

t——酶解时间，h

50/5——5 为测定时糖化液的体积，mL；50 为总糖化液的体积，mL

100/5——5 为糖化时吸取麦曲浸出稀释液的体积，mL；100 为麦曲总浸出稀释液的体积，mL

100/10——麦曲浸出液的稀释倍数

1000——g 换成 mg

5. 注意事项

（1）要严格控制糖化温度与时间，以免影响结果。

（2）空白试验用以消除糖化酶本身和可溶性淀粉中还原物质的影响。

（3）糖化酶活力与所用可溶性淀粉质量有关，故需注明淀粉品牌名与厂名（一般现在用国药试剂）。

五、酸度的测定

1. 原理

根据酸碱中和的原理测定出曲中的含酸量。

2. 试剂与仪器

0.1mol/L 氢氧化钠标准溶液（同本节原始酸度测定）、500mL 三角瓶、150mL 三角瓶、水浴锅、玻璃漏斗、脱脂棉、10mL 吸管、100mL 量筒等。

3. 测定方法与步骤

称取成品麦曲（糖化曲）10g（以绝对干曲计）于 500mL 三角瓶中，加水 100mL 于 30℃水浴锅中保温 30min，每隔 15min 搅拌一次，用脱脂棉过滤，吸取滤液 10mL 于 150mL 三角瓶中，加水 30mL，加酚酞指示剂 3 滴，用 0.1mol/L 氢氧化钠滴定至溶液呈微红色，半分钟不消失为终点，并记录氢氧化钠消耗的体积。

4. 计算

原始酸度：以 1g 绝对干曲（10mL 滤液）所消耗 0.1mol/L 氢氧化钠体积（mL）表示。

$$原始酸度 = \frac{c \times V}{0.1}$$

式中 c——氢氧化钠标准溶液的摩尔浓度，mol/L

V——10mL 滤液消耗氢氧化钠标准溶液的体积，mL

0.1——标准 0.1mol/L 氢氧化钠的数值

六、液化力的测定

1. 碘反应法

（1）原理　α-淀粉酶（α-1，4-糊精酶）能将淀粉水解产生大量糊精及少量麦芽糖和葡萄糖，使淀粉浓度下降，黏度降低。由于碘液对不同分子质量的糊精呈现不同颜色，因此在水解过程中，对碘液的呈色反应为蓝色→紫色→红色→无色。常以蓝色消失所需时间来衡量液化力的大小。

（2）试剂

①20g/L 可溶性淀粉溶液：见糖化率测定。

②原碘液：称取 2.2g 碘与 4.4g 碘化钾，加少量蒸馏水溶解后，加蒸馏水定容到 100mL，贮于棕色瓶中。

③稀碘液：吸取原碘液 0.4mL，添加碘化钾 4g，加蒸馏水定容到 100mL，贮于棕色瓶中。

④标准比色液

a. 甲液：准确称取 40.24g 氯化钴（$CoCl_2 \cdot 6H_2O$）、0.49g 重铬酸钾（K_2CrO_7）溶于蒸馏水中，加蒸馏水定容到 500mL。

b. 乙液：准确称取 40mg 铬黑 T（$C_{20}H_{12}N_{13}NaO_7S$）溶于蒸馏水中，加蒸馏水定容到 100mL。

使用时吸取甲液 40mL 与乙液 5mL 混合。此混合液宜冰箱保存，使用 7d 后需要重新配制。

⑤酶液制备：详见糖化力测定。

（3）测定方法

①取 2 滴标准终点色溶液于白瓷板空穴内，作为比较颜色的标准。

②准确吸取 2% 可溶性淀粉溶液 10mL 及水 35mL 于大试管（25mm × 200mm）中，置于 30℃ 恒温水浴中保温 10min。

③准确吸取酶液 5mL 于上述保温淀粉溶液中，立刻计时，摇匀。定时取出液化液 1 滴于预先放有稀碘液 1 滴的白瓷板空穴内，颜色由紫色逐渐变为红棕色，当与标准终点色相同时，即为反应终点，记录所需时间（t）。

（4）计算

液化力以每克绝对干麦曲在 30℃ 作用 1h 能液化淀粉的质量（g）表示。

$$液化力 = \frac{60}{t} \times \frac{0.2}{0.25}$$

式中　t——加酶液后到遇稀碘液呈现标准终点色所需的时间，min

60——换算成 1h 的作用时间

0. 2——10mL 20g/L 可溶性淀粉溶液相当于 0. 2g 淀粉

0. 25——5mL 酶液相当于 0. 25g 绝对干麦曲

（5）注意事项

①麦曲中液化酶与糖化酶同时存在，碘反应时间随糖化酶含量增加而缩短，所以结果有一定的误差。但由于此法简便、迅速，常被采用。

②注明淀粉的牌号、厂名。

2. 比色法

（1）原理　当淀粉被 α-淀粉酶作用后，生产不同分子质量的糊精，当葡萄糖残基在 20 个左右时，遇碘呈紫色或暗红色。本法选择碘液与糊精呈紫红色为反应终点，规定波长在 650nm 时，其透光率为 60%。

（2）试剂与仪器

①原碘液：称取 5. 5g 碘和 11g 碘化钾，用少量蒸馏水溶解后，加蒸馏水定容到 250mL。

②稀碘液：吸取原碘液 2mL、10% 盐酸溶液 25mL，混匀后加蒸馏水定容到 500mL。此溶液不易保存，用时现配。

③20g/L 可溶性淀粉溶液：详见糖化力测定。

④10% 盐酸溶液：量取浓盐酸（相对密度 1. 19）10mL，用蒸馏水稀释到 100mL。

⑤酶液制备：详见糖化力的测定。

⑥722 型分光光度计。

（3）测定方法

①取 10 个 25mL 比色管，准确吸取 5mL 稀碘液于各比色管中。

②准确吸取 2% 可溶性淀粉液 20mL 于大试管（25mm × 200mm）中，置于 30℃ 恒温水浴中保温 10min。

③量取酶液 25mL 于另一大试管中，置于 30℃ 恒温水浴中保温 10min。

④准确吸取保温酶液 10mL 于上述保温淀粉溶液中，立刻计时，摇匀。并准确吸取混合液 1mL 于盛有稀碘液的比色管中，以后每隔半分钟吸取混合液 1mL 分别注入盛有稀碘液的比色管中，得一列呈现不同颜色的试管。

⑤准确吸取 20mL 水于大试管中，置于 30℃ 恒温水浴中保温 10min，再准确加入保温的酶液 10mL，摇匀。立即吸取混合液 1mL 于盛有稀碘液的比色管中，摇匀后作为空白液。

⑥以空白液透光率 100%，在波长 650nm 下，用 1cm 比色皿进行透光率测定。

⑦画出透光率与反应时间曲线（注意不是直线，而是光滑曲线），从中找出

透光率为60%的反应时间。

⑧计算：液化力为1g绝对干麦曲在30℃，作用30min后，所能液化2%淀粉溶液的量（mL）。

$$液化力=\frac{30}{t}\times\frac{20}{0.5}$$

式中 t——酶液反应的时间，min

30——换算成30min的作用时间，min

20——2%可溶性淀粉溶液的体积，mL

0.5——10mL酶液相当于0.5g绝对干麦曲，g

（4）注意事项 实验所得的透光率在25%～80%为宜，否则应稀释酶液或延长反应时间；注明淀粉牌号、厂名。

七、蛋白质分解力（蛋白酶活力）测定

1. 原理

蛋白酶能水解酪蛋白，其产物酪氨酸能在碱性条件下使福林试剂还原成蓝色化合物（钼蓝与钨蓝），用比色法测定。

2. 试剂与仪器

（1）福林试剂 取钨酸钠（$NaWO_4\cdot2H_2O$）50g、钼酸钠（$NaM_0O_4\cdot2H_2O$）12.5g与水350mL于1000mL磨口圆底烧瓶中，溶解后加入85%磷酸25mL及浓盐酸50mL，装上磨口回流冷凝管，小火沸腾回流10h，除去冷凝器，加入硫酸锂50g、水25mL及浓溴水（99%）数滴，摇匀。开口煮沸15min，以除去多余的溴（在通风柜内进行），此时溶液必须呈金黄色（若溶液仍带绿色，于冷却后再加溴水数滴，再煮沸除溴）。冷却后加蒸馏水定容到500mL，混匀，过滤，制得的试剂贮存于棕色瓶中。福林试剂稀释液：取1份福林试剂与2份蒸馏水混匀。

（2）0.4mol/L碳酸钠溶液 称取无水碳酸钠（Na_2CO_3）42.4g，用蒸馏水溶解后，加蒸馏水定容到1000mL。

（3）0.05mol/L乳酸－乳酸钠缓冲液（pH3）乳酸溶液：称取10.6g乳酸（80%～90%），加蒸馏水溶解并定容到1000mL。乳酸钠溶液：称取16g乳酸钠（70%～80%），加蒸馏水溶解并定容到1000mL。取乳酸溶液8mL与乳酸钠溶液1mL，用蒸馏水稀释1倍，即成pH3的缓冲溶液。

（4）0.4mol/L三氯醋酸溶液 称取65.4g三氯醋酸用蒸馏水溶解，加蒸馏水定容到1000mL。

（5）2%酪素溶液 称取酪素2g，用几滴乳酸润湿，加入适量的乳酸－乳酸钠缓冲溶液，在沸水浴中加热（不断搅拌），使完全溶解，冷却后移入100mL容量瓶内，用乳酸－乳酸钠缓冲溶液定容至刻度。

（6）酶液制备 称取10g绝干曲试样，加乳酸－乳酸钠缓冲溶液100mL，在

30℃浸出1h（每隔15min搅拌1次），用滤纸或脱脂棉过滤。

（7）酪氨酸标准溶液（100μg/mL）　精确称取经105℃烘2~3h的L-酪氨酸0.1g，逐步加1mol/L盐酸溶液6mL，使其溶解，用0.2mol/L盐酸溶液定容至100mL。吸取溶液10mL，用0.2mol/L盐酸溶液定容至100mL，即成100μg/mL酪氨酸标准溶液。

（8）0.2mol/L盐酸溶液　量取1.7mL浓盐酸（相对密度1.19），用蒸馏水稀释到100mL。

（9）6mol/L盐酸溶液　量取50mL浓盐酸（相对密度1.19），用蒸馏水稀释到100mL。

（10）722型分光光度计。

3. 测定方法

（1）标准曲线绘制　取7支试管，按表2-3稀释酪氨酸标准溶液。

表2-3　稀释酪氨酸标准溶液

编号	0	1	2	3	4	5	6
100μg/mL的酪氨酸溶液/mL	0	1	2	3	4	5	6
水/mL	10	9	8	7	6	5	4
酪氨酸溶液浓度/（μg/mL）	0	10	20	30	40	50	60

从上述各管中各吸取1mL于另外7支试管中，分别准确加入5mL 0.4mol/L碳酸钠溶液、1mL福林试剂稀释液，于40℃恒温水浴中显色20min，在680nm波长下测定各管吸光度。

以吸光度作纵坐标，酪氨酸浓度作横坐标，绘制标准曲线。求出斜率K，即标准曲线中吸光度为1时相当的酪氨酸的量（μg/mL）。

（2）试样测定

①吸取5mL酶液，用水稀释（2~5倍）成酶稀释液。

②分别吸取1mL酶稀释液于3支编号试管中，放入40℃恒温水浴中预热3~5min，然后严格准确地按表2-4顺序加入试剂。加入三氯醋酸溶液后，立即摇匀，以停止酶的作用。

表2-4　溶液加入顺序表

试剂＼编号	空白	试样	
	0	1	2
0.4mol/L三氯醋酸/mL	2	0	0
2%酪素溶液/mL	1	1	1
40℃恒温水解10min			
0.4mol/L三氯醋酸/mL	0	2	2

③分别吸取 1mL 滤液于另 3 支试管中，各管准确加入 0.4mol/L 碳酸钠溶液 5mL 及福林试剂稀释液 1mL，摇匀，于 40℃恒温水浴中显色 20min，在 680nm 波长下，以 0 号管为空白，测定吸光度，取其平均值。

4. 计算

蛋白质分解力：1g 绝对干麦曲在 40℃每分钟分解酪蛋白为酪氨酸的量（μg）。

$$蛋白质分解力 = \frac{K \times A \times 100 \times 4 \times n}{10 \times 10}$$

式中 K——标准曲线中吸光度为 1 所相当的酪氨酸的量，μg/mL

A——试样管的平均吸光度

100——麦曲总浸出液的体积，mL

4——酶水解时总体积，mL

10×10——前一个“10”为绝对干麦曲称取量，g；后一个“10”为酶水解时间，min

n——酶液的稀释倍数

5. 说明

（1）黄酒麦曲酶系中蛋白酶吸收高峰为 pH3 及 pH6 左右。如考虑到酿酒 pH 条件，可采用 pH3，也可根据具体情况选定合适的 pH，但在测定结果中必须注明。

（2）测定中，水解温度、时间、吸取量都需准确，以减小误差。

（3）配制酪素定容时，泡沫过多，可加几滴酒精消泡。酪素溶液需于 4℃冰箱中保存。发现变质，应重新配制。

（4）注明酪素牌号、厂号（一般采用国药试剂分析纯）。

第八节　试饭糖分、糖化力、酸度、糖化发酵力分析

一、试饭糖分

1. 原理

将大米蒸熟后，接种待测样曲，发酵后用斐林法测定糖分含量。

2. 试剂

（1）1:4 的盐酸溶液　1 体积的浓盐酸（相对密度 1.19）加入 4 体积的蒸馏水。

（2）20% NaOH 溶液　称取 20g 氢氧化钠，加蒸馏水溶解并稀释到 100mL。

（3）10g/L 次甲基蓝指示剂　称取 1g 次甲基蓝，溶于 100mL 酒精中。

（4）斐林溶液　同本章第三节大米与小麦化学分析中大米粗淀粉的测定。

3. 测定步骤

（1）试饭　将 1000g 大米洗净后，装入容器中，加水并使其吸水后的质量为

2200g。再置于蒸的容器内，用蒸汽蒸40min，要求饭粒熟而不烂，内无白心。取10g饭并将饭粒打散，装入直径为10cm灭菌过的培养皿中，待凉至35℃时，接入0.3%的待试样曲，28~30℃恒温箱中培养40h。

（2）取样　取10g饭的试样放入容量为500mL的烧杯中，用药匙研烂后，加入200mL水浸泡0.5h，在浸泡15min时搅拌一次。用纱布或脱脂棉将试液过滤于500mL容量瓶中，用水多次冲洗残渣并过滤，定容到500mL后备用。

（3）定糖　取5mL斐林甲液、5mL斐林乙溶液于250mL三角瓶中，加水30mL，于电炉上加热，待沸腾后，用滴定管逐滴滴入上述试样浸出液，滴定时应保持沸腾，滴到颜色即将消失时，加2滴10g/L的亚甲基蓝指示剂，继续滴定至蓝色消失而呈现鲜红色，即为终点，记下滴定中所消耗的量（mL）。

另取5mL斐林甲液、5mL斐林乙溶液于250mL三角瓶中，加水30mL，加入比预先滴定试验少放1mL的试样浸出液，同上操作，记录消耗试样浸出液的体积。

4. 计算

$$试饭糖分（\%）=\frac{F\times500}{V\times m}\times100$$

式中　F——斐林甲、乙溶液各5mL相当的葡萄糖的质量，g

V——滴定消耗糖液的体积，mL

m——试样的质量，g

500——滤液总体积，mL

5. 讨论

大米品种和米饭含水量，对曲的试饭糖分值有较大的影响：若大米中支链淀粉含量高，则试饭糖分值较低，故表示曲活力时，应注明大米的品种和产地。米饭的含水量以60%左右为宜，过高或过低，均会影响试饭的糖分值，故应在蒸饭前测定大米的含水量，以确定其合适的加水比。

二、试饭糖化力

1. 原理

单位时间、单位质量的根霉曲发酵米饭产生糖分的能力，即为根霉曲的试饭糖化力。

2. 试剂

同本节试饭糖分。

3. 测定步骤

按试饭糖分测定的方法蒸熟大米，在米饭中接入0.136%左右的根霉曲，于30℃下培养24h后，开始取样检测试饭糖分，以后每隔4h检测一次，直至米饭中约2/3的淀粉已分解为葡萄糖为止，即试饭糖分值达到22%~50%为止。

4. 计算

$$试饭糖化力[mg葡萄糖/(g曲·h)]=\frac{G}{W\times t}\times 1000$$

式中 G——试饭糖分，g/100g

W——曲的加量，g/100g 饭

t——试饭时间，h

三、试饭酸度

1. 原理

试饭中的总酸度用酸碱滴定法测量。以中和 1g 糖化饭所消耗的 0.1mol/L NaOH 的量（mL）表示。

2. 试剂

（1）10g/L 酚酞指示剂　称取 10g 酚酞溶于 1000mL 95% 乙醇中。

（2）0.1mol/L 氢氧化钠标准溶液　同本章第六节小曲（酒药）分析中原始酸度测定。

3. 测定步骤

用移液管吸取上述试饭糖分的试液 50mL（相当于 1g 糖化饭），注入盛有 10mL 水的三角瓶中，滴入 2 滴酚酞指示剂，用 0.1mol/L NaOH 标准溶液滴至微红色。

4. 计算

$$酸度=\frac{c}{0.1}\times V\times\frac{1}{50}\times 500\times\frac{1}{10}$$

式中 c——NaOH 标准溶液的浓度，mol/L

V——消耗 NaOH 标准溶液的体积，mL

500——试样溶液的体积，mL

50——吸取样液的体积，mL

10——试样质量，g

0.1——标准 0.1mol/L NaOH 溶液

四、糖化发酵力

1. 原理

酒药或曲的糖化发酵力以产酒精量为指标进行测定。

2. 试剂

同本节试饭糖分。

3. 测定步骤

（1）发酵　称取一定量大米，按前述的试饭方法蒸熟后，用容量为 300mL 的三角瓶，每瓶装饭 66g，相当于原料大米 30g。塞上棉塞，用牛皮纸包扎瓶口，再用常压蒸汽灭菌1h后，趁热将饭粒摇散，并冷却至35℃时，加入0.3%要试的根霉曲，置于恒温箱中培养24h。然后加入100mL无菌水，瓶口用棉塞，每天称重1次，至发酵基本结束为止，为期7~9d。检查减重应高于10g。

（2）蒸馏　将上述发酵醪倒入500mL圆底形蒸馏瓶中，并用100mL水洗净三角瓶，洗液并入发酵醪中一起蒸馏。接取100mL馏出液，量温度及酒精体积分数，查附录一可知酒精体积分数。

（3）用酸水解法测知大米的淀粉含量。

4. 计算

$$\text{糖化发酵力（\%）} = \frac{\varphi/100 \times 100 \times 0.79}{30 \times A/100 \times 0.568} = \frac{\varphi}{A} \times 4.636$$

式中　φ——酒精体积分数，%

0.79——酒精的近似密度，g/cm^3

30——大米质量，g

0.568——理论上淀粉产酒精的换算（质量分数表示），%

A——大米的淀粉含量，g

复习思考题

一、填空题

1. 凡袋装原料，按总袋数______袋中取样（可用取样器），按______分层取样。

2. 样品的采集有______和______两种方法。

3. 原料中淀粉的测定常用______与______两种方法

4. 直链淀粉与碘酒作用显______，支链淀粉与碘酒作用显______。

5. 氢氧化钠溶液用______标定。

6. 在黄酒生产中，人们形象地将水喻为______。

7. 测定水的色度有______和______。

8. 测定水的浊度方法有______和______。

9. 测定氯化物的方法常用______。

10. 水中有机物的测定目前常用方法有______与______。

11. 酿造用水应基本符合我国生活饮用水的标准，某些项目还应符合酿造黄酒的专业要求：pH理想值为______，最高极限______；总硬度理想要求______；硝酸态氮理想要求0~2mg/L以下，最高极限0.5mg/L；游离余氯量理想要求0.1mg/L，最高极限0.3mg/L；铁含量要求______；锰含量要求在______以下等。

12. 正常的活性干酵母活细胞率在______以上，含水量在______以下。

13. 在浙江绍兴酒酿制中，把曲比喻为______。

14. 现代黄酒生产常采用纯种培养法生产酒曲，主要是______等。

15. 酒药中的主要糖化菌是______。

16. 酒药（小曲）中含有______、______、______、______等糖化菌和发酵菌。

二、判断题

1. 出饭率及吸水率在传统工艺中可用称重法测定，在机械化生产中可用千粒重法、比较法测定。（ ）

2. 测定水的浊度方法有目视法和分光光度法。（ ）

3. 水中有机物测定目前常用方法有酸性高锰酸钾氧化法与重铬酸钾氧化法。（ ）

4. 2.5g/L 葡萄糖标准溶液配制时加入 5mL 浓盐酸是为了防腐。（ ）

5. 正常的活性干酵母活细胞率在 70% 以上，含水量在 15% 以下。（ ）

6. 酒药中的主要糖化菌是根霉。（ ）

三、名词解释

1. 容重
2. 四分法
3. 随机抽样
4. 代表性取样
5. 浊度
6. 浊度单位

四、简答题

1. 采样的原则是什么？
2. 大米的色泽与气味如何鉴定及如何表示结果？
3. 小麦色泽如何鉴定？试样如何制备？
4. 原料中淀粉的测定常用酸水解法与酶水解法，两种方法的优缺点有哪些？
5. 粗淀粉测定的原理是什么？
6. 斐林氏甲、乙液贮存过久使用前需如何检测？
7. 正确检测粗淀粉时应注意哪些事项？
8. 糯米互混测定的原理是什么？
9. 常量凯氏定氮法的原理是什么？
10. 用莫尔法测定氯化物的原理是什么？
11. 黄酒酿造用水中铁测定的原理是什么？
12. 黄酒用活性干酵母是如何进行活化的？
13. 正常的酒药、麦曲感官鉴定是怎样的？
14. 糖化力测定的原理是什么？它的测定步骤是怎样的？
15. 液化力测定中碘反应法的原理是什么？
16. 简述生麦曲水分测定的操作步骤。

五、计算题

1. 标定斐林溶液时，消耗2.5g/L葡萄糖标准溶液的体积是21.5mL，求斐林甲、乙液各5mL相当于葡萄糖的质量是多少？

2. 用酸水解法测定粗淀粉含量时，称取2g淀粉经酸水解处理后滤液用500mL容量瓶接收，用水充分洗涤残渣，洗液并入容量瓶中，然后用水定容，摇匀，用水解液滴定已标定过的斐林溶液，到终点时消耗水解液17.5mL。求粗淀粉的含量是多少？

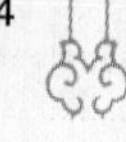

第三章 黄酒半成品分析

传统工艺开头耙主要以温度与时间来决定，另外主要以感官检查和品尝为依据来决定开耙时间、调整保温或降温措施、确定发酵周期，其内容为：观察发酵醪的翻腾、起泡状况、升温速度及品尝醪的香味。新工艺除注意上述项目外，还要测定醪的品温，并进行各项主要成分的分析，以便及时判断和控制发酵进程。通常，需要取样测定发酵醪的酒精体积分数和酸度、糖度，以判断发酵是否正常，从而找出发酵异常的原因。一般投料后 1 天、5 天各检测一次糖度、酒精度、酸度（或 2 天、7 天各检测一次糖度、酒精度、酸度）。例如，前发酵期正常醪的酒精体积分数、总酸含量及糖分变化情况见表 3－1。

表 3－1 酒精体积分数、总酸含量及糖分变化情况

发酵时间/h	24	48	72	96
酒精体积分数/%	>7.5	>9.5	>12	>14.5
酸度/（g/L）	<5.0	<5.0	<5.0	<5.5
还原糖度/（g/L）	55～60	20～40	20～40	20～30

后发酵期发酵速度缓慢，糟粕逐渐下沉，液面呈静止，取上清液观察，其澄清度逐次提高，色泽黄亮，酒味逐渐增浓，但口感清爽，无异杂气味。通常每 2 天进行一次感官检查，投料后 15 天理化检测一次，在榨酒前，也检测一次，有利于勾兑。

第一节 米饭分析

一、取样

可根据分析要求采集不同试样。蒸桶取样时，可从蒸桶的上、中、下部取样。蒸饭机则考虑从不同时间、不同部分、不同压力处取样（也可从蒸煮条件最差场所取样，以检查蒸煮死角）。取样后装入磨口瓶中，不可久置，应立即分析。

二、外观鉴定

米饭要有光泽，熟而不黏，内无白心，软而不烂。

三、水分测定

1. 原理

试样中含水量超过16%时，一是粉碎困难，二是粉碎时水分损失较多，因此常将试样先在60℃干燥箱内烘到米饭含水量在16%以下，测出的水分称前水分。再将试样进行粉碎，在100~105℃干燥箱内烘干到恒重，测出水分称为后水分。由前水分及后水分计算出总水分。

2. 测定方法

（1）前水分　称取试样10g于60℃干燥箱内烘3~4h，使其烘干到含水分16%以下，测出前水分（%）。

（2）水分　将测定前水分后的试样，进行粉碎，在100~105℃干燥箱中烘至恒重，测出后水分（%）。

（3）计算　水分测定方法见原料分析中水分测定。

$$\text{米饭总水分（\%）}=\text{前水分}+\text{后水分}\times\frac{100-\text{前水分}}{100}$$

四、出饭率及吸水率测定

出饭率及吸水率在传统工艺中可用称重法测定。在机械化连续生产中可用千粒重法、比较法测定。

1. 称重法

（1）测定方法　称取白米重m，蒸煮成饭后称重为m_1。

（2）计算

$$\text{出饭率（\%）}=\frac{m_1}{m}\times 100$$

$$\text{吸水率（\%）}=\left(\frac{m_1}{m}-1\right)\times 100$$

2. 千粒重法

（1）测定方法

①白米千粒重：称取白米m（约20g），分出整粒米数a和碎米数b，分别称出整粒米重A及碎米重B。

$$\text{碎米系数}K=\frac{\frac{B}{b}}{\frac{A}{a}}$$

$$\text{白米千粒重}=\frac{m\times 1000}{b\times K+a}=\frac{m\times 1000}{(B/A+1)\ a}$$

②蒸饭千粒重：抽取蒸饭约28g放入称量瓶中，并迅速盖闭，称其质量为m_1（准确至0.01g）。数出其中整粒饭的数值a_2，称出其质量A_2，碎饭质量为B_2。由于操作过程中米饭水分的蒸发，因此要折算成初始质量A_1和B_1，使

$A_1 + B_1 = m_1$。

$$初始整粒饭重\ A_1 = \frac{A_2}{A_2 + B_2} \times m_1$$

$$初始碎饭粒重\ B_1 = \frac{B_2}{A_2 + B_2} \times m_1$$

$$蒸饭千粒重 = \frac{m \times 1000}{(B_1/A_1 + 1)\ a_2}$$

（2）计算

$$蒸饭出饭率（\%）= \frac{蒸饭千粒重}{白米千粒重} \times 100$$

$$蒸饭吸水率（\%）= \left(\frac{蒸饭千粒重}{白米千粒重} - 1\right) \times 100$$

（3）说明　一个批量的整粒米与碎米的碎米系数 K 是一个常数，只需标出一个 K 值即可。

3. 比较法

上述千粒重法，数粒麻烦，称重次数多，计算程序多，操作时间长，水分易挥发，存在着一定的误差性。

这里推出一种比较法，即在实验室用锅蒸饭，求出出饭率。再将锅蒸法的米饭含水量和机蒸法的米饭含水量相比较，用机蒸法的米饭含水量为准，校正锅蒸法出饭率，即为机蒸法出饭率。

（1）测定方法　取大生产的同批大米1kg，按大生产浸米的时间浸米，在铝锅中蒸成熟饭，按大生产工艺摊凉或淋水后称取其质量，得到锅蒸法的出饭率 A，同时抽取锅蒸法和机蒸法的试饭样各10g，用烘干法测定含水量，其数值锅蒸饭含水率为 a，机蒸饭含水率为 b。

（2）计算公式

$$机蒸法出饭率（\%）= 锅蒸法出饭率\ A +（机蒸饭含水率\ b - 锅蒸饭含水率\ a）$$

例如：取大生产同批大米1000g，按大生产同样时间浸米，在实验室用铝锅蒸饭，按摊饭法生产工艺，称取饭重为1450g，同时抽取锅蒸饭和大生产机蒸饭各10g，用烘干法测得锅蒸饭含水率为158%，机蒸饭含水率为162%，大生产机蒸法出饭率是多少?

解：

$$锅蒸法出饭率（\%）= \frac{米饭质量}{大米质量} \times 100\% = \frac{1450g}{1000g} \times 100\% = 145\%$$

$$机蒸法出饭率 = 锅蒸法出饭率 +（机蒸饭含水率 - 锅蒸饭含水率）= 145\% + (162\% - 158\%) = 145\% + 4\% = 149\%$$

答：大生产机蒸法出饭率为149%。

五、生心率测定

1. 试剂

(1) 1%次甲基蓝溶液 称取1g次甲基蓝，溶于95%酒精中，并稀释至100mL。

(2) 1%溴酚蓝指示剂 称取1g溴酚蓝，溶于95%酒精中，并稀释至100mL。

2. 测定方法

(1) 将测定的米饭放在培养皿中，加入1%次甲基蓝溶液或1%溴酚蓝指示剂，使米饭浸没。

(2) 1min后，倒去次甲基蓝或溴酚蓝溶液，将每粒米饭用刀片切成两段，看其中心染色情况，在未糊化处，不能染上颜色。

3. 计算

计算100粒米饭中内心未染色的百分数即为生心率。

第二节 发酵醪分析

一、取样

按企业的习惯来确定取样天数与发酵醪是否离心后进行检测。

1. 机械化生产黄酒发酵醪取样

发酵醪（1d、5d、15d、榨前）、酒母（1d、2d）：每罐为一批次，随机抽取，然后用双层纱布过滤（榨前要用绸袋过滤）；样液不少于250mL；榨前取样前，用耙管进行开耙，从而使整罐酒酒体均匀一致，从而保证取样样品的准确性。

2. 传统手工黄酒带糟取样

带糟（8d、15d、30d、榨前）：每作为一批次，在每作带糟中化验员能取到酒样的一排最上面一层作为取样坛，每坛取样少许，混匀样液用纱布过滤（如有必要），样液不少丁300mL。

清酒：以每池（罐）为一批次，随机抽取约500mL。

二、化学分析

1. 酸度测定

(1) 范围 此半成品包括生产过程中各阶段的发酵醪、清酒、酒母、三角瓶、瓶酒的过滤酒及灌装后未杀菌的酒。

(2) 原理 有机酸被标准碱液滴定时，可被中和成盐类。用酚酞作为指示剂，用0.1mol/L的标准NaOH溶液进行滴定，滴定至溶液呈现淡红色半分钟不褪色为终点。根据所消耗标准碱液浓度和体积，可计算样品中酸的含量。

(3) 仪器与试剂 150mL三角瓶，5mL吸管，50mL碱式滴定管，10g/L酚酞指示剂，0.1mol/L NaOH 标准溶液。

（4）操作步骤　吸取酒样各 5mL 于两只 150mL 的三角瓶中，加 50mL 水，分别滴入 3 滴酚酞指示剂。用 0.1mol/L NaOH 溶液滴定至溶液呈微红色，半分钟内不褪色为其终点。若酵母活力强的发酵 1d、5d 的半成品，酸度滴定时速度要快，一到微红色就行了，不用等半分钟不褪色。记录消耗 NaOH 溶液的体积（V），同时做试样空白试验。

（5）计算

$$酸度（以乳酸计，g/L）=\frac{c\times(V-V_0)\times 90}{10}$$

式中　c——NaOH 标准溶液的浓度，mol/L

10——吸取试样的体积，mL

V——测定试样时消耗 NaOH 标准溶液的体积，mL

V_0——空白试验时消耗 NaOH 标准溶液的体积，mL

90——乳酸的摩尔质量，g/mol

所得结果保留一位小数。

（6）允许差　同一试样的两次测定结果之差，不得超过 0.1g/L。

2. 酒精度测定

酒精度是指酒样中所含酒精容量百分数（%，体积分数）。

（1）范围　此半成品包括生产过程中各阶段的发酵醪、清酒；酒母、瓶酒的过滤酒及灌装后未杀菌的酒。

（2）仪器　100mL 量筒，冷凝回流装置，500mL 三角瓶，电炉，酒精计（标准温度 20℃，分度值为 0.2℃），水银温度计（50℃，分度值为 0.1℃）。

（3）操作方法　量取 100mL 酒样，倒入 500mL 三角瓶中，用 100mL 左右水洗涤量筒，把洗液倒入三角瓶中，酒体较浑浊时加适量菜油或消泡剂，装上冷凝管，通入冷却水，用原 100mL 量筒接收馏出液，加热蒸馏，直至收集馏出液体积约为 95mL 时，取下量筒，加水至刻度线，摇匀。分别用温度计和酒精计量出温度和酒精度，对照附录一表格查出 20℃ 时的酒精度，即为检测结果。所得结果保留一位小数。

（4）允许差　同一试样的两次重复测定结果之差，不得超过 0.2%（体积分数）。

（5）清酒、瓶酒的过滤酒及灌装后未杀菌的酒为了减少误差，严格来说按照成品酒酒精测定的方法，在测定成品酒的蒸馏装置上测定（会稽山绍兴酒股份有限公司就是这样做的）。

3. 糖度测定

具体操作根据发酵醪糖度高低来决定检测方法，糖度高的采用廉 - 爱农法，糖度低用亚铁氰化钾法，但样品不需要经过酸水解处理，直接滴定还原糖。

第三节　三角瓶培养液中残糖、酵母数、出芽率及死亡率分析

取样：随机抽取，每天随机抽取培养液一瓶。

一、残糖测定

1. 仪器

（1）手持式糖度计。

（2）5mL 吸管一支。

2. 方法步骤

（1）先用蒸馏水调整糖度计的零位。

（2）吸取培养液滴入手持式糖度计的镜面上，合上糖度计，对准亮光，观察里面的视值并记录。

（3）冲洗干净糖度计，吸干水分，放回原处。

3. 计算

$$糖度=视值$$

二、显微镜检查酵母数、出芽率测定

1. 试剂及仪器

（1）蒸馏水。

（2）100mL 容量瓶。

（3）血球计数板。

（4）显微镜。

（5）5mL、1mL 移液管各 1 支。

（6）染色液（同第二章第五节黄酒用活性干酵母分析中活性干酵母的活化）。

血球计数板（图 3－1）是一块特制的厚型载玻片，载玻片上有四个槽构成三个平台。中间的平台较宽，其中间又被一短横槽分隔成两半，每半边上各刻有一小方格网，每个方格网共分九个大方格，中央的一大方格作为计数用，称为计数区。计数区的刻度有两种：一种是计数区分为 16 格中方格（大方格用三线隔开），而每个中方格又分成 25 格小方格；另一种是一个计数区分成 25 格中方格（中方格之间用双线分开），而每个中方格又分成 16 格小方格。但是不管计数区是哪一种构造，它们都有一个共同特点，即计数区都由 400 格小方格组成。计数区边长为 1mm，则计数区的面积

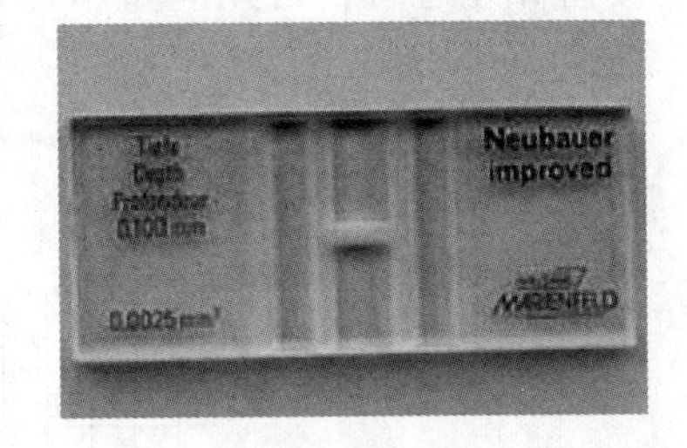

图 3－1　血球计数板

为1mm^2，每个小方格的面积为1/400mm^2。盖上盖玻片后，计数区的高度为0.1mm，所以每个计数区的体积为0.1mm^3，每个小方格的体积为1/4000mm^3。使用血球计数板计数时，先要测定每个小方格中微生物的数量，再换算成每毫升菌液（或每克样品）中微生物细胞的数量（1mL = 1000mm^3）。

2. 方法步骤

（1）稀释　吸取10mL样品于100mL容量瓶中，加蒸馏水定容后摇匀，即成试样。

（2）加样　取洁净干燥的血球计数板一块，在计数区上盖上一块盖玻片，用1mL移液管滴1小滴试样，从计数板中间平台两侧的沟槽内沿盖玻片的下边缘滴入一小滴（不宜过多），让试样利用液体的表面张力充满计数区，勿使气泡产生，并用吸水纸吸去沟槽中流出的多余试样。也可以将试样直接滴加在计数区上（不要使计数区两边平台沾上试样，以免加盖盖玻片后，造成计数区深度的升高），然后加盖盖玻片（勿使产生气泡）。静置片刻，使细胞沉降到计数板上，不再随液体漂移。将血球计数板放置于显微镜的载物台上夹稳，先在低倍镜下找到计数区后，再转换高倍镜观察并计数。由于活细胞的折光率和水的折光率相近，观察时应减弱光照的强度，静置2min。

（3）镜检计数　用400倍显微镜观察。调节显微镜使计数室清晰，计数时若计数区是由16个大方格组成，按对角线方位，数左上、左下、右上、右下的4个大方格（即100小格）的菌数。如果是25个大方格组成的计数区（图3-2），除数上述四个大方格外，还需数中央1个大方格的菌数（即80个小格）。为了保证计数的准确性，避免重复计数和漏计，在计数时，对沉降在格线上的细胞的统计应有统一的规定。如菌体位于大方格的双线上，计数时则数上线不数下线，数左线不数右线，以减少误差。即位于本格上线和左线上的细胞计入本格，本格的下线和右线上的细胞按规定计入相应的格中。对于出芽的酵母菌，芽体达到母细胞大小一半时，即可作为两个菌体计算。每个样品重复计数2~3次（每次数值不应相差过大，否则应重新操作），按以下公式计算出每毫升菌悬液所含细胞数量。

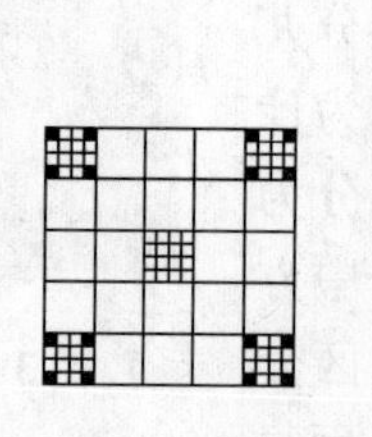 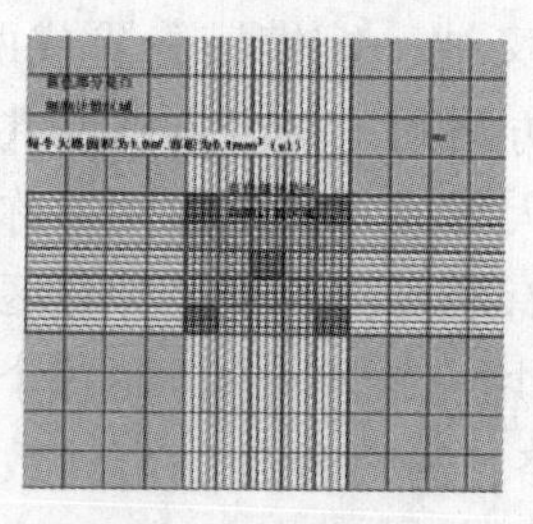

图3-2　计数五个大方格

（4）清洗　测数完毕，取下盖玻片，用水将血球计数板冲洗干净，切勿用

硬物洗刷或抹擦，以免损坏网格刻度。洗净后自行晾干或用吹风机吹干，放入盒内保存。

3. 计算

（1）酵母数

①16×25规格的计数板：

$$酒母中的酵母数（个/mL）=\frac{100小格细胞酵母数}{100}\times 400\times 10000\times 稀释倍数$$

②25×16规格的计数板：

$$酒母中的酵母数（个/mL）=\frac{80小格细胞酵母数}{80}\times 400\times 10000\times 稀释倍数$$

（2）出芽率

$$出芽率（\%）=\frac{出芽酵母数}{酵母总数}\times 100$$

三、显微镜检查酵母死亡率测定

1. 试剂及仪器

（1）染色液（同第二章第五节黄酒用活性干酵母分析中活性干酵母的活化）。

（2）1mL移液管2支。

2. 方法步骤

同第二章第五节黄酒用活性干酵母分析中活性干酵母的活化。

3. 计算

$$酵母死亡率（\%）=\frac{染色酵母数}{酵母总数}\times 100$$

第四节　酒 母 分 析

一、取样

以每罐为一批，搅拌均匀后用二层纱布过滤，取样250mL。

二、化学分析

1. 酒精度

同本章第二节发酵醪分析中酒精度测定。

2. 酸度

同本章第二节发酵醪分析中酸度测定。

3. 酵母数、出芽率及杂菌

同本章第三节三角瓶培养液中残糖、酵母数、出芽率及死亡率分析。

第五节　米浆水酸度分析

一、取样

以每天为一批次，随机抽取200mL。

二、酸度

1. 原理

酸度的测定原理是利用酸碱中和原理，有机酸被标准碱液滴定时，可被中和成盐类。以酚酞作为指示剂，用0.1mol/L的NaOH溶液进行滴定，滴定至溶液呈现淡红色半分钟不褪色为终点。根据所耗标准碱液的浓度和体积，即可计算样品中酸的含量。

2. 试剂与仪器

（1）10g/L酚酞指示剂　称取1g酚酞溶解于100mL 95%酒精中。

（2）0.1mol/L NaOH标准溶液　按GB/T 601—2002《化学试剂　标准滴定溶液的制备》配制和标定。

（3）150mL三角瓶，10mL吸管，50mL碱式滴定管，分析天平（感量0.0001g）。

3. 操作步骤

吸取酒样10mL于一只150mL的三角瓶中，加50mL水，分别滴入3滴酚酞指示剂。用0.1mol/L NaOH溶液滴定至溶液呈微红色，半分钟内不褪色为其终点。记录消耗NaOH溶液的体积V，同时做试样空白试验。

4. 计算

$$\text{酸度（以乳酸计，g/L）}=\frac{(V_2-V_1)\times c\times 90}{10}$$

式中　c——NaOH标准溶液的浓度，mol/L

10——吸取试样的体积，mL

V_2——测定试样时消耗NaOH标准溶液的体积，mL

V_1——空白试验时消耗NaOH标准溶液的体积，mL

90——乳酸的摩尔质量，g/mol

所得结果保留一位小数。

第六节　黄酒酒糟中残酒率的分析

一、取样

每班为一批次，取板糟轧碎前、中、后各部分，对所取的每块板糟的中间及

周边都应适当取样，共约250g。

二、残酒率测定

1. 原理

酒糟中酒精含量在100℃左右直接干燥的情况下失去的物质的质量。

2. 仪器

（1）电子天平。

（2）鼓风电热恒温干燥箱。

3. 方法步骤

（1）称取试样　把所取样品用手碾碎，混匀后，准确称取5g试样于称量瓶中。

（2）干燥　把称量瓶置入事先预热到100～105℃的干燥箱内，干燥3h后取出冷却。

（3）称重　在天平上称质量m。

4. 计算

$$残酒率（\%）=\frac{5-m}{5}\times 100$$

式中　m——烘干后试样的质量，g

结果保留一位小数。

复习思考题

一、填空题

1. 传统工艺以______和______为依据来决定______、______、确定发酵周期，其内容为：______、______、______。

2. 米饭的外观鉴定要______，______，______，______。

3. 出饭率及吸水率在传统工艺中可用______测定。在机械化连续生产中可用______、______测定。

二、计算题

1. 在滴定黄酒发酵醪的酸度时，10mL黄酒发酵醪消耗0.1mol/L NaOH标准溶液6mL，空白实验消耗0.1mol/L NaOH标准溶液0mL，若用乳酸计，此发酵醪的酸度是多少？

2. 取大生产同批大米1000g，按大生产同样时间浸米，在实验室用铝锅蒸饭，按摊饭生产工艺，称取饭重为1480g，同时抽取锅蒸饭和大生产机蒸饭各10g，用烘干法测得锅蒸饭含水率为155%，机蒸饭含水率为160%，则大生产机蒸法出饭率是多少？

第四章 黄酒成品分析

瓶装、坛装成品酒取样：按 GB/T 13662—2008《黄酒》执行；大罐成品酒取样：以每罐为一批次，取2瓶，每瓶约200mL。这一章节中提到的水都指蒸馏水。

第一节 黄酒理化指标分析

一、酒精度测定

（一）酒精计法

1. 原理

试样经过蒸馏，用酒精计测定馏出液中酒精的含量，如图4-1所示。

2. 仪器

（1）电炉 500~800W。

（2）冷凝管 玻璃、直形。

（3）酒精计 标准温度20℃，分度值为0.2℃。

（4）水银温度计 50℃，分度值为0.1℃。

（5）量筒 100mL。

（6）容量瓶 100mL。

图4-1 酒精度测定

3. 分析步骤

在约20℃时，用容量瓶量取试样100mL，全部移入500mL蒸馏瓶中，用100mL水分次洗涤容量瓶，洗液并入蒸馏瓶中，加数粒玻璃珠。装上冷凝管，通入冷水，用原100mL容量瓶接收馏出液（外加冰浴）。加热蒸馏，直至收集馏出液体积约95mL时，停止蒸馏。于水浴中冷却至约20℃，用水定容，摇匀。倒入100mL量筒中，测量馏出液的温度与酒精度。按测得的实际温度和酒精计示值查附录一，换算成20℃时的酒精度（%，体积分数）。

4. 计算

所得结果保留一位小数。

5. 精密度

在重复性条件下获得两次独立测定结果的绝对差值，不得超过算术平均值的2%（国标是5%）。

（二）酒精仪直接测定法

现在成品黄酒也能用Alcolyzer Wine酒精分析仪器直接测定，如图4-2所示。

酒精仪作业指导书（注意：使用前请仔细阅读仪器使用说明）。

1. 仪器按键说明

（1）自动进样器 SP－1m 的功能键如下。

start：开始进样

stop：停止进样

0：样品盘转到初始位置 24

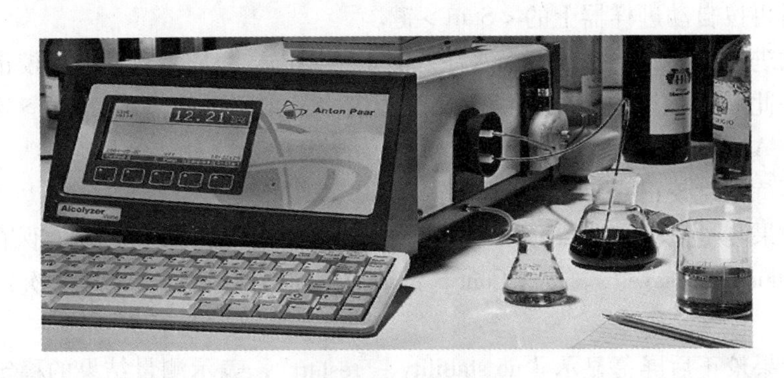

图 4－2　酒精仪

（2）酒精仪 Alcolyzer Wine 的功能键分别是 F1、F2、F3、F4。在仪器主界面上代表的含义如下：

F1 method：选择测试方法

F2 print：开始打印

F3 pump：空气泵开关

F4 sample#：样品名输入

2. 开机操作

（1）打开电脑、酒精仪、自动进样器电源开关，无先后次序。

（2）打开 EXCEL 文件，点击 AP－SoftPrint 的下拉菜单 Start Data Collection，然后点击弹出窗口中的 start，EXCEL 就会自动执行数据记录。

（3）在进样器转盘上依次放 1 个酒精（酒精度≥95%）、3 个纯水，按 start 开始仪器清洗。

3. 关机操作

（1）保存 EXCEL 文件，关闭 EXCEL 及电脑。

（2）在进样器转盘上依次放 1 个纯水、1 个酒精（酒精度≥95%），按 start 开始仪器清洗。清洗后，打开空气泵，将吹气口插入进样口，同时拧开蠕动泵上的开关。吹气完毕后，空气泵会自动关闭。

（3）拧紧蠕动泵上的开关，最后关闭酒精仪电源。

4. Alcolyzer Wine 的校正操作

定期进行酒精浓度两点校正：用除气的二次蒸馏水做零点校正，用 8% ~

12%（体积分数）的酒精溶液进行浓度校正，校正前 Alcolyzer Wine 至少开机 1h。

（1）用水校正（零点）

①menu > adjustment > zero。

②待出现提示“Do you really want to adjust?”时选 < YES >。

如果此时测量池内无二次蒸馏水，先按 Alcolyzer Plus Wine 上的 < S – Start > 键，然后再按自动进样器上的 < Start > 键。

自动进样器开始将二次蒸馏水注入测量池，进样完成后自动进行校正。

如果此时测量池内已经充满了二次蒸馏水，则不要按 < S – Start > 键，而是直接按住 Alcolyzer Wine 上的 < Start > 键开始校正。

③等待零点校正完成。

④如果测量值稳定在 ±0.02%（体积分数）内，那么校正成功并保存，屏幕显示“adjustment saved”。按 < Cont > 键确认校正。按 < ESC > 键两次返回测量窗口。

⑤如果校正后屏幕显示“no stability – restart”，表示测量结果的稳定性无法达到要求，原因可能是在进样过程中存在问题（如测量池内有气泡）。再次清洗测量池，用标准水重新校正。

（2）用酒精溶液校正

①配制 10% ~12%（体积分数）酒精溶液。

②进样前，必须把样品中气泡排掉。

③选择 Alcolyzer Plus Wine 菜单 adjustment > known concentration。

④待出现提示“Do you really want to adjust?”时选 < YES >。

⑤如果此时测量池中没有酒精溶液，按 Alcolyzer Plus Wine 上的 < S – Start > 键。

⑥在自动进样器上按 < Start > 键。自动进样器开始将酒精溶液注入测量池，进样完成后自动进行校正。

⑦按 < Cont > 键继续校正。

⑧等待校正完成。

⑨如果测量值稳定在 ±0.02%（体积分数）内，那么校正成功并保存，屏幕显示“adjustment saved”。按 < Cont > 键确认校正。按 < ESC > 键两次返回测量窗口。

⑩如果校正后屏幕显示“adjustment failed”校正失败，表示测量结果的稳定性无法达到要求，原因可能是在进样过程中存在问题（如测量池内有气泡）。再次清洗测量池，用酒精溶液重新校正。

5. 每周一次的清洗

每周一次，用含有 NaOCl 和 NaOH（或 KOH）的溶剂清洗测量池，务必注意

清洗液的浓度。一般是0.5% NaOCl 和0.5% NaOH（或 KOH)。清洗液在测量池滞留时间不要超过5min。稀释后，溶液中 NaOH（或 KOH）和 NaOCl 的浓度和不高于1%。样品盘上依次放置1杯自制清洗液和4杯蒸馏水。

蒸馏水可保留在测量池中，直至下一次测量。

再次测量前先用1杯浓度约为10%（体积分数）的酒精溶液（可以是校正所用的溶液）清洗，以减小测量池表面张力，避免进样过程中产生气泡。

二、总酸及氨基酸态氮的测定

1. 原理

试样中总酸用中和法测定，氨基酸态氮指标用甲醛法测定。试样用标准氢氧化钠溶液滴定 pH 至8.20，计算总酸，加甲醛后滴定 pH 至9.20，氨基酸是两性化合物，分子中的氨基与甲醛反应后失去碱性，而羧基则呈酸性。用氢氧化钠标准溶液滴定羧基，通过氢氧化钠标准溶液消耗的量可以计算出氨基酸态氮的含量。

2. 试剂

（1）甲醛溶液 36%~38%（无缩合沉淀)。

（2）无二氧化碳的水 按 GB/T 603—2002《化学试剂 试验方法中所用制剂及制品的制备》制备。

（3）氢氧化钠标准溶液（0.1mol/L） 按 GB/T 601—2002《化学试剂 标准滴定溶液的制备》配制和标定。

3. 仪器

（1）酸度计或自动电位滴定仪 精度0.01pH。

（2）磁力搅拌器。

（3）分析天平 感量0.0001g。

4. 分析步骤

按仪器使用说明书调试和校正酸度计。吸取酒样10mL于150mL烧杯中，加入无二氧化碳的水50mL。烧杯中放入磁力搅拌棒，置于电磁搅拌器上，开启搅拌，用氢氧化钠标准溶液滴定，开始时可快速滴加氢氧化钠标准溶液，当滴定至pH7时，放慢滴定速度，每次加0.5滴氢氧化钠标准溶液，直至pH8.2为终点。记录消耗0.1mol/L 氢氧化钠标准溶液的体积（V_1）。加入甲醛溶液10mL，继续用氢氧化钠标准溶液滴定至pH9.2，记录加甲醛后消耗氢氧化钠标准溶液的体积（V_2）。同时做空白实验，分别记录不加甲醛溶液及加入甲醛溶液时，空白实验所消耗氢氧化钠标准溶液的体积（V_3、V_4）。

5. 分析结果的描述

（1）酒样中总酸含量的计算：

$$X_1 = \frac{(V_1 - V_3) \times c \times 90}{V}$$

式中 X_1——酒样中总酸的含量，g/L

V_1——测定酒样时，消耗0.1mol/L氢氧化钠标准溶液的体积，mL

V_3——空白试验时，消耗0.1mol/L氢氧化钠标准溶液的体积，mL

c——氢氧化钠标准溶液的浓度，mol/L

90——乳酸的摩尔质量，g/mol

V——吸取酒样的体积，mL

（2）酒样中氨基酸态氮含量计算

$$X_2 = \frac{(V_2 - V_4) \times c \times 14}{V}$$

式中 X_2——酒样中氨基酸态氮的含量，g/L

V_2——加甲醛后，测定酒样时消耗0.1mol/L氢氧化钠标准溶液的体积，mL

V_4——加甲醛后，空白试验时消耗0.1mol/L氢氧化钠标准溶液的体积，mL

c——氢氧化钠标准溶液的浓度，mol/L

14——氮的摩尔质量，g/mol

V——吸取酒样的体积，mL

所得结果保留一位小数。

6. 精密度

在重复性条件下获得的两次独立测定结果的绝对差值，不得超过算术平均值的5%。

三、pH的测定

1. 原理

将复合电极浸入酒样溶液中，构成一个原电池，产生一个电位差，两极间的电动势与溶液的pH有关，通过测量原电池的电动势，即可得到酒样溶液的pH。

2. 仪器与试剂

（1）酸度计　精度0.01pH，有复合电极。

（2）0.05mol/L邻苯二甲酸氢钾标准缓冲溶液［pH4（25℃）］　称取于110℃干燥1h的邻苯二甲酸氢钾（$C_6H_4CO_2HCO_2K$）10.21g，用无二氧化碳的水溶解，并定容到1000mL。

（3）0.025mol/L磷酸盐标准缓冲溶液［pH6.86（25℃）］　称取3.4g磷酸二氢钾（KH_2PO_4）和3.55磷酸氢二钠（Na_2HPO_4），溶于无二氧化碳的水，稀释至1000mL。磷酸二氢钾和磷酸氢二钠预先在（120±10）℃干燥2h。此溶液的浓度$c(KH_2PO_4)$为0.025mol/L。

3. 分析步骤

（1）按仪器使用说明书调试和校正酸度计。

（2）用水冲洗电极，再用酒样洗涤电极两次，用滤纸吸干电极外面附着的液珠，调整酒样温度至（25±1）℃，直接测定，直至 pH 读数稳定 1min 为止，记录。在室温下测定，换算成25℃时的 pH。所得结果表示至小数点后一位。

4. 精密度

在重复性条件下获得两次独立测定结果的绝对差值，不得超过算术平均值的1%。

四、总糖的测定

（一）廉－爱农法

适用于甜酒和半甜酒。

1. 原理

斐林溶液与还原糖共沸，生成氧化亚铜沉淀。以次甲基蓝为指示液，用酒样水解液滴定沸腾状态的斐林溶液。达到终点时，稍微过量的还原糖将次甲基蓝还原成无色为终点，依据酒样水解液的消耗体积，计算总糖含量。

2. 试剂

（1）斐林甲溶液　称取硫酸铜（$CuSO_4 \cdot 5H_2O$）69.28g，加蒸馏水溶解并定容到1000mL。

（2）斐林乙溶液　称取酒石酸钾钠346g 及氢氧化钠100g，加蒸馏水溶解并定容到1000mL 摇匀，过滤，备用。

（3）2.5g/L 葡萄糖标准溶液　同第二章第三节大米与小麦化学分析中大米粗淀粉的测定。

（4）10g/L 次甲基蓝指示液　称取次甲基蓝 1.0g，加酒精溶解并定容到100mL。

（5）6mol/L 盐酸溶液　量取浓盐酸50mL，加蒸馏水稀释至100mL。

（6）1g/L 甲基红指示液　称取甲基红 0.1g，溶于（95%）乙醇并稀释至100mL。

（7）200g/L 氢氧化钠溶液　称取氢氧化钠 20g，用蒸馏水溶解并稀释至100mL。

3. 仪器

（1）分析天平　感量0.0001g。

（2）分析天平　感量0.01g。

（3）电炉　300~500W。

（4）恒温水浴锅　温控±1℃。

4. 分析步骤

（1）斐林溶液的标定　同第二章第三节大米与小麦化学分析中大米粗淀粉的测定。

（2）酒样的测定　吸取酒样 2 ~ 10mL（控制水解总糖量为 1 ~ 2g/L）于 500mL 容量瓶中，加水 50mL 和盐酸溶液 5mL，在 68 ~ 70℃水浴中加热 15min，冷却后，加入 1g/L 甲基红指示液 2 滴，用 200g/L 氢氧化钠溶液中和至红色消失（近似于中性）。加水定容，摇匀，用滤纸过滤后备用。测定时，以酒样水解液代替 2.5g/L 葡萄糖标准溶液，操作步骤同斐林溶液的标定。

5. 计算

酒样中总糖含量的计算：

$$X = \frac{500 \times m}{V_2 \times V_3} \times 1000$$

式中　X——酒样中总糖的含量，g/L

m——斐林甲、乙液各 5mL 相当于葡萄糖的质量，g

V_2——滴定时消耗酒样稀释液的体积，mL

V_3——吸取酒样的体积，mL

所得结果表示至小数点后一位。

6. 精密度

在重复性条件下获得的两次独立测定结果的绝对差值，不得超过算术平均值的 5%。

（二）亚铁氰化钾滴定法

适用于干黄酒和半干黄酒。

1. 原理

斐林溶液与还原糖共沸，在碱性溶液中将铜离子还原成一价铜离子，并与溶液中的亚铁氰化钾络合而呈黄色。以次甲基蓝为指示剂，达到终点时，稍微过量的还原糖将次甲基蓝还原成无色为终点。依据 1g/L 葡萄糖标准溶液消耗的体积，计算总糖含量。

2. 试剂

（1）甲溶液　称取硫酸铜（$CuSO_4 \cdot 5H_2O$）15g 及次甲基蓝 0.05g，加蒸馏水溶解并定容到 1000mL，摇匀备用。

（2）乙溶液　称取酒石酸钾钠 50g、氢氧化钠 54g、亚铁氰化钾 4g，加蒸馏水溶解并定容到 1000mL，摇匀备用。

（3）1g/L 葡萄糖标准溶液　称取经 103 ~ 105℃烘干至恒重的无水葡萄糖 1g（精确至 0.0001g），加水溶解，并加浓盐酸 5mL，再用蒸馏水定容到 1000mL 摇匀备用。

3. 仪器

（1）分析天平　感量 0.0001g。

（2）分析天平　感量 0.01g。

（3）电炉　300 ~ 500W。

4. 分析步骤

（1）空白试验　准确吸取甲、乙溶液各5mL于100mL锥形瓶中，加入葡萄糖标准溶液9mL，混匀后置于电炉上加热，在2min内沸腾，然后以4～5s一滴的速度继续滴入葡萄糖标准溶液，直至蓝色消失立即呈现黄色为终点，记录消耗葡萄糖标准溶液的总量（V_0）。

（2）酒样的测定

①吸取酒样2～10mL（控制水解液含糖量在1～2g/L）于100mL容量瓶中，加水30mL和盐酸溶液5mL，在68～70℃水浴中加热水解15min，冷却后，加入甲基红指示液2滴，用氢氧化钠溶液中和至红色消失（近似于中性）。加水定容到100mL，摇匀，用滤纸过滤后，作为酒样水解液备用。

②预滴定：准确吸取甲、乙溶液各5mL及酒样水解液5mL于100mL锥形瓶中，摇匀后置于电炉上加热至沸腾，用1g/L葡萄糖标准溶液滴定至终点，记录消耗葡萄糖标准溶液的体积。

③正式滴定：准确吸取甲、乙溶液各5mL及酒样水解液5mL于100mL锥形瓶中，加入比预先滴定体积少1mL的葡萄糖标准溶液，摇匀后置于电炉上加热至沸腾，继续用葡萄糖标准溶液滴定至终点，记录消耗葡萄糖标准溶液的体积（V）。接近终点时，滴入的葡萄糖标准溶液的用量应控制在0.5～1.0mL。

5. 计算

酒样中总糖含量按下式计算：

$$X=\frac{(V_0-V)\times C\times n}{5}\times 1000$$

式中　X——酒样中总糖的含量，g/L

V_0——空白试验时，消耗葡萄糖标准溶液的体积，mL

V——酒样测定时，消耗葡萄糖标准溶液的体积，mL

C——葡萄糖标准溶液的浓度，g/L

n——酒样的稀释倍数

所得结果保留一位小数。

6. 精密度

在重复性条件下获得的两次独立测定结果的绝对差值，不得超过算术平均值的5%。

五、非糖固形物的测定

1. 原理

酒样经过100～105℃加热，其中的水分、乙醇等可挥发性的物质被蒸发，剩余的残留物即为总固形物。总固形物减去总糖即为非糖固形物。

2. 仪器

（1）分析天平　感量0.0001g。

（2）电热干燥箱　温控±1℃。

（3）干燥器　内盛有效干燥剂。

3. 分析步骤

吸取酒样5mL（干、半干黄酒直接取样，半甜黄酒稀释1～2倍后取样，甜黄酒稀释2～6倍后取样）于已知干燥至恒重（内放小玻璃棒）的蒸发皿（或直径50mm、高30mm称量瓶）中，置沸水浴上加热蒸发，不停用小玻璃棒搅拌。蒸干后，连同小玻璃棒放入（103±2）℃电热干燥箱中烘干，称量，直至恒重（两次称量之差不超过0.001g）。一般烘4h就恒重了，取出称量。

4. 计算

酒样中总固形物含量按下式的计算：

$$X_1 = \frac{(m_1 - m_2) \times n}{V} \times 1000$$

式中　X_1——酒样中总固形物的含量，g/L

m_1——蒸发皿（或称量瓶）、小玻璃棒和酒样烘干后的质量，g

m_2——蒸发皿（或称量瓶）、小玻璃棒烘干至恒重的质量，g

n——酒样稀释倍数

V——吸取酒样的体积，mL

酒样中非糖固形物含量的计算：

$$X = X_1 - X_2$$

式中　X——酒样中非糖固形物含量，g/L

X_1——酒样中总固形物的含量，g/L

X_2——酒样中总糖含量，g/L

所得结果保留一位小数。

5. 精密度

计算结果精确至3位有效数字，在重复性条件下获得的两次独立测定结果的绝对差值，不得超过算术平均值的5%。

六、氧化钙测定

氧化钙测定有原子吸收分光光度法、高锰酸钾滴定法、EDTA滴定法三种方法，下面介绍EDTA滴定法。

1. 原理

用氢氧化钾溶液调整酒样的pH至12以上，以盐酸羟胺、三乙醇胺和硫化钠作掩蔽剂，排除锰、铁、铜等离子的干扰。在过量EDTA的存在下，用钙标准溶液进行返滴定。

2. 试剂

（1）钙指示剂　称取1g钙羧酸指示剂和干燥研细的氯化钠100g于研钵中，充分研磨呈紫红色的均匀粉末，置于棕色瓶中保存、备用。

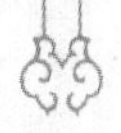

（2）100g/L 氯化镁溶液　称取氯化镁 100g，溶解于 1000mL 水中。

（3）10g/L 盐酸羟胺溶液　称取盐酸羟胺 10g，溶解于 1000mL 水中。

（4）500g/L 三乙醇胺溶液　称取三乙醇胺 500g，溶解于 1000mL 水中。

（5）50g/L 硫化钠溶液　称取硫化钠 50g，溶解于 1000mL 水中。

（6）5mol/L 氢氧化钾　称取固体氢氧化钾 280g，溶解于 1000mL 水中。

（7）1mol/L 氢氧化钾　吸取氢氧化钾溶液 20mL，用水稀释并定容到 100mL。

（8）（1+4）盐酸溶液　1 体积浓盐酸加入 4 体积水。

（9）0.01mol/L 钙标准溶液　精确称取 105℃烘干至恒重的基准级碳酸钙 1g（精确至 0.0001g）于小烧杯中，加水 50mL，用（1+4）盐酸溶液使之溶解，煮沸，冷却至室温。用 1mol/L 氢氧化钾溶液中和 pH 至 6～8，用蒸馏水定容到 1000mL。

（10）0.02mol/L EDTA 溶液　称取 EDTA（乙二胺四乙酸二钠）7.44g，溶解于 1000mL 水中。

3. 仪器

（1）电热干燥箱（105±2）℃。

（2）滴定管　50mL。

（3）250mL 三角瓶。

（4）5mL 吸管。

4. 分析步骤

准确吸取酒样 2～5mL（视酒样中钙含量的高低而定）于 250mL 三角瓶中，加蒸馏水 50mL，依次加入氯化镁溶液 1mL、盐酸羟胺溶液 1mL、三乙醇胺溶液 0.5mL、硫化钠溶液 0.5mL，摇匀，加氢氧化钾溶液 5mL，再准确加入 EDTA 溶液 5mL，钙指示剂一小勺（约 0.1g），摇匀，用 0.01mol/L 钙标准溶液滴定至蓝色消失并初现酒红色为终点。记录消耗钙标准溶液的体积（V_1）。同时以蒸馏水代替酒样做空白试验，记录消耗钙标准溶液的体积（V_0）。

5. 计算

酒样中氧化钙的含量计算：

$$X=\frac{c\times(V_0-V_1)\times 56.1}{V}$$

式中　X——酒样中氧化钙的含量，g/L

c——钙标准溶液的浓度，mol/L

V_0——空白试验时，消耗钙标准溶液的体积，mL

V_1——测定酒样时，消耗钙标准溶液的体积，mL

56.1——氧化钙的摩尔质量，g/mol

V——吸取酒样的体积，mL

所得结果保留一位小数。

6. 精密度

在重复性条件下获得的两次独立测定结果的绝对差值，不得超过算术平均值的5%。

七、色率的测定

1. 原理

溶液中的物质在光的照射下，产生了对光吸收的效应，物质对光的吸收是具有选择性的。各种不同的物质都具有其各自的吸收光谱，因此当某单色光通过溶液时，其能量就会被吸收而减弱，光能量减弱的程度和物质的浓度有一定的比例关系，也符合比色原理——比耳定律。

$$T = I/I_0$$

$$A = \lg(1/T) = \lg(I_0/I) = KcL$$

式中 T——透射比

I_0——入射光强度

I——透射光强度

A——吸光度

K——吸收系数

L——溶液的光程长

c——溶液的浓度

通常用于物质鉴定、纯度检查、有机分子结构的研究。

2. 仪器

722型分光光度计。

3. 操作步骤

（1）先将波长调节至430nm，将分光光度计接通电源预热30min待用。

（2）调节零点　将空白清洁的比色杯一只放入80%满的蒸馏水，并用滤纸吸干杯外水分，放入比色槽内调节好零点。

（3）样品的测定　吸取酒样10mL于100mL容量瓶中，加蒸馏水至100mL定容，摇匀，置于空白清洁的比色皿中，放入80%满的黄酒稀释液，并用滤纸吸干皿外的酒液，放入同蒸馏水一起的比色槽中，进行比色，并记录显示屏中读数。

4. 计算

$$色率 = 所得读数 \times 10^4$$

八、容量偏差的测定（适用于瓶酒）

1. 仪器

漏斗，特规容量瓶，温度计。

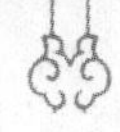

2. 方法

开启冷却的酒样，通过漏斗倒入容量瓶中（尽量缓缓注入以减少气泡），读出容量偏差，用温度计量出温度并记录，作为实际偏差。

3. 结果计算

结果保留一位小数（一般是以0、5为末位），按0.5mL/（℃·L）换算为20℃时的补偿偏差。

$$容量偏差 = 实际偏差 + 补偿偏差$$

$$补偿偏差 = (20 - T) \times 0.5 \times V/1000$$

式中　V——标签所注体积，mL

T——酒样温度，℃

例如：25℃时实际测定偏差为+2mL，标签所标注容量为500mL。

$$补偿偏差 = 0.5 \times (20 - 25) \times 500 \div 1000 = -1.25 \approx -1mL$$

$$容量偏差 = 2 - 1 = 1mL$$

九、加饭酒（花雕）中挥发酯的测定

1. 原理

黄酒通过蒸馏，酒中的挥发酯收集在馏出液中，先用碱中和馏出液中的挥发酸，再加入一定的碱使酯皂化，过量的碱再用酸返滴定，其反应式为：

$$R-\overset{\overset{O}{\parallel}}{C}-OR + NaOH \longrightarrow R-\overset{\overset{O}{\parallel}}{C}-ONa + ROH$$

$$2NaOH + H_2SO_4 \longrightarrow Na_2SO_4 + 2H_2O$$

2. 试剂与仪器

（1）硫酸标准溶液 $c(1/2H_2SO_4) = 0.1mol/L$　按GB/T 601—2002《化学试剂　标准滴定溶液的制备》规定进行。

（2）10g/L酚酞指示剂　按GB/T 603—2002《化学试剂　试验方法中所用制剂及制品的制备》规定进行。

（3）氢氧化钠标准溶液 $c(NaOH) = 0.1mol/L$　按GB/T 601—2002《化学试剂　标准滴定溶液的制备》规定进行。

（4）250mL全玻璃回流装置。

3. 检测方法

吸取测定酒精度的馏出液50mL于250mL锥形瓶中，加入酚酞指示剂2滴，用0.1mol/L氢氧化钠标准溶液滴至微红色，准确加入0.1mol/L氢氧化钠标准溶液25mL，摇匀，装上回流冷凝管，在沸水浴中回流半小时，从水浴中取出，在水浴锅上搁5min后取下加塞，马上用流水冷却至室温。然后再准确加入0.1mol/L硫酸标准溶液25mL，摇匀，用0.1mol/L氢氧化钠标准溶液滴至呈微红色，半分钟内不褪色为止，记录消耗氢氧化钠标准溶液的体积。

4. 计算

酒样中挥发酯含量按下式计算：

$$挥发酯\ (g/L) = \frac{(25+V)\times c_1 - 25\times c_2}{50}\times 88$$

式中 V——滴定剩余硫酸所消耗氢氧化钠标准溶液的体积，mL

c_1——氢氧化钠标准溶液的浓度，mol/L

c_2——1/2 硫酸标准溶液的浓度，mol/L

88——乙酸乙酯的摩尔质量，g/mol

50——取样体积，mL

5. 结果的允许差

同一样品两次测定值之差，不得超过 0.01g/L，结果保留两位小数。

十、β-苯乙醇分析（气相色谱法）

1. 原理

酒样被汽化后，随同载气进入色谱柱。利用被测各组分在气、液两相中不同的分配系数，在柱内形成迁移速度的差异而得到分离。分离后的组分先后流出色谱柱，进入氢火焰离子化检测器中检测，依据色谱图各组分的保留值与标样做对照定性，利用峰面积，按内标法定量。

2. 试剂与仪器

（1）15%（体积分数）乙醇溶液　吸取 15mL 乙醇（色谱纯），加蒸馏水稀释到 100mL。

（2）2%（体积分数）β-苯乙醇标准溶液　吸取 2mL β-苯乙醇（色谱纯），用 15%（体积分数）乙醇溶液定容到 100mL。

（3）2%（体积分数）2-乙基正丁酸内标溶液　吸取 2mL 2-乙基正丁酸（色谱纯），用 15%（体积分数）乙醇溶液定容到 100mL。

（4）气相色谱仪　配有氢火焰离子化检测器（FID）。

（5）微量注射器　2μL。

（6）毛细管色谱柱　PEG20M，柱长 25~30m，内径 0.32mm。或用同等分析效果的其他色谱柱。

（7）色谱条件

①载气：高纯氮。

②汽化室温度：230℃。

③检测器温度：250℃。

④柱温（PEG20M 毛细管色谱柱）：在 50℃恒温 2min 后，以 5℃/min 的速度升温至 200℃，继续恒温 10min。

⑤载气、氢气、空气的流速：随仪器而异，应通过试验选择最佳操作流程，使 β-苯乙醇、内标峰与酒样中其他组分峰获得完全分离。

3. 测定步骤

（1）标样 f 值的测定　吸取 1mL 2%（体积分数）的 β－苯乙醇标准溶液，移入 100mL 容量瓶中，加入 1mL 2%（体积分数）的 2－乙基正丁酸内标溶液，用 15%（体积分数）乙醇溶液定容。此溶液中 β－苯乙醇和内标的浓度均为 0.02%（体积分数）。开启仪器，待色谱仪基线稳定后，用微量注射器进样（进样量根据仪器的灵敏度而定），进行分析，记录 β－苯乙醇峰和内标峰的保留时间及其峰面积。β－苯乙醇的相对校正因子 f 值计算：

$$f=\frac{A_1}{A_2}\times\frac{d_2}{d_1}$$

式中　f——β－苯乙醇的相对校正因子

A_1——测定标样 f 值时内标的峰面积

A_2——测定标样 f 值时 β－苯乙醇的峰面积

d_2——β－苯乙醇的相对密度

d_1——内标物的相对密度

（2）酒样的测定　吸取酒样 8mL 于 10mL 容量瓶中，加入 0.1mL 2%（体积分数）的内标溶液，用酒样定容。混匀后，与测定 f 值相同的条件下进样，依据保留时间确定 β－苯乙醇和内标色谱峰的位置，并测定峰面积，计算出酒样中 β－苯乙醇的含量。

4. 计算

$$\beta\text{－苯乙醇含量（mg/L）}=\frac{A_3}{A_4}\times f\times c$$

式中　f——β－苯乙醇的相对校正因子

A_3——酒样中 β－苯乙醇的峰面积

A_4——添加于酒样中内标的峰面积

c——酒样中添加内标的浓度，mg/L

十一、黄酒氨基甲酸乙酯检测（气质联用检测法）

1. 原理

酒样加 D5－氨基甲酸乙酯内标后，经过碱性硅藻土固相萃取柱净化、洗脱，洗脱液浓缩后，用气相色谱－质谱仪进行测定，内标法定量。

质谱分析法是采用高速电子撞击气态分子或原子，将电离后的正离子加速导入质量分析器中，然后按质荷比（m/z）的大小顺序进行收集和记录，通过对被测样品离子的质荷比的测定来进行分析的一种方法。被分析的样品首先要离子化，然后利用不同离子在电场或磁场中运动行为的不同，把离子按质荷比（m/z）分开而得到质谱，通过样品的质谱和相关信息，可以得到样品的定性定量结果。气质联用的有效结合既充分利用色谱的分离能力，又发挥了质谱的定性专长，优势互补，结合谱库检索，可以得到较满意的分离鉴定结果。

2. 试剂与仪器

除非另有说明，所有试剂均为分析纯。

（1）试剂　正己烷、乙酸乙酯、乙醚、甲醇均为色谱纯，无水硫酸钠（经450℃烧烤4h），氯化钠，氨基甲酸乙酯标准品：纯度>99%，CAS：51-79-6，D5-氨基甲酸乙酯：CAS：73962-07-9。

（2）仪器　气相色谱-质谱联用仪如图4-3所示，带EI源；漩涡混匀器；氮吹仪；固相萃取仪，配有抽真空装置（硅藻土萃取SPE20mL小柱）；PTFE滤膜；分析天平（感量为1mg和0.01g）；超声波清洗机；30mL样品瓶；容量瓶；鸡心瓶；进样样品瓶；具塞刻度试管。

图4-3　气相色谱-质谱联用仪

3. 标准溶液配制

（1）1mg/mL D5-氨基甲酸乙酯标准贮备液　准确称取0.01g（精确至0.0001g）D5-氨基甲酸乙酯标准品于10mL容量瓶中，用甲醇定容到刻度，放于4℃冰箱中冷藏保存，有效期6个月。

（2）2μg/mL D5-氨基甲酸乙酯标准使用液　准确吸取1mg/mL D5-氨基甲酸乙酯标准贮备液0.1mL，用甲醇定容到50mL。

（3）1mg/mL 氨基甲酸乙酯标准贮备液　准确称取约0.5g（精确至0.0001g）氨基甲酸乙酯标准品于50mL容量瓶中，用甲醇定容到刻度线。

（4）10μg/mL 氨基甲酸乙酯中间液　准确吸取1mg/mL 氨基甲酸乙酯标准贮备液1mL，用甲醇定容到100mL。

（5）0.5μg/mL 氨基甲酸乙酯中间液　准确吸取10μg/mL 氨基甲酸乙酯中间液5mL，用甲醇定容到100mL。

（6）分别准确吸取一定量氨基甲酸乙酯标准中间液，加入100μL 2μg/mL D5-氨基甲酸乙酯标准使用液，以甲醇定容1mL，得到10、25、50、100、200、400、1000ng/mL的标准使用液（内含有200ng/mL D5-氨基甲酸乙酯）。

4. GC-MS分析参考条件

毛细柱DB-INNOWAX（30m×0.25mm×0.25μm）；进样口温度220℃。载气：高纯氦气，流速1mL/min；程序升温：初温50℃（保持1min），然后以8℃/min升至180℃；程序运行完成后240℃，后运行5min；不分流进样，进样量为1μL。

接口温度：240℃；电离方式：EI源；电子能量：70eV；离子源温度：230℃；四级杆温度：150℃；氨基甲酸乙酯选择监测离子（m/z）：44、62、74、89，其中定量离子为62；D5-氨基甲酸乙酯选择监测离子（m/z）：64、76，其

中定量离子为64。

5. 分析步骤

(1) 样品处理 准确取黄酒样品2g，加入100μL 2μg/mL D5－氨基甲酸乙酯内标使用液、氯化钠0.3g，超声溶解、混匀，然后加样到碱性硅藻土固相萃取柱上，抽真空，让酒样慢慢渗入到固相萃取柱中，静置约10min，先用10mL正己烷淋洗除杂，然后用10mL 5%乙酸乙酯/乙醚溶液以1mL/min流速洗脱并收集于10mL具塞刻度试管中，洗脱液经过无水硫酸钠脱水后，在室温下用氮气缓缓吹至0.5mL左右，用甲醇定容到1mL制成测定液供GC/MS分析，同时做空白。

(2) 标准曲线的制作及样品测定 将氨基甲酸乙酯标准使用液10、25、50、100、200、400、1000ng/mL进行气相色谱－质谱联用仪测定，以氨基甲酸乙酯浓度为横坐标，以相应浓度的峰面积与内标峰面积比为纵坐标，绘制标准曲线。将酒样溶液同标准溶液一样进行测定，根据根据标准曲线得到待测液中氨基甲酸乙酯的浓度。酒样含低浓度的氨基甲酸乙酯采用10、25、50、100、200ng/mL的标准使用液绘制标准曲线；酒样含高浓度的氨基甲酸乙酯采用50、100、200、400、1000ng/mL的标准使用液绘制标准曲线；根据标准曲线计算酒样中氨基甲酸乙酯的含量。

空白试验除不加酒样外，采用完全相同的分析步骤、试剂和用量，进行平行操作。

6. 分析结果表述

$$X=\frac{(A-A_0)\times V}{m}$$

式中 X——样品中氨基甲酸乙酯的含量，μg/kg

A——酒样色谱峰与标准工作液峰面积比较，根据标准曲线或者单点计算得到的质量，ng/mL

A_0——空白样中氨基甲酸乙酯的含量，ng/mL

m——样品的取样量，g

V——样品定容的体积，mL

7. 方法定量限、检测限、精密度

当酒样取2g时，氨基甲酸乙酯检出限为2μg/kg，定量限为5μg/kg。

样品中的氨基甲酸乙酯含量大于20μg/kg时，在重复性条件下获得的两次独立测定结果的绝对差值，不得超过算术平均值的15%，含量小于20μg/kg时，在重复性条件下获得的两次独立测定结果的绝对差值，不得超过算术平均值的20%。

计算结果以重复条件下获得的两次独立测定结果的算术平均值表示，保留3位有效数字。

经研究，氨基甲酸乙酯是由氨甲酰化合物与乙醇自发反应生成的，氨甲酰化合物主要有尿素、氨甲酰磷酸、氨甲酰天冬氨酸、瓜氨酸等。黄酒中以尿素为主，95%的氨基甲酸乙酯是由尿素和乙醇反应生成，其余的氨甲酰化合物含量都极微量，生成的氨基甲酸乙酯也少。在黄酒贮存时，酒液中的尿素和乙醇继续反应，成品酒中的尿素含量越多，相对来说生成的氨基甲酸乙酯也越多。所以可以检测黄酒中尿素的含量来估计氨基甲酸乙酯的含量。

十二、分光光度法测定黄酒发酵液中尿素含量

1. 原理

二乙酰一肟在酸性条件下转化为丁二酮（二乙酰），二乙酰在强酸性溶液中与尿素缩合成红色的二嗪化合物4，5-二甲基-2-氧咪唑化合物，在525nm处是最大吸收波长。颜色深浅与尿素含量成正比，产生的羟胺是干扰物质，必须用硫酸、磷酸除去。另外在显色反应中产生的有色复合物存在着光不稳定的问题，加入硫氨脲及镉离子既能提高尿素与双乙酸反应的灵敏度，又能增加其显色的稳定性。与同样处理的尿素标准液比较，求得样品中尿素含量。因为二乙酰不稳定，故通常由反应系统中二乙酰一肟与强酸作用产生二乙酰，接着与尿素缩合成红色的4，5-二甲基-2-氧咪唑（Fearon反应）。

2. 试剂与仪器

（1）尿素标准液　精确称取（经60℃干燥3~4h）纯尿素10mg于烧杯中，加蒸馏水溶解后移入25mL容量瓶中，稀释至刻度。此溶液含量为400mg/L尿素。用蒸馏水稀释成浓度为40mg/L的尿素。

（2）2%二乙酰一肟　称取二乙酰一肟2g于烧杯中，加水溶解，置于100mL棕色容量瓶中，定容到刻度。

（3）酸性试剂　取水50mL，加入11mL磷酸（85%，分析纯）与16.5mL硫酸（98%，分析纯），冷却后加入硫酸镉0.5g、氨基硫脲12.5mg，用蒸馏水定容到250mL容量瓶。

（4）722型分光光度计。

（5）Carb固相萃取柱。

（6）水浴锅。

（7）分析天平　感量0.0001g。

3. 分析步骤

（1）样品处理　准确吸取10mL黄酒，过Carb固相萃取柱（规格为200mg/6mL），将前面大约1mL的流出液舍弃后收集3~5mL。

（2）取（1）的收集液2mL，加水2mL、2%二乙酰一肟0.5mL、酸性试剂3mL，在沸水浴中反应15min，取出迅速在冷水中冷却，用1cm比色皿，以试剂空白为对照，在530nm波长处测定其吸光度为A。

4. 结果

（1）作标准曲线　分别取0、0.1、0.2、0.3、0.5、1、2、4mg/L的尿素标

准溶液至25mL棕色比色管，分别加蒸馏水至2mL，按分析步骤（1）和（2）进行测定。以尿素含量为横坐标，吸光度为纵坐标做标准曲线（图4-4）。

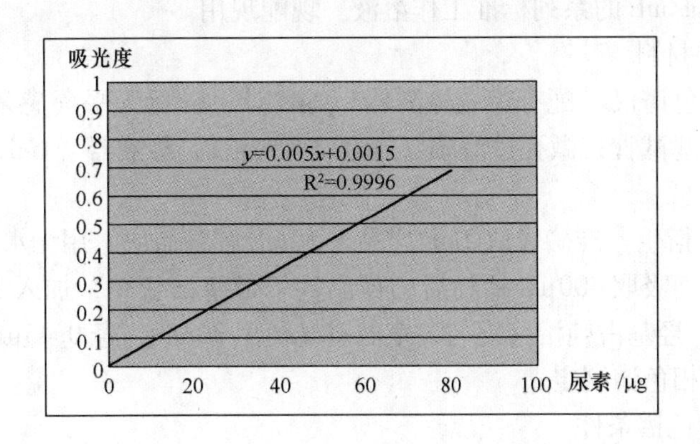

图4-4　吸光度与尿素的标准曲线

（2）测定结果

2mL黄酒测得的吸光度 A 从标准曲线上查出尿素的含量 B。

$$x\ (\text{尿素}\ \mu g/L) = \frac{B \times 1000}{2}$$

十三、高效液相色谱法测定黄酒发酵液中尿素含量

1. 原理

采用9-羟基占吨衍生剂与发酵液中的尿素进行衍生反应，尿素衍生物具有荧光特性，经色谱柱分离后，荧光检测器测定，外标法定量分析。

2. 试剂与仪器、材料

除另有说明外，所有试剂均为分析纯，水为GB/T 6682—2008《分析实验室用水规格和试验方法》规定的一级水。

①无水乙酸钠，浓盐酸，9-羟基占吨（>98%），无水乙醇，正丙醇，冰乙酸（>99%），乙腈（色谱纯），尿素标准品（>99%）。

②乙酸溶液（1%，体积分数）：吸1mL冰乙酸于100mL容量瓶中，用水定容到刻度，混匀。

③乙酸钠溶液（0.02mol/L）：称1.64g无水乙酸钠溶解于1000mL水中，用乙酸溶液（1%）调pH至7.2。

④盐酸溶液（1.5mol/L）：吸取6.2mL的浓盐酸于50mL容量瓶中，用水定容到刻度，混匀。

⑤9-羟基占吨溶液（0.02mol/L）：称取0.198g 9-羟基占吨，用正丙醇溶解并定容到50mL，于0~4℃冰箱避光保存，有效期为一个月。

⑥尿素标准贮备液（1mg/mL）：准确称取尿素0.1g尿素，用无水乙醇溶解

并定容到100mL混匀，0～4℃低温冰箱保存，有效期为1～2个月。

⑦尿素标准工作液：准确吸取尿素标准贮备液，用无水乙醇依次配制成10、20、40、100μg/mL的系列标准工作溶液。现配现用。

3. 仪器与材料

高效液相色谱仪（配有荧光检测器）；pH计；分析天平（感量0.1mg）；涡旋混合器；带塞试管；微孔过滤膜（孔径0.45μm）；移液器（1mL）。

4. 分析步骤

（1）样品衍生　准确吸取2mL样品于10mL容量瓶中，用无水乙醇定容到刻度，混匀，准确吸取400μL稀释后的样品，于带塞试管中，加入100μL盐酸溶液、600μL 9－羟基占吨溶液混匀，室温避光衍生30min，经0.45μm有机系滤膜过滤，用于液相色谱测定。

（2）参考色谱条件

①色谱柱：C_{18}色谱柱（250mm×4.6mm×5μm）或等效色谱柱。

②色谱柱温35℃。

③检测波长：$\lambda_{ex}=213$nm，$\lambda_{em}=308$nm。

④流速：1mL/min。

⑤进样体积：10μL。

⑥梯度洗脱程序表：见表4－1。

表4－1　梯度洗脱程序表

时间/min	0.02mol/L乙酸钠/%	乙腈/%
0.00	80	20
12.00	50	50
15.60	0	100
22.00	0	100
23.00	80	20
30.00	80	20

（3）定性测定　根据尿素标准品衍生物的保留时间，与待测样品中组分的保留时间进行定性。

（4）外标法定量　分别吸取400μL尿素标准工作液，依照样品衍生的方法进行衍生，以标准系列浓度为横坐标，峰面积为纵坐标绘制工作曲线，测定样品中尿素色谱峰面积，由标准工作曲线计算样品中的尿素浓度。

（5）空白试验　除不称取样品外，均按上述步骤同时完成空白试验。

5. 结果计算　样品中尿素的含量按下式计算：

$$X=(C-C_0)\times F$$

式中　X——样品中尿素的含量，mg/L

C——从标准曲线求得样品中尿素的含量，mg/L

C_0——从标准曲线求得试剂空白中尿素的含量，mg/L

F——样品稀释倍数

测定结果表示至小数点后两位。

6. 精密度

在重复测定条件下获得的两次独立测定结果的绝对差值，不超过其算术平均值的10%。

十四、黄酒中未知成分的检测

我们可以用气相（液相）色谱质谱来检测黄酒中的一些未知物，用外标法在相同的条件下，检测出来的谱图与已知的一些标准物质谱图进行比较，就知道是什么物质了。分析测试百科网这方面做得不错，包括气相、液相、质谱、光谱、化学分析、食品分析。这方面的专家比较多，一般的问题都能得到解答，有问题可去那提问。

第二节　黄酒成品微生物检测

GB 2758—2012《食品安全国家标准　发酵酒及其配制酒》已经取消了菌落总数与大肠菌群的微生物限量指标，下述是按GB 4789.2—2010《食品安全国家标准　食品微生物学检验　菌落总数测定》与GB/T 4789.3—2010《食品安全国家标准　食品微生物学检验　大肠菌群计数》系列标准来讲述。

一、菌落总数测定

1. 原理

检测酒样经过处理，在一定条件下培养后（如培养基成分、培养温度和时间等），所得1mL（或1g）检测酒样中形成菌落的总数。

2. 试剂和仪器

除微生物实验室常规灭菌及培养设备外，其他试剂和仪器如下：

（1）培养基和试剂

①平板计数琼脂（PCA）培养基。

②磷酸盐缓冲溶液。

a. 贮存液：称取磷酸二氢钾34g溶于500mL蒸馏水中，用大约175mL的1mol/L氢氧化钠溶液调节pH，用蒸馏水稀释至1000mL后贮存于冰箱。

b. 稀释液：取贮存液1.25mL，用蒸馏水稀释至1000mL，分装于适宜容器中，121℃高压灭菌15min。

③无菌生理盐水：称取8.5g氯化钠溶于1000mL蒸馏水中，121℃高压灭

菌 15min。

④1mol/L 氢氧化钠（NaOH）：称取 40g 氢氧化钠溶于 1000mL 蒸馏水中。

⑤1mol/L 盐酸（HCl）：移取浓盐酸 90mL，用蒸馏水稀释至 1000mL。

（2）仪器

①冰箱：2～5℃。

②恒温培养箱：(36±1)℃。

③恒温水浴锅：(46±1)℃。

④天平：感量 0.1g。

⑤均质器，振荡器。

⑥放大镜或（和）菌落计数器。

⑦无菌吸管：1mL（具 0.01mL 刻度）、10mL（具 0.1mL 刻度）或微量移液器。

⑧无菌锥形瓶：250、500mL。

⑨无菌培养皿：直径 90mm。

⑩pH 计或 pH 比色管或精密 pH 试纸。

3. 操作步骤

（1）检测样稀释

①以无菌吸管吸取 25mL 样品放于盛有 225mL 磷酸盐缓冲溶液或生理盐水无菌锥形瓶（瓶内预置适当数量的玻璃珠）中，充分混匀，制成 1∶10 的样品匀液。

②用 1mL 无菌吸管吸取 1∶10 样品均匀液 1mL，沿管壁缓慢注于盛有 9mL 稀释液的无菌试管中（注意吸管尖端不要触及管内稀释液面），振摇试管或换用一支无菌吸管反复吹打使其混合均匀，做成 1∶100 的样品匀液。

③按②操作程序，制备 10 倍系列稀释样品匀液。每递增稀释一次，换用 1 支 1mL 无菌吸管。

④根据对样品污染状况的估计，选择 2～3 个适宜稀释度的样品匀液（液体样品可包括原液），在进行 10 倍递增稀释时，每个稀释度分别吸取 1mL 样品均匀液加入两个无菌平皿内。同时分别取 1mL 稀释液加入两个无菌平皿做空白对照。

⑤及时将 15～20mL 冷却至 46℃ 的平板计数琼脂培养基［可放置于（46±1)℃水浴箱中保温］倾注平皿，并转动平皿使其混合均匀。

（2）培养

①待琼脂凝固后，翻转平板，(36±1)℃培养（48±2）h。

②如果样品中可能含有在琼脂培养基表面弥漫生长的菌落时，可在凝固后的琼脂表面覆盖一薄层琼脂培养基（约 4mL），凝固后翻转平板，按①条件进行培养。

（3）菌落计数

可用肉眼观察，必要时用放大镜或菌落计数器，记录稀释倍数和相应的菌落

数量。菌落计数以菌落形成单位（cfu）表示。

①选取菌落数在 30～300cfu、无蔓延菌落生长的平板计数菌落总数。低于 30cfu 的平板记录具体菌落数，大于 300cfu 的可记录为多不可计。每个稀释度的菌落数应采用两个平板的平均数。

②其中一个平板有较大片状菌落生长时，不宜采用，而应以无片状菌落生长的平板作为该稀释度的菌落数；若片状菌落不到平板的一半，而其余一半中菌落分布又很均匀，即可计算半个平板后乘以 2，代表一个平板菌落数。

③当平板上出现菌落间无明显界线的链状生长时，将每条链作为一个菌落计数。

4. 结果的表述

（1）菌落总数的计算方法

①若只有一个稀释度平板上的菌落数在适宜计数范围内，计算两个平板菌落数的平均值，再将平均值乘以相应稀释倍数，作为每克（或毫升）中菌落总数结果。

②若有两个连续稀释度的平板菌落数在适宜计数范围内时，按下式计算：

$$N = \sum C/[(n_1 + 0.1n_2)d]$$

式中　N——样品中菌落

$\sum C$——平板（含适宜范围菌落数的平板）菌落数之和

n_1——第一个适宜稀释度平板上的菌落数

n_2——第二个适宜稀释度平板上的菌落数

d——稀释因子（第一稀释度）

示例：见表 4－2。

表 4－2　菌落计数表

稀释度	1:100（第一稀释度）	1:1000（第一稀释度）
菌落数	232，244	33，35

$$N = \sum C/[(n_1 + 0.1n_2)d]$$

$$= \frac{232+244+33+35}{[2+(0.1\times2)]\times10^{-2}} = 24727$$

上述数据经“四舍五入”后，表示为 25000 或 2.5×10^4。

③若所有稀释度的平板上菌落数均大于 300，则对稀释度最高的平板进行计数，其他平板可记录为多不可计，结果按平均菌落数乘以最高稀释倍数计算。

④若所有稀释度的平均菌落数均小于 30，则应按稀释度最低的平均菌落数乘以稀释倍数计算。

⑤若所有稀释度（包括样品原液）平板均无菌落生长，则以小于 1 乘以最低

稀释倍数计算。

⑥若所有稀释度的平板菌落数均不在30～300，其中一部分小于30或大于300时，则以最接近30或300的平均菌落数乘以稀释倍数计算。

（2）菌落总数的报告

①菌落数在100以内时，按“四舍五入”原则修约，采用两位有效数字报告。

②大于或等于100时，第三位数字采用“四舍五入”方法修约后，取前两位数字，后面用0代替位数；也可用10的指数形式来表示，按“四舍五入”原则修约后，采用两位有效数字报告。

③若所有平板上为蔓延菌落而无法计数，则报告菌落蔓延。

④若空白对照上有菌落生长，则此次检测无效。

⑤体积取样以cfu/mL为单位报告。

二、大肠菌群测定

1. 原理

大肠菌群即一群在36℃条件下培养48h能发酵乳糖、产酸产气的需氧和兼性厌氧的革兰阴性无芽孢杆菌。

2. 试剂和仪器

除微生物实验常规灭菌及培养设备外，试剂和仪器如下：

（1）试剂

①冰箱：2～5℃。

②恒温培养箱：(36±1)℃。

③恒温水浴锅：(46±1)℃。

④均质器，振荡器。

⑤pH计或pH比色管或精密pH试纸。

⑥天平：感量0.1g。

⑦无菌吸管：1mL（具0.01mL刻度）、10mL（具0.1mL刻度）。

⑧无菌锥形瓶：500mL。

⑨无菌玻璃珠：直径约5mm。

⑩无菌培养皿：直径90mm。

（2）培养基和试剂

①月桂基硫酸盐胰蛋白胨（LST）肉汤。

②煌绿乳糖胆盐（BGLB）肉汤。

③磷酸盐缓冲液。

④无菌生理盐水：称取8.5g氯化钠溶于1000mL蒸馏水中，121℃高压灭菌15min。

⑤1mol/L 氢氧化钠（NaOH）：称取 40g 氢氧化钠溶于 1000mL 蒸馏水中。

⑥1mol/L 盐酸（HCl）：移取浓盐酸 90mL，用蒸馏水稀释至 1000mL。

3. 操作步骤

（1）检测样稀释

①以无菌吸管吸取检测样 25mL 放于含有 225mL 灭菌生理盐水或磷酸盐缓冲液的灭菌锥形瓶内（瓶内预置适当数量的玻璃珠），经充分混匀，制成 1∶10 的样品稀释液。

②样品均匀液的 pH 应在 6.5～7.5，必要时分别用 1mol/L 氢氧化钠（NaOH）或 1mol/L 盐酸（HCl）调节。

③用 1mL 灭菌吸管吸取 1∶10 样品均匀液 1mL，沿管壁缓缓注入含有 9mL 灭菌生理盐水或磷酸盐缓冲液的试管内（注意吸管尖端不要触及稀释液面），振摇试管或换用 1 支 1mL 无菌吸管反复吹打，使其混合均匀，做成 1∶100 的样品匀液。

④根据对检测样品污染情况的估计，按上述操作，依次制成 10 倍递增系列稀释样品匀液。每递增稀释 1 次，换用 1 支 1mL 无菌吸管。从制备样品均匀液到样品接种完毕，全过程不得超过 15min。

（2）初发酵试验　每个样品，选择 3 个适宜的连续稀释度的样品匀液（液体样品可以选择原液），每个稀释度连续接种 3 管月桂基硫酸盐胰蛋白胨（LST）肉汤，每管接种 1mL（如接种量超过 1mL，则用双料 LST 肉汤），（36±1）℃培养（24±2）h，观察倒管内是否有气泡产生，如未产气则继续培养至（48±2）h。记录在 24h 和 48h 内产气的 LST 肉汤管数。未产气者为大肠菌群阴性，产气者则进行复发酵试验。

（3）复发酵试验　用接种环从所有（48±2）h 内发酵产气的 LST 肉汤管中分别取培养物一环，移种于煌绿乳糖胆盐（BGLB）肉汤管中，（36±1）℃培养（48±2）h，观察产气情况。产气者，计为大肠菌群阳性管。

4. 大肠菌群最可能数（MPN）的报告

根据大肠菌群阳性的管数，查 MPN 检索表，报告每克（或毫升）样品中大肠菌群的 MPN 值。

黄酒卫生指标要求：细菌总数（cfu/mL）<50，大肠菌群（MPN/mL）<3，沙门氏菌，金黄色葡萄球菌不得检出。

复习思考题

一、填空题

1. 亚铁氰化钾滴定法适用于______和______。

2. 廉－爱农法适用于______和______。

3. 氧化钙测定有______、______、______三种方法。

4. β-苯乙醇用______检测器检测。

5. 加饭酒（花雕）中挥发酯的测定，沸水浴中回流时间为______。

6. 半干黄酒总糖测定时吸取酒样______（控制水解液含糖量在1~2g/L）于100mL容量瓶中，加水______和盐酸溶液______，在______水浴中加热水解______，冷却后，加入______，用______溶液中和至红色消失（近似于中性）。

二、简答题

1. 成品黄酒中总酸与氨基酸态氮是如何测定的？

2. 总酸与氨基酸态氮测定的原理是什么？

3. 成品黄酒中氧化钙是如何测定的？

4. EDTA滴定法的原理是什么？

5. 成品加饭酒中挥发酯是如何测定的？

6. 加饭酒中测定挥发酯的原理是什么？

7. 亚铁氰化钾滴定法测定总糖的原理是什么？

8. 成品干黄酒半干黄酒中总糖是如何测定的？

三、计算题

1. 黄酒挥发酯测定时，吸取测定酒精度的馏出液50mL于250mL锥形瓶中，加入酚酞指示剂2滴，用0.1001mol/L氢氧化钠标准溶液滴至微红色，准确加入0.1001mol/L氢氧化钠标准溶液25mL，摇匀，装上回流冷凝管，在沸水浴中回流半小时，从水浴中取出，在水浴锅上搁5min取下加塞后，马上用流水冷却至室温。然后再准确加入0.0997mol/L硫酸标准溶液25mL，摇匀，用0.1001mol/L氢氧化钠标准溶液滴至呈微红色，半分钟内不褪色为止，消耗氢氧化钠标准溶液的体积为2mL，求该黄酒样的挥发酯为多少g/L？

2. 在用酸度计测定黄酒的总酸与氨基酸态氮时，吸取酒样10mL，用0.1003mol/L氢氧化钠标准溶液滴定，当pH8.20时消耗的氢氧化钠体积为6.2mL，当pH9.20时消耗的氢氧化钠体积为6.5mL。做空白试验，pH8.20时消耗的氢氧化钠体积为0mL，pH9.20时消耗的氢氧化钠体积为0.55mL，求该黄酒样的总酸与氨基酸态氮各为多少g/L？

3. 准确吸取酒样10mL于250mL锥形瓶中，加水50mL，依次加入氯化镁溶液1mL、盐酸羟胺溶液1mL、三乙醇胺溶液0.5mL、硫化钠溶液0.5mL，摇匀，加氢氧化钾溶液5mL，再准确加入EDTA溶液5mL，钙指示剂一小勺（约0.1g），摇匀，用钙标准溶液滴定至蓝色消失并初现酒红色为终点。记录消耗0.01mol/L钙标准溶液的体积6.1mL。同时以水代替酒样做空白试验，记录消耗钙标准溶液的体积10.3mL，求该酒样的氧化钙含量是多少g/L？

第五章　黄酒相关标准

第一节　黄酒（GB/T 13662—2008）

1. 范围

本标准规定了黄酒的术语和定义、产品分类、要求、分析方法、检验规则和标志、包装、运输和贮存。

本标准适用于黄酒的生产、检验与销售。

2. 规范性引用文件

下列文件中的条款（表5－1）通过本标准的引用而成为本标准的条款。凡是注日期的引用文件，其随后所有的修改单（不包括勘误的内容）或修订版均不适用于本标准，然而，鼓励根据本标准达成协议的各方研究是否可使用这些文件的最新版本。凡是不注日期的引用文件，其最新版本适用于本标准。

表5－1　标准名称

代号	名称
GB/T 601	化学试剂　标准滴定溶液的制备
GB/T 603	化学试剂　试验方法中所用制剂及制品的制备
GB 2758	食品安全国家标准　发酵酒及其配制酒
GB 2760	食品安全国家标准　食品添加剂使用标准
GB/T 6543	运输包装用单瓦楞纸箱和双瓦楞纸箱
GB/T 6682	分析实验室用水规格和试验方法
GB 8817	食品添加剂　焦糖色（亚硫酸铵法、氨法、普通法）
GB 10344	预包装饮料酒标签通则
JJF 1070	定量包装商品净含量计量检验规则
—	定量包装商品计量监督管理办法（国家质量监督检验检疫总局［2005］第75号令）

3. 术语和定义

下列术语和定义适用于本标准。

（1）黄酒　以稻米、黍米等为主要原料，经加曲、酵母等糖化发酵剂酿制而成的发酵酒。

（2）酒龄　发酵后的成品原酒在酒坛、酒罐等容器中贮存的年限。

（3）标注酒龄　销售包装标签上标注的酒龄，以勾兑酒的酒龄加权平均计算，且其中所标注酒龄的基酒不低于50%。

（4）聚集物　成品酒在贮存过程中自然产生的沉淀（或沉降）物。

（5）传统型黄酒　以稻米、黍米、玉米、小米、小麦等为主要原料，经蒸煮、加酒曲、糖化、发酵、压榨、过滤、煎酒（除菌）、贮存、勾兑而成的黄酒。

（6）清爽型黄酒　以稻米、黍米、玉米、小米、小麦等为主要原料，加入酒曲（或部分酶制剂和酵母）为糖化发酵剂，经蒸煮、糖化、发酵、压榨、过滤、煎酒、贮存、勾兑而成的、口味清爽黄酒。

（7）特型黄酒　由于原辅料和（或）工艺有所改变，具有特殊风味且不改变黄酒风格的酒。

4. 产品分类

（1）按产品风格分　传统型黄酒、清爽型黄酒、特型黄酒。

（2）按含糖量分　干黄酒、半干黄酒、半甜黄酒、甜黄酒。

5. 要求

（1）原辅料要求

①在特型黄酒生产过程中，可以添加符合国家规定的、既可食用又可药用等物质。

②黄酒中可以按照 GB 2760 的规定添加焦糖色（其焦糖色产品应符合 GB 8817 要求）。

（2）感官要求

①传统型黄酒：应符合表5－2的规定。

表5－2　传统型黄酒感官要求

项目	类型	优级	一级	二级
外观	干黄酒、半干黄酒、半甜黄酒、甜黄酒	橙黄色至深褐色，清亮透明，有光泽，允许瓶（坛）底有微量聚集物		橙黄色至深褐色，清亮透明，允许瓶（坛）底有少量聚集物
香气	干黄酒、半干黄酒、半甜黄酒、甜黄酒	具有黄酒特有的浓郁醇香，无异香	黄酒特有醇香较浓郁，无异香	具有黄酒特有的醇香，无异香
口味	干黄酒	醇和，爽口，无异味	醇和，较爽口，无异味	尚醇和，爽口，无异味
	半干黄酒	醇厚，柔和鲜爽，无异味	醇厚，较柔和鲜爽，无异味	尚醇厚鲜爽，无异味
	半甜黄酒	醇厚，鲜甜爽口，无异味	醇厚，较鲜甜爽口，无异味	醇厚，尚鲜甜爽口，无异味
	甜黄酒	鲜甜，醇厚，无异味	鲜甜，较醇厚，无异味	鲜甜，尚醇厚，无异味

续表

项目	类型	优级	一级	二级
风格	干黄酒、半干黄酒、半甜黄酒、甜黄酒	酒体协调，具有黄酒品种的典型风格	酒体较协调，具有黄酒品种的典型风格	酒体尚协调，具有黄酒品种的典型风格

②清爽型黄酒：应符合表5-3的规定。

表5-3　清爽型黄酒感官要求

项目	类型	一级	二级
外观	干黄酒	橙黄色至黄褐色，清亮透明，有光泽，允许瓶（坛）底有微量聚集物	
	半干黄酒		
	半甜黄酒		
香气	干黄酒	具有本类黄酒特有的清雅醇香，无异香	
	半干黄酒		
	半甜黄酒		
口味	干黄酒	柔净醇和、清爽、无异味	柔净醇和、较清爽、无异味
	半干黄酒	柔和、鲜爽、无异味	柔和、较鲜爽、无异味
	半甜黄酒	柔和、鲜甜、清爽、无异味	柔和、鲜甜、较清爽、无异味
风格	干黄酒	酒体协调，具有本类黄酒的典型风格	酒体较协调，具有本类黄酒的典型风格
	半干黄酒		
	半甜黄酒		

③特型黄酒：特型黄酒感官要求应符合①或②的要求。

（3）理化要求

①传统型黄酒

a. 干黄酒：应符合表5-4的规定。

表5-4　传统型干黄酒理化要求

项目	稻米黄酒			非稻米黄酒	
	优级	一级	二级	优级	一级
总糖（以葡萄糖计）/（g/L）　≤	15.0				
非糖固形物/（g/L）　≥	20.0	16.5	13.5	20.0	16.5
酒精度（20℃）/%体积分数　≥	8.0				
总酸（以乳酸计）/（g/L）	3.0~7.0				

续表

项目		稻米黄酒			非稻米黄酒	
		优级	一级	二级	优级	一级
氨基酸态氮/（g/L）	≥	0.50	0.40	0.30	0.20	
pH		3.5～4.6				
氧化钙/（g/L）	≤	1.0				
β-苯乙醇/（mg/L）	≥	60.0			—	

注1：稻米黄酒：酒精度低于14%（体积分数）时，非糖固形物、氨基酸态氮、β-苯乙醇的值，按14%（体积分数）折算。非稻米黄酒：酒精度低于11%（体积分数）时，非糖固形物、氨基酸态氮的值按11%（体积分数）折算。

注2：采用福建红曲工艺生产的黄酒，氧化钙指标值可以≤4.0g/L。

注3：酒精度标签标示值与实测值之差为±1.0。

b. 半干黄酒：应符合表5-5的规定。

表5-5 传统型半干黄酒理化要求

项目		稻米黄酒			非稻米黄酒	
		优级	一级	二级	优级	一级
总糖（以葡萄糖计）/（g/L）		15.1～40.0				
非糖固形物/（g/L）	≥	27.5	23.0	18.5	22.0	18.5
酒精度（20℃）/%体积分数	≥	8.0				
总酸（以乳酸计）/（g/L）		3.0～7.5				
氨基酸态氮/（g/L）	≥	0.60	0.50	0.40	0.25	
pH		3.5～4.6				
氧化钙/（g/L）	≤	1.0				
β-苯乙醇/（mg/L）	≥	80.0			—	

注：同表5-4。

c. 半甜黄酒：应符合表5-6的规定。

表5-6 传统型半甜黄酒理化要求

项目		稻米黄酒			非稻米黄酒	
		优级	一级	二级	优级	一级
总糖（以葡萄糖计）/（g/L）		40.1～100				
非糖固形物/（g/L）	≥	27.5	23.0	18.5	23.0	18.5

续表

项目	稻米黄酒			非稻米黄酒	
	优级	一级	二级	优级	一级
酒精度（20℃）/%体积分数　≥	8.0				
总酸（以乳酸计）/（g/L）	4.0～8.0				
氨基酸态氮/（g/L）　≥	0.50	0.40	0.30	0.20	
pH	3.5～4.6				
氧化钙/（g/L）　≤	1.0				
β－苯乙醇/（mg/L）　≥	60.0			—	

注：同表5－4。

d. 甜黄酒：应符合表5－7的规定。

表5－7　传统型甜黄酒理化要求

项目	稻米黄酒			非稻米黄酒	
	优级	一级	二级	优级	一级
总糖（以葡萄糖计）/（g/L）　>	100				
非糖固形物/（g/L）　≥	23.0	20.0	16.5	20.0	16.5
酒精度（20℃）/%体积分数　≥	8.0				
总酸（以乳酸计）/（g/L）	4.0～8.0				
氨基酸态氮/（g/L）　≥	0.40	0.35	0.30	0.20	
pH	3.5～4.8				
氧化钙/（g/L）　≤	1.0				
β－苯乙醇/（mg/L）　≥	40.0			—	

注：同表5－4。

②清爽型黄酒

a. 干黄酒：应符合表5－8的规定。

表5－8　清爽型干黄酒理化要求

项目	稻米黄酒		非稻米黄酒	
	一级	二级	一级	二级
总糖（以葡萄糖计）/（g/L）　≤	15.0			
非糖固形物/（g/L）　≥	7.0			
酒精度20℃/%（体积分数）	8.0～15.0			

续表

项目		稻米黄酒		非稻米黄酒	
		一级	二级	一级	二级
pH		3.5~4.6			
总酸（以乳酸计）/（g/L）		2.5~7.0			
氨基酸态氮/（g/L）	≥	0.30		0.20	
氧化钙/（g/L）	≤	0.5			
β-苯乙醇/（mg/L）	≥	35.0			

注：同表5-4。

b. 半干黄酒：应符合表5-9的规定。

表5-9　清爽型半干黄酒理化要求

项目		稻米黄酒		非稻米黄酒	
		一级	二级	一级	二级
总糖（以葡萄糖计）/（g/L）		15.1~40.0			
非糖固形物/（g/L）	≥	15.0	12.0	15.0	12.0
酒精度20℃/%体积分数		8.0~16.0			
pH		3.5~4.6			
总酸（以乳酸计）/（g/L）		2.5~7.0			
氨基酸态氮/（g/L）	≥	0.50	0.30	0.25	
氧化钙/（g/L）	≤	0.5			
β-苯乙醇/（mg/L）	≥	35.0			

注：同表5-4。

c. 半甜黄酒：应符合表5-10的规定。

表5-10　清爽型半甜黄酒理化要求

项目		稻米黄酒		非稻米黄酒	
		一级	二级	一级	二级
总糖（以葡萄糖计）/（g/L）		40.1~100			
非糖固形物/（g/L）	≥	10.0	8.0	10.0	8.0
酒精度20℃/%体积分数		8.0~16.0			
pH		3.5~4.6			
总酸（以乳酸计）/（g/L）		3.8~8.0			

续表

项目		稻米黄酒		非稻米黄酒	
		一级	二级	一级	二级
氨基酸态氮/（g/L）	≥	0.40	0.30	0.20	
氧化钙/（g/L）	≤	0.5			
β－苯乙醇/（mg/L）	≥	30.0			

注：同表5－4。

③特型黄酒：按照相应的产品标准执行，产品标准中各项指标的设定，不应低于本标准相应产品类型表5－4至表5－10中的最低级别要求。另外，特型黄酒还应根据产品特点制定特征性指标。

（4）净含量　按国家质量监督检验检疫总局［2005］第75号令执行。

（5）卫生要求　应符合GB 2758的规定。

6. 分析方法

本标准中所用的水，在未注明其他要求时，应符合GB/T 6682的规格。所用试剂，在未注明其他规格时，均指分析纯（AR）。

（1）感官检查

①酒样的准备：将酒样密码编号，置于水浴中，调温至20～25℃。将洁净、干燥的评酒杯对应酒样编号，对号注入酒样约25mL。

②外观评价：将注入酒样的评酒杯置于明亮处，举杯齐眉，用眼观察杯中酒的透明度、澄清度以及有无沉淀和聚集物等，做好详细记录。

③香气与口味评价：手握杯柱，慢慢将酒杯置于鼻孔下方，嗅闻其挥发香气，慢慢摇动酒杯，嗅闻香气。用手握酒杯腹部2min，摇动后，再嗅闻香气。依据上述程序，判断是原料香或有其他异香，写出评语。饮入少量酒样（约2mL）于口中，尽量均匀分布于味觉区，仔细品评口感，有了明确感觉后咽下，再回味口感及后味，记录口感特征。

④风格评价：依据外观、香气、口味的特征，综合评价酒样的风格及典型性程度，写出评价结论。

（2）总糖、非糖固形物、酒精度、pH、总酸、氨基酸态氮　同第四章第一节黄酒理化指标分析。

（3）氧化钙

①原子吸收分光光度法

a. 原理：酒样经火焰燃烧产生原子蒸气，通过从光源辐射出待测元素具有特征波长的光，被蒸气中待测元素的基态原子吸收，吸收程度与火焰中元素浓度的关系符合朗伯比尔定律。

b. 试剂与仪器

浓硝酸：优级纯（GR）。

浓盐酸：优级纯（GR）。

氯化镧溶液（50g/L）：称取氯化镧5g，加去离子水溶解，并定容至100mL。

钙标准贮备液（1mL溶液含有100μg钙）：精确称取于105～110℃干燥至恒重的碳酸钙（GR）0.25g，用浓盐酸（GR）10mL溶解后，移入1000mL容量瓶中，用去离子水定容。

钙标准使用液：分别吸取钙标准贮备液0、1、2、4、8mL于5个100mL容量瓶中，各加氯化镧溶液10mL和浓硝酸1mL，用去离子水定容，此溶液每毫升分别相当于0、1、2、4、8μg钙。

原子吸收分光光度计。

高压釜：50mL，带聚四氟乙烯内套。

电热干燥箱：温控±1℃。

天平：感量0.0001g。

c. 分析步骤

酒样的处理：准确地吸取酒样2～5mL（V_1）于50mL聚四氟乙烯内套的高压釜中，加入硝酸4mL，置于电热干燥箱（120℃）内，加热消解4～6h。冷却后转移至500mL（V_2）的容量瓶中，加入氯化镧溶液5mL，再用去离子水定容，摇匀。同时做空白试验。

光谱条件：测定波长为422.7nm，狭缝宽度为0.7nm，火焰为空气乙炔气，灯电流为10mA。

测定：将钙标准使用液、试剂空白溶液和处理后的酒样液，依次导入火焰中进行测定，记录其吸光度（A）。

绘制标准曲线：以标准溶液的钙含量（μg/mL）与对应的吸光度（A）绘制标准工作曲线（或用回归方程计算）。

分别以试剂空白和酒样液的吸光度（A_0），从标准工作曲线中查出钙含量（或用回归方程计算）。

d. 计算

酒样中氧化钙的含量计算。

$$X=\frac{(A-A_0)\times V_2\times 1.4\times 1000}{V_1\times 1000\times 1000}=\frac{(A-A_0)\times V_2\times 1.4}{V_1\times 1000}$$

式中 X——酒样中氧化钙的含量，g/L

A——从标准工作曲线中查出（或用回归方程计算）酒样中钙的含量，μg/mL

A_0——从标准工作曲线中查出（或用回归方程计算）酒样空白中钙的含量，μg/mL

V_2——酒样稀释后的总体积，mL

1.4——钙与氧化钙的换算系数

V_1——吸取酒样的体积，mL

所得结果保留一位小数。

e. 精密度：在重复性条件下获得的两次独立测定结果的绝对差值不得超过算术平均值的5%。

②高锰酸钾滴定法

a. 原理：酒样中的钙离子与草酸铵反应生成草酸钙沉淀。将沉淀滤出，洗涤后，用硫酸溶解，再用高锰酸钾标准溶液滴定草酸根，根据高锰酸钾溶液的消耗量计算酒样中氧化钙的含量。

b. 试剂与仪器：甲基橙指示液（1g/L）（称取0.10g 甲基橙，溶于70℃的水中，冷却，稀释至100mL），饱和草酸铵溶液，浓盐酸，氢氧化铵溶液（1+10）（1体积氢氧化铵加入10体积的水，混匀），硫酸溶液（1+3）（1体积硫酸+3体积水），高锰酸钾标准溶液（0.01mol/L）（按GB/T 601 配制与标定，临用前，准确稀释10倍），电炉（300~500W），滴定管（50mL）。

c. 分析步骤：准确吸取酒样25mL于400mL烧杯中，加水50mL，再依次加入1g/L 甲基橙指示液3滴、浓盐酸2mL、饱和草酸铵溶液30mL，加热煮沸，搅拌，逐滴加入氢氧化铵溶液直至试液变为黄色。

将上述烧杯置于约40℃温热处保温2~3h，用玻璃漏斗和滤纸过滤，用500mL 氢氧化铵溶液分数次洗涤沉淀，直至无氯离子（经硝酸酸化，用硝酸银检验）。将沉淀及滤纸小心从玻璃漏斗中取出，放入烧杯中，加沸水100mL 和硫酸溶液（1+3）25mL，加热，保持60~80℃使沉淀完全溶解。用0.01mol/L 高锰酸钾标准溶液滴定至微红色并保持30s为终点。记录消耗的高锰酸钾标准溶液的体积（V_1）。同时用25mL 水代替酒样做空白试验，记录消耗高锰酸钾标准溶液的体积（V_0）。

d. 计算：酒样中氧化钙的含量按下式计算：

$$X=\frac{(V_1-V_0)\times c\times 28}{V_2}$$

式中　X——酒样中氧化钙的含量，g/L

V_1——测定酒样时，消耗0.01mol/L 高锰酸钾标准溶液的体积，mL

V_0——空白试验时，消耗0.01mol/L 高锰酸钾标准溶液的体积，mL

c——高锰酸钾标准溶液的实际浓度，mol/L

28——氧化钙的摩尔质量，g/mol

V_2——吸取酒样的体积，mL

所得结果保留一位小数。

e. 精密度：在重复性条件下获得的两次独立测定结果的绝对差值不得超过

算术平均值的5%。

③EDTA 滴定法：同第四章第一节黄酒理化指标分析中氧化钙测定。

（4）β-苯乙醇（气相色谱法）同第四章第一节黄酒理化指标分析中β-苯乙醇的分析。

（5）净含量　按 JJF 1070 检验。

7. 检验规则

（1）批次　同一生产日期生产的、质量相同的、具有同样质量合格证的产品为一批。

（2）抽样　按表5-11 抽取样品。样品总量不足3L 时，应适当按比例加取。并将其中的三分之一样品封存，保留3 个月备查。

表5-11　取样数量表

样本批量范围/袋、箱或坛	样品数量/袋、瓶或坛
≤1200	6
1201~35000	9
≥35001	12

（3）检验分类

①出厂检验：产品出厂前，应由生产企业的质量检验部门按本标准规定逐批进行检验。检验合格并签发质量合格证明的产品，方可出厂。

出厂检验项目：感官、总糖、非糖固形物、酒精度、总酸、氨基酸态氮、pH、氧化钙、菌落总数、净含量和标签。

②型式检验

a. 一般情况下，型式检验每年进行一次。

b. 有下列情况之一时，也应进行型式检验：原辅材料有较大变化时；更改关键工艺或设备时；新试制的产品或正常生产的产品停产3 个月后，重新恢复生产时；出厂检验与上次型式检验结果有较大差异时，国家质量监督检验机构按有关规定需要抽检时。

（4）不合格项目分类

①A 类不合格：卫生要求、净含量、标签、感官要求、非糖固形物、酒精度、总酸、氨基酸态氮、氧化钙。

②B 类不合格：总糖、pH、β-苯乙醇。

（5）判定规则

①若受检样品项目全部合格时，判整批产品为合格。

②卫生要求如有一项不符合要求，判整批产品为不合格。

③其余指标如有一项（或两项）不符合要求时，可以在同批产品中抽取两

倍量样品进行复验，以复验结果为准；若复验结果仍有一项 A 类不合格或两项 B 类不合格时，判整批产品为不合格。

8. 标志、包装、运输、贮存

（1）标签标示

①预包装产品标签除按 GB 10344 规定执行外，还应标明产品风格和含糖量（传统型黄酒可不标注产品风格）。

②外包装箱上除应标明产品名称、酒精度、类型、制造者的名称和地址外，还应标明单位包装的净含量和总数量。

（2）包装

①包装材料应符合食品卫生要求。包装容器应封装严密、无渗漏。

②包装箱应符合 GB/T 6543 要求，封装、捆扎牢固。

（3）运输

①运输工具应清洁、卫生。产品不得与有毒、有害、有腐蚀性、易挥发或有异味的物品混装混运。

②搬运时应轻拿轻放，不得扔摔、撞击、挤压。

③运输过程中不得曝晒、雨淋、受潮。

（4）贮存

①产品不得与有毒、有害、有腐蚀性、易挥发或有异味的物品同库贮存。

②产品应贮存于阴凉、干燥、通风的库房中；不得露天堆放、日晒、雨淋或靠近热源；接触地面的包装箱底部应垫有 100mm 以上的间隔材料。

③产品宜在 5～35℃贮存。

第二节　地理标志产品　绍兴酒（GB/T 17946—2008）

1. 范围

本标准规定了绍兴酒的术语与定义、地理标志产品的保护范围、产品分类、技术要求、试验方法、检验规则及标志、包装、贮存、运输。

本标准适用于国家检疫检验行政主管部门根据《地理标志保护产品》批准的地理标志产品保护目录中的绍兴酒，又称绍兴黄酒（以下统一简称绍兴酒）。

2. 规范性引用文件

下列文件中的条款通过本标准的引用成为本标准的条款。凡是注日期的引用文件，其随后所有的修改单（不包括勘误的内容）或修改版均不适合于本标准。然而，鼓励根据本标准达成协议的各方研究是否可使用这些文件的最新版本。凡是不注日期的文件，其最新版本适合于本标准。

GB/T 601 化学试剂　标准滴定溶液的制备

GB/T 603 化学试剂　试验方法中所用制剂及制品的制备

GB 1351 小麦

GB 1354 大米

GB 2758 食品安全国家标准　发酵酒及其配制酒

GB 2760 食品安全国家标准　食品添加剂使用标准

GB 5749 生活饮用水卫生标准

GB 8817 食品添加剂焦糖色（亚硫酸铵法、氨法、普通法）

GB 10344 预包装饮料酒标签标准

GB 12698 黄酒厂卫生规范

GB/T 13662 黄酒

国家质量监督检验检疫总局令［2005］第75号《定量包装商品计量监督管理办法》

3. 术语和定义

下列术语和定义适用于本标准。

（1）绍兴酒（绍兴黄酒）　以优质糯米、小麦和保护范围内的鉴湖水为主要原料，经过独特工艺发酵酿造而成的优质黄酒。

（2）聚集物　成品酒在贮存过程中产生的凝聚沉淀物。

（3）酒龄　发酵后的原酒在酒缸、酒坛、酒池或酒罐中贮存陈酿的年份。销售包装标注的酒龄，以勾兑酒的加权平均酒龄计算。

4. 地理标志产品保护范围

限于国家质量监督检验检疫行政主管理部门批准保护的范围。

5. 产品分类

按发酵工艺所含总糖不同主要分为：

（1）绍兴元红酒　属干黄酒，总糖小于或等于15.0g/L。

（2）绍兴加饭（花雕）酒　属半干黄酒，总糖15.1g/L~40.0g/L。

（3）绍兴善酿酒　属半甜黄酒，总糖40.1~100.0g/L。

（4）绍兴香雪酒　属甜黄酒，总糖高于100.0g/L。

6. 技术要求

（1）原料要求

①糯米：应符合GB 1354规定二等以上的要求。

②小麦：应符合GB 1351规定二等以上的要求。

③水：保护范围内并符合GB 5749的鉴湖水。

④麦曲：在保护范围内生产的麦曲。

（2）传统工艺要求

①酿造环境：应在绍兴鉴湖水保护范围内且符合GB 12698要求的酿造环境内酿制。

②工艺流程：采用特殊的传统工艺。

（3）感官要求　应符合表5－12的要求。

表5－12　感官要求

项目	品种	优等品	一等品	合格品
色泽	绍兴加饭（花雕）酒、绍兴元红酒、绍兴善酿酒、绍兴香雪酒	橙黄色、清亮透明、有光泽，允许瓶（坛）底有微量聚集物	橙黄色、清亮透明、光泽较好，允许瓶（坛）底有微量的聚集物	橙黄色、清亮透明、光泽尚好，允许瓶（坛）底有微量聚集物
香气	绍兴加饭（花雕）酒、绍兴元红酒、绍兴善醇酒、绍兴香雪酒	具有绍兴酒特有的香气，醇香浓郁，无异香、异气。三年以上的陈酒具有与酒龄相符的陈酒香和酯香	具有绍兴酒特有的香气，醇香较浓郁，无异香、异气	具有绍兴酒特有的香气，醇香尚浓郁，无异香、异气
口味	绍兴加饭（花雕）酒	具有绍兴加饭（花雕）酒特有的口味，醇厚、柔和、鲜爽、无异味	具有绍兴加饭（花雕）酒特有的口味，醇厚、较柔和、较鲜爽、无异味	具有绍兴加饭（花雕）酒特有的口味，醇厚、尚柔和、尚鲜爽、无异味
	绍兴元红酒	具有绍兴元红酒特有的口味，醇和、爽口、无异味	具有绍兴元红酒特有的口味，醇和、较爽口、无异味	具有绍兴元红酒特有口味，醇和、尚爽口、无异味
	绍兴善酿酒	具有绍兴善酿酒特有的口味，醇厚、鲜甜爽口、无异味	具有绍兴善酿酒特有的口味，醇厚、较鲜甜爽口、无异味	具有绍兴善酿酒特有的口味，醇厚、尚鲜甜爽口、无异味
口味	绍兴香雪酒	具有绍兴香雪酒特有的口味，鲜甜、醇厚、无异味	具有绍兴香雪酒特有的口味，鲜甜、较醇厚、无异味	具有绍兴香雪酒特有的口味，鲜甜、尚醇厚、无异味
风格	绍兴加饭（花雕）酒、绍兴元红酒、绍兴善酿酒、绍兴香雪酒	酒体组分协调，具有绍兴酒的独特风格	酒体组分较协调，具有绍兴酒独的特风格	酒体组分尚协调，具有绍兴酒的独特风格

（4）理化指标

①绍兴加饭（花雕）酒应符合表5－13的要求。

表 5－13 绍兴加饭（花雕）酒理化指标

<table>
<tr><th colspan="2" rowspan="2">项目</th><th colspan="3">指标</th></tr>
<tr><th>优等品</th><th>一等品</th><th>合格品</th></tr>
<tr><td colspan="2">总糖（以葡萄糖计）/（g/L）</td><td colspan="3">15.1～40.0</td></tr>
<tr><td colspan="2">非糖固形物/（g/L） ≥</td><td>30.0</td><td>25.0</td><td>22.0</td></tr>
<tr><td rowspan="3">酒精度（20℃）/% 体积分数</td><td>酒龄 3a 以下（不含 3a） ≥</td><td colspan="3">15.5</td></tr>
<tr><td>酒龄 3～5a（不含 5a） ≥</td><td colspan="3">15.0</td></tr>
<tr><td>酒龄 5a 以上 ≥</td><td colspan="3">14.0</td></tr>
<tr><td colspan="2">总酸（以乳酸计）/（g/L）</td><td colspan="3">4.5～7.5</td></tr>
<tr><td colspan="2">氨基酸态氮/（g/L） ≥</td><td colspan="3">0.60</td></tr>
<tr><td colspan="2">pH（25℃）</td><td colspan="3">3.8～4.6</td></tr>
<tr><td colspan="2">氧化钙/（g/L） ≤</td><td colspan="3">1.0</td></tr>
<tr><td rowspan="4">挥发酯（以乙酸乙酯计）/（g/L） ≥</td><td>酒龄 3a 以下（不含 3a） ≥</td><td colspan="3">0.15</td></tr>
<tr><td>酒龄 3～5a（不含 5a） ≥</td><td colspan="3">0.18</td></tr>
<tr><td>酒龄 5～10a（不含 10a） ≥</td><td colspan="3">0.20</td></tr>
<tr><td>酒龄 10a 以上 ≥</td><td colspan="3">0.25</td></tr>
</table>

②绍兴元红酒应符合表 5－14 的要求。

表 5－14 绍兴元红酒理化指标

<table>
<tr><th rowspan="2">项目</th><th colspan="3">指标</th></tr>
<tr><th>优等品</th><th>一等品</th><th>合格品</th></tr>
<tr><td>总糖（以葡萄糖计）/（g/L） ≤</td><td colspan="3">15.0</td></tr>
<tr><td>非糖固形物/（g/L） ≥</td><td>20.0</td><td>17.0</td><td>13.5</td></tr>
<tr><td>酒精度（20℃）/% 体积分数 ≥</td><td colspan="3">13.0</td></tr>
<tr><td>总酸（以乳酸计）/（g/L）</td><td colspan="3">4.0～7.0</td></tr>
<tr><td>氨基酸态氮/（g/L） ≥</td><td colspan="3">0.50</td></tr>
<tr><td>pH（25℃）</td><td colspan="3">3.8～4.5</td></tr>
<tr><td>氧化钙/（g/L） ≤</td><td colspan="3">1.0</td></tr>
<tr><td colspan="4">注：酒精度低于 14.0/% 体积分数时，非糖固形物、氨基酸态氮的值按 14.0/% 体积分数折算。</td></tr>
</table>

③绍兴善酿酒应符合表 5－15 的要求。

表 5-15　绍兴善酿酒理化指标

项目		指标		
		优等品	一等品	合格品
总糖（以葡萄糖计）/（g/L）		40.0~100.0		
非糖固形物/（g/L）	≥	30.0	25.0	22.0
酒精度（20℃）/%体积分数	≥	12.0		
总酸（以乳酸计）/（g/L）		5.0~8.0		
氨基酸态氮/（g/L）	≥	0.50		
pH（25℃）		3.5~4.5		
氧化钙/（g/L）	≤	1.0		

注：酒精度低于14.0/%体积分数时，非糖固形物、氨基酸态氮的值按14.0/%体积分数折算。

④绍兴香雪酒应符合表5-16的要求。

表 5-16　绍兴香雪酒理化指标

项目		指标		
		优等品	一等品	合格品
总糖（以葡萄糖计）/（g/L）	>	100.0		
非糖固形物/（g/L）	≥	26.0	23.0	20.0
酒精度（20℃）/%体积分数	≥	15.0		
总酸（以乳酸计）/（g/L）		4.0~8.0		
氨基酸态氮/（g/L）	≥	0.40		
pH（25℃）		3.5~4.5		
氧化钙/（g/L）	≤	1.0		

（5）净含量　应符合国家质量监督检验检疫总局［2005］第75号《定量包装商品监督计量管理办法》的要求。大坛黄酒净含量可以用质量［单位为千克（kg）］表示。

（6）卫生要求　应符合GB 2758的规定。

（7）其他要求

①绍兴酒中可以按照GB 2760规定添加焦糖色（符合GB 8817要求），但不应添加其他任何非自身发酵产生的物质。

②标注酒龄三年以上的陈酒质量应达到优等品要求。

③采用不同酒龄的酒进行勾兑的，其加权平均后的酒龄应大于或等于标注酒龄，其中所注酒龄的基酒应该不得低于50%（体积分数）。

7. 试验方法

（1）原料、感官分析（感官评价）、净含量偏差、酒精度、总糖、非糖固形物、总酸、氨基酸态氮、pH、氧化钙、卫生指标的检验按照 GB/T 13662 规定执行。

（2）挥发酯的测定

①原理：黄酒经过蒸馏，酒中的挥发酯收集在馏出液中。先用碱中和馏出液中的挥发酸，再加入一定的碱使酯皂化，过量的碱再用酸返滴定，其反应式为：

$$RCOOR + NaOH \longrightarrow RCOONa + ROH$$

$$2NaOH + H_2SO_4 \longrightarrow Na_2SO_4 + 2H_2O$$

②试验方法

a. 试剂：1%酚酞指示剂（按 GB/T 603 规定进行），0.1mol/L 硫酸标准溶液（按 GB/T 601 规定进行），0.1mol/L 氢氧化钠标准溶液（按 GB/T 601 规定进行）。

b. 仪器：250mL 全玻璃回流装置。

c. 检测：吸取测定酒精度的馏出液 50mL 于 250mL 锥形瓶中，加入酚酞指标剂 2 滴，以 0.1mol/L 氢氧化钠标准溶液滴定至微红色，准确加入 0.1mol/L 氢氧化钠标准溶液 25mL，摇匀，装上冷凝管，于沸水中回流半小时，取下加塞后，马上用冷水冷却至室温。然后再正确加入 0.1mol/L 硫酸标准溶液 25mL，摇匀，用 0.1mol/L 氢氧化钠标准溶液滴定至微红色，半分钟内不消失为止，记录消耗氢氧化钠标准溶液的体积。

d. 计算：挥发酯含量。

$$A = \frac{(25 + V) \times c_1 - 25 \times c_2}{50} \times 88$$

式中 A——挥发酯含量，g/L

c_1——氢氧化钠标准溶液浓度，mol/L

c_2——硫酸标准溶液浓度，mol/L

V——滴定剩余硫酸所耗用的氢氧化钠标准溶液的体积，mL

88——乙酸乙酯的摩尔质量，g/mol

e. 结果的允差：同一样品两次测定值之差，不得超过 0.01g/L。

8. 检验规则

按 GB/T 13662 标准执行。

9. 标志、包装、运输、贮存

（1）标志

①产品标签标注应符合 GB 10344 规定，同时需标注地理标注产品标志，绍兴加饭（花雕）酒应标注酒龄。产品名称与净含量应同时排在主要展示面。

②包装箱上除应标明产品名称、制造者的名称和地址外，还应标出单位包装的净含量和总数量以及“小心轻放”、“怕湿”等警示标志。

（2）包装

①包装材料应符合卫生要求，包装产品应严密、无漏。

②灌装产品的包装物应直立、端正，体外清洁，标签封贴紧密。

③包装箱应结实，与所装内容物尺寸匹配，胶封、捆扎牢固。

（3）运输

①运输工具应清洁、卫生。产品不得与有毒、有害、有腐蚀性、易挥发或有异味的物品混装混运。

②搬运时应轻拿轻放，严禁扔摔、撞击、挤压。

③运输过程不得曝晒、雨淋、受潮。

（4）贮存

①产品不得与有毒、有害、有腐蚀性、易挥发或有异味的物品同库贮存。

②产品应贮存在阴凉、干燥、通风的库房内中；严禁露天堆放、日晒、雨淋或靠近热源；包装箱底部应垫有 10mm 以上的间隔材料。

③在 0℃以下运输和贮存时，应有防冻措施。

（5）产品的保质期　瓶、坛装酒密封包装不少于一年，企业可根据自身的技术水平具体标志。

第三节　烹饪黄酒（QB/T 2745—2005）

1. 范围

本标准规定了烹饪黄酒的术语和定义、分类、要求、试验方法、检验规则和标志、包装、运输、贮存。

本标准适用于经粮食发酵酿制、再加入食盐（可加入天然植物辛香料）勾兑而成的，供烹饪用的黄酒。

2. 规范性引用文件

下列文件中的条款通过本标准的引用成为本标准的条款。凡是注日期的引用文件，其随后所有的修改单（不包括勘误的内容）或修改版均不适合于本标准。然而，鼓励根据本标准达成协议的各方研究是否可使用这些文件的最新版本。凡是不注日期的文件，其最新版本适合于本标准。

GB 2758 食品安全国家标准　发酵酒及其配制酒

GB 2760 食品安全国家标准　食品添加剂使用标准

GB 5461 食用盐

GB 8817 食品添加剂　焦糖色（亚硫酸铵法、氨法、普通法）

GB 10344 预包装饮料酒标签标准

GB/T 12457 食品中氯化钠的测定

GB/T 13662 黄酒

GB/T 15691 辛香料调味品通用技术条件

GB 17946 地理标志产品　绍兴酒（绍兴黄酒）

国家质量监督检验检疫总局令第 75 号　定量包装商品计量监督规定

3. 术语和定义

下列术语和定义适用于本标准。

（1）烹饪黄酒　以稻米、黍米等为主要原料，以蒸煮、加曲、糖化、发酵、压榨、煎酒、贮存，加入食盐（可加入天然植物辛香料）勾兑而成的，供烹饪用的酿造酒。

（2）聚集物　成品酒在贮存过程中自然产生的沉淀（或沉降）物。

4. 分类

按产品质量分为“优级”和“一级”。

5. 要求

（1）感官要求　应符合表 5 – 17 要求。

表 5 – 17　感官要求

项目	指标	
	优级	一级
外观	浅黄色至褐色，清亮透明，有光泽，瓶（坛）底可有微量聚集物	
香气	具有正常黄酒特有的香气或佐料（植物辛香料）香气，诸香和谐	
口味	微咸鲜爽，醇和协调，无异味	
风格	酒体协调，具有烹饪黄酒的典型风格	

（2）理化指标　应符合表 5 – 18 要求。

表 5 – 18　理化指标

项目		指标	
		优级	一级
酒精度（20℃）/%体积分数	≥	14.0	10.0
总糖（以葡萄糖计）/（g/L）	≥	10.0	
总酸（以乳酸计）/（g/L）		3.0 ~ 7.0	
氨基酸态氮/（g/L）	≥	0.40	0.25
挥发酯（以乙酸乙酯计）/（g/L）	≥	0.15	0.10
食盐/（g/L）		10.0 ~ 25.0	
除糖除盐固形物/（g/L）	≥	18.5	10.0

（3）卫生要求　应符合 GB 2758 的规定。

（4）净含量　应符合国家质量监督检验检疫总局令第 75 号的要求。大坛黄酒净含量可以用质量［单位为千克（kg）］表示。

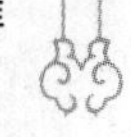

（5）其他要求

①辅料中，焦糖色应符合 GB 8817 和 GB 2760 要求；食盐应符合 GB 5461 要求；天然植物辛香料就符合 GB/T 15691 要求。

②酒中除可以按照生产要求加入焦糖色、食盐和天然植物辛香料外，不应添加其他非自身发酵产生的物质。

6. 试验方法

（1）感官指标　按 GB/T 13662 方法评价。

（2）酒精度　按 GB/T 13662 方法检验。

（3）总糖（以葡萄糖计）　按 GB/T 13662 方法检验。

（4）总酸（以乳酸计）及氨基酸态氮　按 GB/T 13662 方法检验。

（5）挥发酯（以乙酸乙酯计）　按 GB/T 17946 试验方法。

（6）食盐

①酒样处理：吸取酒样 50mL，于 150mL 锥形瓶中，加入活性炭粉末 3g，搅拌 5min，静置后用滤纸过滤，收集滤液。

②分析步骤：吸取适量处理后的酒样滤液，以下按 GB/T 12457 的分析步骤进行氯化钠的测定。

③允许差：同一酒样的两次测定之差，应不超过平均值的 3%。计算结果精确至 3 位有效数字。

（7）除糖除盐固形物

①原理：酒样经 100～105℃加热，其中的水分、乙醇等挥发性物质被蒸发，剩余的残留物即为固形物。总固形物减去总糖和食盐含量，即为除糖除盐固形物。

②总固形物：按 GB/T 13662 分析方法。

③除糖除盐固形物的计算：酒样中除糖除盐固形物含量，以每升酒样中含有固形物的克数（g/L）表示，按下式计算：

$$X_0 = X_1 - X_2 - X_3$$

式中　X_0——酒样中除糖除盐固形物的含量，g/L

X_1——酒样中总固形物的含量，g/L

X_2——酒样中总糖含量，g/L

X_3——酒样中食盐含量，g/L

④允许差：同一酒样的两次测定结果之差，应不超过平均值的 5%。计算结果精确至 3 位有效数字。

7. 检验规则

厂检验项目与判定规则中增加“食盐”外，其余按 GB/T 13662 规定执行。

注：检验项目不包含“氧化钙”和“pH”；“非糖固形物”改为“除糖除盐固形物”。

8. 标志、包装、运输、贮存

（1）标志

①预包装产品标签除按 GB 10344 规定执行外，产品名称应明确标示“烹饪黄酒”，还应标注：“食盐含量”。

②外包装箱上除应标明产品名称（“烹饪黄酒”）、制造者的名称和地址外，还应标明单位包装的净含量和总数量（件数）。

（2）包装、运输、贮存　分别按 GB/T 13662 规定执行。

复习思考题

一、填空题

1. GB/T 13662—2008 中黄酒按产品风格分为______、______、______。

2. GB/T 13662—2008 中黄酒按含糖量分为______、______、______、______。

3. 烹饪黄酒按产品质量分为______和______。

二、名词解释

1. GB/T 13662—2008 黄酒（老酒）

2. GB/T 13662—2008 酒龄

3. GB/T 13662—2008 标注酒龄

4. GB/T 13662—2008 聚集物

5. GB/T 13662—2008 清爽型黄酒

6. GB/T 13662—2008 特种黄酒

7. 烹饪黄酒

8. GB/T 17946—2008 绍兴酒

三、判断题

1. GB/T 13662—2008 中清爽型黄酒氧化钙的理化指标是小于 1g/L。（　）

2. GB/T 13662—2008 中清爽型黄酒 pH 的理化指标是 3.5～4.6g/L。（　）

3. GB/T 13662—2008 中传统型半干稻米黄酒非糖固形物的理化指标是≥27.5g/L。（　）

4. GB/T 13662—2008 中传统型半干黄酒酒精度的理化指标是≥10.0% 体积分数。（　）

5. GB/T 13662—2008 中传统型稻米黄酒分为三个等级。（　）

6. GB/T 13662—2008 中清爽型黄酒分为三个等级。（　）

四、简答题

1. GB/T 13662—2008 中传统型黄酒优级黄酒的感官要求是什么？

2. GB/T 13662—2008 中清爽型黄酒一级黄酒的感官要求是什么？

3. GB/T 13662—2008 的原料要求是什么？

实验一 黄酒分析与检测实验

一、糯米中粗淀粉的检测

1. 实验目的

（1）了解酸水解法测粗淀粉。

（2）掌握糯米中粗淀粉的检测方法。

2. 实验原理

淀粉经 H^+ 或酶水解后，生成葡萄糖。

$$(C_6H_{10}O_5)_n + nH_2O \xrightarrow{H^+或酶} nC_6H_{12}O_6$$

由于葡萄糖具有还原性，故能用测定还原糖的方法进行测定。这里采用廉－爱农法，它以斐林溶液为氧化剂。斐林溶液由甲、乙溶液所组成，甲溶液为硫酸铜溶液，乙溶液为酒石酸钾钠与氢氧化钠溶液。当甲、乙两液混合时，硫酸铜与氢氧化钠起反应生成氢氧化铜沉淀。

$$CuSO_4 + 2NaOH \longrightarrow Cu(OH)_2（沉淀） + Na_2SO_4$$

生成的氢氧化铜与酒石酸钾钠反应，生成可溶性的酒石酸铜络合物，沉淀溶解。

酒石酸钾钠铜中的 Cu^{2+} 是氧化剂，而葡萄糖在碱性溶液中起烯醇化作用，生成的葡萄糖烯二醇是一种较强的还原剂。两者产生氧化还原反应后，Cu^{2+} 被还原成 Cu^+，葡萄糖被氧化为葡萄糖酸。用次甲基蓝作为指示剂，次甲基蓝氧化型也具有氧化能力，但较 Cu^{2+} 弱。当溶液中含有未被还原的 Cu^{2+} 时，滴入的糖首先使 Cu^{2+} 还原。当 Cu^{2+} 全部被还原后，糖液才使次甲基蓝还原，生成无色的次甲基蓝还原型，溶液的蓝色消失，即为终点。

3. 试剂和仪器

（1）1∶4 的盐酸溶液　1 份的浓盐酸加入到 4 份的水中。

（2）20% NaOH 溶液　称取 20g 氢氧化钠，加水溶解并稀释至 100mL。

（3）1% 次甲基蓝指示剂　称取 1g 次甲基蓝，溶于 100mL 水中。

（4）斐林溶液

①斐林甲液：称取硫酸铜（$CuSO_4 \cdot 5H_2O$）69.28g，加蒸馏水溶解并定容到 1000mL。

②斐林乙液：称取酒石酸钾钠 346g 及氢氧化钠 100g，加蒸馏水溶解并定容到 1000mL，摇匀过滤，备用。

（5）2.5g/L 葡萄糖标准溶液　称取经 103～105℃ 烘干至恒重的无水葡萄糖 2.5g（精确至 0.0001g），加水溶解，并加浓盐酸 5mL，再用蒸馏水定容到 1000mL。

（6）实验室用电动粉碎机。

（7）具有塞子的1m长玻璃管。

（8）500mL容量瓶。

（9）150mL三角瓶。

（10）50mL酸式滴定管。

（12）三角漏斗。

（13）天平（感官0.01g）。

（14）250mL锥形瓶，电炉。

（15）1%次甲基蓝指示剂　称取1g次甲基蓝，溶于乙醇（95%），用乙醇（95%）稀释至100mL。

4. 测定方法

用天平准确称取2g磨碎的酒样，置于250mL三角瓶中，加1∶4盐酸溶液50mL，轻轻摇动三角瓶，使酒样充分湿润。在瓶口加上长约1m的长玻璃管，在电炉上加热，保持微沸半小时。冷却后加酚酞指示剂2滴，用20%氢氧化钠溶液中和至中性。用脱脂棉过滤，滤液用500mL容量瓶接收，用水充分洗涤残渣，洗液并入容量瓶中，然后用蒸馏水定容，摇匀。以酒样水解液代替葡萄糖标准溶液，按斐林溶液标定的操作步骤进行测定。

5. 结果计算

$$淀粉（\%）=\frac{F\times 500}{V\times m\times 1000}\times 0.9\times 100$$

式中　F——10mL斐林溶液相当的葡萄糖的质量，mg

V——滴定消耗糖液的体积，mL

m——酒样的质量，g

500——滤液总体积，mL

0.9——葡萄糖与淀粉的换算系数

6. 注意事项

（1）本法严格要求在规定的操作条件下进行，加热的温度以600W电炉为好。在电炉上微沸时，要严格做到气体不冲出回流的玻璃管。米粉不要粘贴在回流的玻璃瓶壁上。每次滴定时均应保持相同程度的沸腾，如果沸腾程度相差悬殊，会造成误差。

（2）由于次甲基蓝也能被空气氧化成为蓝色，同时反应生成的氧化亚铜也易被氧化，因此滴定操作必须在试液沸腾状况下进行，以逐出瓶中的空气，故不能从电炉上取下滴定。

（3）葡萄糖与斐林溶液反应需要一定的时间，因此滴定的速度不能太快，一般以每2秒滴1滴为宜。严格掌握滴定的时间，做预备滴定的目的是便于控制时间，以免造成较大的误差。

（4）酒样经水解、中和后，应立即定糖，不能久置，否则还原糖易变质而

导致结果偏低。

（5）葡萄糖与淀粉换算系数　淀粉的相对分子质量（162）÷葡萄糖相对分子质量（180）=0.9，即0.9g淀粉水解后生成1g葡萄糖，所以葡萄糖换算成淀粉的换算系数为0.9。

（6）斐林甲、乙液应在临用时量取等容量相混合，因为酒石酸钾钠铜络合物长期在碱性条件下，会缓慢分解影响测定结果。如果贮存过久，在使用前须检查是否适用。方法是吸取斐林甲、乙液各5mL于150mL的三角瓶中，加蒸馏水30mL，摇匀煮沸数分钟，若混合溶液仍属清澈，则可以继续使用；假使发现有红色氧化亚铜析出，即使是微量，也应重新配制或标定。

（7）次甲基蓝指示剂的用量也应一定，不然也会造成误差。

二、糯米互混的检测

1. 实验目的

掌握检测糯米互混的方法。

2. 实验原理

在糯米中，支链淀粉占98%，直链淀粉占2%；粳米中，支链淀粉占83%，直链淀粉占17%；籼米中支链淀粉占70%，直链淀粉占30%。

直链淀粉之所以遇到碘液成蓝色而支链淀粉成紫色，是由于直链淀粉的双螺旋结构包裹了碘，直链淀粉显蓝色，据认为这是由于葡萄糖单位形成六圈以上螺旋所致。其相对分子质量为（1~200）万，250~260个葡萄糖分子，以1，4-糖苷键聚合而成，呈螺旋结构。一个螺旋圈所含葡萄糖基数称为聚合度或重合度，当淀粉形成螺旋时，碘原子进入其中，糖的羟基成为电子供体，碘原子成为电子受体，形成络合物，而支链淀粉除了1，4-糖苷键构成糖链以外，在支点处存在1，6-糖苷键，相对分子质量较高，遇碘显紫红色。

3. 试剂与仪器

（1）0.1%碘-乙醇溶液。

（2）可用的培养皿。

4. 操作方法

非糯性与糯性稻谷互混不易鉴别时，不加挑选地取出200粒完整粒，用清水洗涤后，再用0.1%碘-乙醇溶液浸泡1min左右，然后洗净，观察米粒着色情况。糯性米粒呈紫红色，非糯性米粒呈蓝色。拣出混有异类型的粒数（n）。

5. 计算

$$互混（\%）=\frac{n}{200}\times 100$$

式中　n——异类粒数

200——总粒数

在重复性条件下，获得的两次独立测试结果的绝对差值不大于1%，求其平均数即为测试结果。检验结果取整数。

三、小麦容重的检测

1. 实验目的

（1）了解容重器。

（2）掌握小麦容重的检测方法。

2. 实验原理

容重是原料颗粒在单位容积内的质量，以 g/L 表示。通常容重大的，其颗粒饱满整齐，淀粉含量相对来说也高些。容重越大，质量越高，表示虫蛀空壳的、瘪瘦的小麦粒越少。

本法采用 GB/T 5498—2013《粮料检验　容重测定》。

3. 仪器

（1）HGT－1000 型容重器（即增设专用底板的 61－71 型容重器）。

（2）天平　感量 0.1g。

（3）谷物选筛　不同粮种选用的筛，按如下规定。

小麦：上筛层 4.5mm，下筛层 1.5mm；高粱：上筛层 4.0mm，下筛层 2.0mm；谷子：上筛层 3.5mm，下筛层 1.2mm。

4. 测定步骤与方法

（1）酒样制备　从平均样品中分取酒样约 1000g，按谷物选筛规定的筛分几次进行筛选，取下层筛筛上物混匀作为测定容重的酒样。

（2）容重器安装与调零

①打开箱盖，取出所有部件，盖好箱盖。

②在箱盖的插座上安装立柱，将横梁支架安装在立柱上，并用螺丝固定，再将不等臂式双梁安装在支架上。

③将放有排气砣的容量筒挂在吊环上，将大、小游锤移至零点处，检查空载时的零点。如不平衡，则捻动平衡调整砣至平衡。

④取下容量筒，倒出排气砣，将容量筒安装在铁板底座上，插上插片，放上排气砣，套上中间筒。

（3）将制备的酒样倒入谷物筒内，装满刮平。再将谷物筒套在中间筒上，打开漏斗开关，待酒样全部落入中间筒后关闭漏斗开关。握住谷物筒与中间筒接合处，平稳地抽出插片，使酒样与排气砣一同落入容量筒内，再将插片准确地插入豁口槽中，依次取下谷物筒，拿起中间筒和容量筒，倒净插片上多余的酒样，抽出插片，将容量筒挂在吊环上称重并记录读数。

5. 结果

平行试验结果允许差不超过 3g/L，求其平均数，即为测定结果。

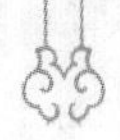

四、半成品发酵醪酸度检测

1. 实验目的

学会半成品发酵醪中酒精度测定方法。

2. 实验原理

利用酸碱中和的原理，测定出发酵醪中的含酸量。用酚酞作为指示剂，用0.1mol/L的NaOH溶液进行滴定。

3. 实验仪器

0.1mol/L NaOH溶液，10g/L酚酞指示剂，150mL三角瓶，5mL吸管，50mL碱式滴定管。

4. 操作方法

吸取发酵醪各5mL于两只150mL的三角瓶中，加50mL水，分别滴入3滴酚酞指示剂。用0.1mol/L NaOH溶液滴定至溶液呈微红色，半分钟内不褪色为其终点。若酵母活力强的发酵1d、5d的半成品，酸度滴定时速度要快，一到微红色就行了，不用等半分钟不褪色。记录消耗NaOH溶液的体积（V），同时做试样空白试验。

5. 计算

$$\text{酸度（以乳酸计，g/L）}=\frac{c\times(V-V_0)\times 90}{10}$$

式中　c——NaOH标准溶液的浓度，mol/L

10——吸取试样的体积，mL

V——测定试样时消耗NaOH标准溶液的体积，mL

V_0——空白试验时消耗NaOH标准溶液的体积，mL

90——乳酸的摩尔质量，g/mol

所得结果保留一位小数。

6. 允许差

同一试样的两次测定结果之差，不得超过0.1g/L。

五、半成品发酵醪酒精度检测

1. 实验目的

学会半成品发酵醪中酒精度测定方法。

2. 实验原理

发酵醪经过蒸馏，用酒精计测定馏出液中酒精的含量。

3. 实验仪器

100mL量筒，冷凝回流装置，500mL三角瓶，电炉，酒精计（标准温度20℃，分度值为0.2℃），水银温度计（50℃，分度值为0.1℃）。

4. 操作方法

量取100mL发酵醪，倒入500mL三角瓶中，用100mL左右水洗涤量筒，把洗液倒入三角瓶中，酒体较浑浊时加适量菜油或消泡剂，装上冷凝管，通入冷却水，用原100mL量筒接收馏出液，加热蒸馏，直至收集馏出液体积约为95mL时，取下量筒，加水至刻度线，摇匀。分别用温度计和酒精计量出温度和酒精度，对照附录一表格查出20℃时的酒精度，即为检测结果。

5. 计算

所得结果保留一位小数。

6. 允许差

同一发酵醪的两次测定结果之差，不得超过0.2%（体积分数）。

六、氧化钙检测（EDTA滴定法）

1. 实验目的

学习与掌握黄酒中氧化钙的测定方法。

2. 实验原理

用氢氧化钾溶液调整酒样的pH至12以上，以盐酸羟胺、三乙醇胺和硫化钠作掩蔽剂，排除锰、铁、铜等离子的干扰。在过量EDTA的存在下，用钙标准溶液进行返滴定。

3. 试剂与仪器

钙指示剂，100g/L氯化镁溶液，10g/L盐酸羟胺溶液，500g/L三乙醇胺溶液，50g/L硫化钠溶液，5mol/L氢氧化钾溶液，1mol/L氢氧化钾溶液，1:4盐酸溶液，0.01mol/L钙标准溶液，0.02mol/L EDTA溶液，电热干燥箱（感控温度±2℃），碱式滴定管（50mL），250mL三角瓶，5mL移液管，吸耳球。

4. 操作步骤

准确吸取酒样2~5mL（视酒样中钙含量的高低而定）于250mL三角瓶中，加蒸馏水50mL，依次加入氯化镁溶液1mL、盐酸羟胺溶液1mL、三乙醇胺溶液0.5mL、硫化钠溶液0.5mL，摇匀，加氢氧化钾溶液5mL，再准确加入EDTA溶液5mL、钙指示剂一小勺（约0.1g），摇匀，用钙标准溶液滴定至蓝色消失并初现酒红色为终点。记录消耗钙标准溶液的体积（V_1）。同时以蒸馏水代替酒样做空白试验，记录消耗钙标准溶液的体积（V_0）。

5. 计算

酒样中氧化钙的含量计算：

$$X=\frac{c\times(V_0-V_1)\times 56.1}{V}$$

式中 X——酒样中氧化钙的含量，g/L

c——钙标准溶液的浓度，mol/L

V_0——空白试验时，消耗钙标准溶液的体积，mL

V_1——测定酒样时，消耗钙标准溶液的体积，mL

56.1——氧化钙的摩尔质量，g/mol

V——吸取酒样的体积，mL

所得结果保留一位小数。

6. 精密度

在重复性条件下获得的两次独立测定结果的绝对差值，不得超过算术平均值的5%。

七、半甜黄酒中总糖检测

1. 实验目的

学习与掌握用廉－爱农法检测半甜酒中的总糖。

2. 实验原理

斐林溶液与还原糖共沸，生成氧化亚铜沉淀。以次甲基蓝为指示液，用酒样水解液滴定沸腾状态的斐林溶液。达到终点时，稍微过量的还原糖将次甲基蓝还原成无色为终点，依据酒样水解液的消耗体积，计算总糖含量。

3. 试剂与仪器

斐林溶液（糯米中粗淀粉的检测配制与标定），2.5g/L 葡萄糖标准溶液（糯米中粗淀粉的检测配制），10g/L 次甲基蓝指示液（称取次甲基蓝 1g，加蒸馏水溶解并定容到 100mL），6mol/L 盐酸溶液（量取浓盐酸 50mL，加水稀释至 100mL），1g/L 甲基红指示液（称取甲基红 0.1g，溶于乙醇并稀释至 100mL），200g/L 氢氧化钠溶液（称取氢氧化钠 20g，用水溶解并稀释至 100mL），分析天平（感量 0.0001g 与感量 0.01g），300～500W 电炉，150mL 三角瓶，5mL 的移液管，吸耳球，500mL 容量瓶。

4. 分析步骤

①酒样水解液制备：吸取酒样 10mL（控制水解总糖量为 1～2g/L）于 500mL 容量瓶中，加水 50mL 和盐酸溶液 5mL，在 68～70℃ 水浴中加热 15min，冷却后，加入甲基红指示液 2 滴，用氢氧化钠溶液中和至红色消失（近似于中性）。加水定容，摇匀（一般来讲半甜酒吸 10mL，甜酒吸 5mL）。

②酒样水解液的测定：准确吸取斐林甲、乙液各 5mL 于 150mL 三角瓶中，加水 30mL，混合后置于电炉上加热至沸腾。滴入酒样水解液，保持沸腾，待试液蓝色即将消失时，加入次甲基蓝指示液 2 滴，继续用酒样水解液滴定至蓝色刚好消失为终点。记录消耗酒样水解液的体积（V_1）。

5. 计算

酒样中总糖含量的计算：

$$X = \frac{500 \times m}{10 \times V_1} \times 1000$$

式中 X——酒样中总糖的含量，g/L

m——斐林甲、乙液各5mL相当于葡萄糖的质量，g

10——吸取酒样的体积，mL

V_1——滴定时消耗酒样稀释液的体积，mL

所得结果保留一位小数。

6. 精密度

在重复性条件下获得的两次独立测定结果的绝对差值，不得超过算术平均值的5%。

第二部分

黄酒副产品分析与检测

由于黄酒在生产过程中，对发酵醪进行固液分离时会产生酒糟，此酒糟加入一定比例的谷糠经过固态发酵后，进行清蒸产生糟烧（白酒），蒸馏后的酒糟经糖化酶处理后，加入酒精酵母进行液态发酵，经酒精塔吊酒产生酒精。所以对于白酒与酒精的分析方法在此也加以阐述。

第六章　糟烧（白酒）分析

因为大米、糯米、小麦、黍米、高粱、玉米等都可以酿造黄酒，所以不同地区的黄酒糟含有不同成分的原料。原材料的优劣是决定糟烧质量至关重要的因素，不同的原材料酿出来的糟烧质量是完全不同的，大米、玉米、高粱、小麦、荞麦、甘薯、青杠仁、木薯等凡含有淀粉和糖分的物质都能酿制糟烧，但酿好后口感的差异是相当大的；青杠仁、桂圆核、芭蕉头等代用品酿造出的糟烧是很难喝的；就算用不同的高粱品种酿造成的糟烧质量也有较大差异；同样品种的高粱，新粮、老粮酿制的糟烧也有较大差异。因为糟烧中微量香味成分物质，主要来源于酿造用粮。

历史总结的经验认为糟烧质量的优劣，主要有三个方面，称作“一粮、二曲、三工艺”，把粮食放在首位，并且在所有的酿造用粮中，最好的是高粱（红粮），高粱酿的糟烧最好喝，所以用高粱来做白酒品牌的，如高粱酒、大红高粱酒，作为好白酒在市场出售来宣传，其他任何一种单一粮食酿的酒，都没有高粱酿出的酒好，因为高粱所含成分最适宜酿造白酒，黄酒企业是用黄酒压榨的酒糟加入糠壳经固态发酵生成白酒。因为大米、糯米、小麦、黍米、高粱、玉米等都可以酿造黄酒，所以不同地区的黄酒糟含有不同成分的原料。现在分别谈一下不同黄酒糟所含的粮食在酿造糟烧（白酒）中的作用。

第一节　原辅料检测分析

一、谷物原料与辅料的检测分析

不同的粮食原料酿造出的糟烧各具特色和典型风格，每一种粮食都有自己的香气特征，在日常生活中是经常遇到的。在熏蒸粮食时，只需闻其香气就知道是在蒸什么样的粮食，因为不同的粮食所含极微量成分是不一样的，所生成的香气就显然不同。不同的微量成分产生不同的香气很容易区别。现介绍各种粮食所含微量成分的分析结果。

1. 小麦

小麦可以单独用来酿酒，但产酒的质量不理想，出酒率也不高，现在基本上没有单独用小麦酿酒的。小麦除含有淀粉外，还含有较高的蛋白质，在小麦的表皮上还含有一种称糖苷前体的物质，它在酿造名白酒中起着非常重要的作用。在多粮酿造中，小麦的用量比例比较大，一般的配合比为高粱40%～50%，小麦16%～18%，糯米16%～20%，大米（粳米）15%～17%，玉米5%～8%。

小麦除含淀粉、蛋白质、粗纤维、粗脂肪、五碳糖、糖苷前体外，还含有20多种挥发性的微量成分，分别有醛类、酮类、醇类和酯类等。大麦中也含有几十种微量成分。它们在酿造发酵过程中，逐步地演变生成有益成分增加白酒的香和味，对提高白酒质量有着重要作用，所以在酿酒的历史上认为小麦是酿酒中香味成分的主要来源。

五粮液酒厂用小麦作原料，始于20世纪50年代后期。之前是用荞麦，荞麦分为苦荞和甜荞两类，很难分开，所以那时产的白酒一直不很理想，被称为杂粮酒，后称元曲和尖庄。该厂领导和技术人员深入研究分析，从1958年开始改荞麦为小麦，酒质明显提高，效果越做越理想，形成了特殊风格，之所以被称为五粮液，是因为由五种原料配制而成的。1963年全国第二届评酒时，一举夺冠，成为国家名白酒的第一名，影响深远。从这个实例可以看出原料对白酒质量的重要性。

2. 大米

大米主要含有直链淀粉，还含有部分脂肪和蛋白质，所产白酒味醇甜。经实验蒸馏，取馏液进行分析，主要含有酒精，而甲醇、乙醛、丙醛、2－甲基丙醛、丁醛、丁酮、3－甲基丁醛、戊醛、己醛、庚醛等70多种挥发物，含量均极微，不同品种的大米，其含量又有明显的差别。在发酵过程中或者混合蒸馏的过程中，这些成分不断地发生变化，从而增添了白酒中的一部分香味物质，使生产的白酒香味更加丰满、协调、舒适，使酒更具诱惑力。文君酒厂在20世纪80年代前全用带壳稻谷来酿造白酒，曾取得过较好成效。该厂将稻谷粉碎后直接作为原料，降低了大米的使用量。

3. 糯米

糯米也称酒米，其淀粉含量略比大米高且主要为支链淀粉，其他成分含量和大米相似，用它酿造的白酒，味醇厚绵柔，带醇甜味，其蒸馏的微量成分，基本上与大米接近。酿造出来的白酒，香气幽雅，味绵柔，得到过很好的评价。当产量增大，固体发酵控制不当，糯米质量得不到保证时，酒质会受到一定的影响。

4. 玉米

单独用玉米酿造白酒，常带一种油闷气味，主要是玉米含油脂量高的原因，产的酒脂肪和高级脂肪酸及其酯类含量偏高，杂醇油（高级醇）偏高，所以认为它与酒产生油陈香气有一定关系。由于杂醇油含量较高的关系，使酒生糙，却是所谓的酒劲，是固态法白酒固有的酒香气味，有助于酒的放香。收集玉米的蒸气，经分析含有甲醇、酒精、乙醛、丙醛、2－甲基丙醛、丁醛、丁酮、3－甲基丁醛、戊醛、己醛、庚醛等39种物质，不同品种的玉米，其含量又有明显的差别。在发酵过程中或者混合蒸馏的过程中，这些成分不断地发生变化，从而增添了白酒中一部分香味物质，使生产的白酒香味更加丰满、协调、舒适，使酒更具诱惑力。

5. 高粱

普遍认为高粱是酿造白酒的最佳原料，它含有淀粉、蛋白质、脂肪、纤维、五碳糖、半纤维素和单宁，以及微量的金属元素等。它们的含量和量比关系都有利于酿造白酒。但是高粱的品种和地区的差异，都会对酿制白酒的产量、质量产生很大影响，这进一步证明粮食质量与产酒质量有着密切联系。

这五种粮食被确认为酿造白酒最理想的原料。它们的作用分别为：高粱生醇、小麦生香、大米生甜、糯米生绵、玉米生糙助香。

6. 糠壳

酿造糟烧的辅料主要是糠壳（稻壳），它的作用主要是在发酵初期和蒸馏中起疏松作用，保证蒸馏和发酵正常进行，它粗纤维多，结构紧密，含有可发酵物质极少，并略带谷物香气味，被认为是最好的辅料。曾经有人试验用玉米芯、玉米秆、麦秆，经晒干粉碎后来代替糠壳，效果均不理想，在使用时要求稻壳要粗，以二、四瓣开为最佳，杂质含量少，新鲜无异味，如果要确保酿出的白酒的质量，在使用前要进行蒸糠处理，去掉稻壳中的杂气味增加谷香气味，工艺中称作蒸糠配料和蒸糠工艺。要求蒸糠蒸30min以上（满气后计算时间），闻有谷香，才能出甑，出甑后要立即晾冷，以排除水分和避免霉变。

原料粮食是酿造好酒的重要条件，在生产实践中，人们越来越认识到粮食在酿造糟烧中的重要地位，好酒中均具有很浓郁的粮香气味，使酒体丰满醇厚，没有粮香，不能构成好酒。粮食香气还是区别固态法白酒和新型白酒（固态与液态结合白酒）的重要指标，液态法白酒是没有粮香气味的，所以必须采用固态与液态结合的方法，才能提高酒质，改善口感。其主要作用是增加了固态与液态结合酿制成白酒中的粮香，增加发酵感或自然感，除去白酒中的香料气味和酒精气味，使酒不单调，香味丰满协调。使用好粮食不但提高了固态法白酒的质量，同时也提高了新型白酒的质量。每一个白酒企业都应牢固地树立用好原料才能产好酒的思想。

二、酿造用水的检测分析

白酒企业均视水为原料，在商标上注明配料时都要把水列入，水被视为能否酿造好酒的重要原因，传说凡是产好白酒的地方都使用了好水，例如，汾酒的汾亭、泸州老窖大曲的龙泉井、古井贡酒的古井、洋河大曲的美人泉、郎酒的郎泉

井、茅台酒的赤水河水、五粮液酒的三江混合水等。认为没有好水就不能产好酒，现在看来，这些传说以科学的态度分析都不准确，由于生产量的扩大和企业的不断发展壮大，这些所谓的好水，没有一家厂还在继续使用，只是为了宣传自己。好水对好酒有一定作用，但不是绝对的原因。水分为加浆用水和酿造用水（或称在制水）两种，在这里主要讲加浆用水或称降度用水，加浆实为加水。“加浆”是白酒界的行话，为粮糟发酵后甑桶蒸馏冷却后的原酒，酒精度一般在65度左右，通过贮存，市场出售的瓶装白酒（或散装白酒）的酒精度在35～60度，40度以下的称低度白酒，40～49度的称中度白酒，50度以上的称高度白酒，现在市场畅销的酒精度是46度左右，从65度降到所需酒精度时，用加浆的方法来调整酒精度，由此可以看出加浆用水直接影响白酒质量，说明了它的重要性，为此有人曾经做过以下试验：①用好的矿泉水或井水；②用可以饮用的自来水；③用冷开水；④离子交换水；⑤用纯净水；⑥用蒸馏水。实验结果以矿泉水和井水为最好，其次为冷开水、自来水、纯净水、蒸馏水和离子交换水，所以现在一般都用自来水作为加浆用水，做高档酒时可采用矿泉水或井水，目前也有用纯净水作为加浆用水的，优点是味干净，缺点是香味淡、不细腻、不丰满。所以选用好的加浆用水是保证酒质的重要环节，这也是所谓的水好酒才会好的主要原因。有的大中型白酒企业，兼并了邻近的矿泉水企业，用自己的品牌出售矿泉水，并用于高档白酒的加浆，以提高品牌的知名度，把水和酒紧密地联系起来，具有一定的效果。还有的白酒类企业增添设备自己生产纯净水，用作加浆用水，剩余的作为纯净水装瓶出售，正好白酒生产的淡季却是纯净水的旺季，白酒的旺季恰好是纯净水的淡季，两种产品互为补充，是一种较好的办法。若加浆用水固形物含量偏高（或Ca^{2+}、Mg^{2+}、Na^{+}等），会给过滤带来困难，处理不好而产生货架期沉淀，影响外观和市场声誉。加浆用水有异杂味，会给白酒造成口味不正、香味受到影响和酒质下降的后果，所以加浆用水引起了白酒企业的高度重视。

1. 加浆用水

加浆的目的是调整（或降低）原度酒的酒精度，加浆用水的要求比较高，因为它是用来直接加入白酒中的溶液，对酒质的影响很大，其理化检测的内容和标准要求如下。

（1）外观无色透明，无悬浮物、沉淀物。如呈微黄色则含有有机物，呈浑浊则可能含有氢氧化铁、氢氧化铝等。静置24h后有矿物质沉淀的便是硬水，这样的水都不能作为加浆用水使用，进行处理后方能使用。

（2）把水加热到30℃左右，用口尝应有清爽的感觉，如有咸气味、苦味、泥臭味、硫化氢味、铁腥味等异味，均不能使用，如加热到40～50℃时其挥发热气用鼻嗅之，如有腐败气味、氨气味、沥青和煤焦油气味，也不能使用，优良的水应无任何气味。

（3）pH7（呈中性）的水最好，一般用微酸或微碱的水也可，对水的酸碱性，可用酸碱的中和变色反应进行鉴定。取水样两份，每份100mL左右，分别加入酚酞及甲基橙指示剂各2滴，观察呈色反应。

①加入酚酞呈红色，加甲基橙呈黄色时，则水为碱性，且水中含有游离碱和碱性碳酸盐，而不存在游离碳酸。

②加酚酞无色，加甲基橙为红色时，则水呈酸性，水中含有游离酸，而不是含碳酸盐。

③加酚酞为无色，添加0.1mol/L氢氧化钠溶液2滴时仍为无色，加甲基橙为黄色，则水中含有游离碳酸及碳酸盐。

④氯含量：靠近油田、盐碱池、火山、食盐场地等处的水常含有大量的氯，自来水中往往也含有活性氯，极易给酒带来不舒适的异味，按规定标准，1L水里的氯含量应在30mg以下，超过此限量，必须用活性炭处理。

⑤硝酸盐：如果水中含有硝酸盐及亚硝酸盐，说明水源不清洁，附近有污染源，硝酸盐在水中的含量不得超过3mg/L，亚硝酸盐的含量应低于0.5mg/L。

⑥重金属：重金属铅在水中的含量不超过0.1mg/L，砷不能超过0.1mg/L，铜不能超过2mg/L，汞不能超过0.05mg/L，锰不能超过0.2mg/L。

⑦腐殖质含量：水中不应有腐殖质的分解物质，由于这些分解物能使高锰酸钾脱色，所以鉴定标准是以10mg高锰酸钾溶解在1L水里，若20min完全褪色，则此水不能作为加浆用水。

⑧总固形物：总固形物包括矿物质和有机物，每升水中的总固形物含量应在0.3g以下。凡钙、镁的氯化物或硫酸盐都能使水味变恶劣，碳酸盐或其他金属盐类，不管含量多少，都能使水的味道变坏。比较好的水，其总固形物含量仅有100mg/L左右。

⑨水的硬度：用单位体积的水中所含钙、镁盐的数量来表示，水的硬度是指溶解在水里的碱金属钙、镁、锶、钡盐的总量，在水中经常出现的是钙盐和镁盐，它们是硬度指标的基础。水的硬度由于地区、水源不同，硬度也不同，其分类如下：特软水硬度范围为0~4.0°d；软水为4.1~8.0°d；中等硬度水为8.1~15.0°d；硬水为15.1~30.0°d；特硬水在30°d以上（均为德国度）。

注：德国度是以每升水中含10mg氧化钙为硬度1°d。水的硬度越大，说明水质越差，对于白酒用水质量要求总硬度应在5.5~10.5°d，硬度高或较高的水需经处理后才能作为加浆用水。加浆用水质量好，不但可以保证酒的质量，还能提高酒质，极微量的适宜的金属元素与酒中微量的有机成分和水，在贮存的过程中，可产生络合反应，生成络合物，使香味分子成团，味丰满协调，增加了陈味，提高了酒质，这也是为什么优质矿泉水作为加浆用水，酒质会更好。

2. 酿造用水

酿造用水是指量水和润粮用水或清香型和酱香型白酒的工艺中的润粮水，均

作为酿酒的原料来看待，对发酵生香有一定影响，但对水质的要求不是很严，一般能饮用的水（包括自来水）都能用作酿造用水，只是对温度和用量做出了具体的要求，因为黄酒糟中已有水分不用加水了。所以在此书中不再讲述。

三、酿造白酒主要原材料的检测分析

前面已经讲到原材料的品种、质量对白酒质量的影响是非常重要的，好粮才能产好酒。粮食原料赋予白酒固有的特殊香味，被统称为粮香。粮香来源主要是粮食，不同的粮食都含有各自不同的微量成分，具有本身独特的香气味，在蒸粮烤酒时，被蒸汽带入白酒中，再则就是在发酵过程中，各种成分的发酵和转变产生了除酒精外的各种各样的微量成分，通过蒸馏进入白酒中，构成了一种特殊的、难得的香气味，是传统工艺固态法生产的白酒特征性香气，没有这种特征性香气味的白酒不能称它是好酒。用液态法生产的白酒或用茗干、木薯代用品生产的白酒，就没有这种特征性香味（粮香气味），这也是区别液态法白酒和固态法粮食白酒的主要香味特征，这充分说明了粮食酿酒的重要意义，所以粮食等原料都必须经过理化检测分析，合乎规定标准后，才能投入生产中使用。

1. 原料粮食淀粉的检测分析

淀粉经过蒸煮糊化、糖化，然后在微生物的作用下生成酒精和二氧化碳，是酒的基础物质。规定高粱的淀粉含量为62%左右，大米68%左右，糯米70%左右，小麦65%左右，玉米61%左右，淀粉分为支链淀粉和直链淀粉，糯米、糯高粱主要含支链淀粉，硬性类粮食主要含直链淀粉，支链淀粉易于糊化，出酒率高。每个酿酒企业对进厂原粮都要进行淀粉含量的检测，确定是否符合规定范围（标准），若淀粉含量偏低，则说明该批粮食有问题，就不能验收入库，以保证粮食质量和生产的正常进行。粮食淀粉含量低的原因有：水分过大，杂质（或夹杂物）含量过高，粮粒不饱满，千粒重达不到标准要求，甚至是因库存保管不善，发生过倒烧、霉变等现象或库存时间太长等耗用淀粉，致使淀粉含量下降。糟烧的主要原料是黄酒压榨的板糟，绍兴黄酒由糯米与麦曲为原料，所以板糟中含有这两种原料。绝干重时淀粉含量为45%左右，因为板糟中含有未糖化的淀粉。

2. 原粮水分的检测分析

粮食的水分含量均应在13%以下，这是一个重要的验收标准，水分超过13%不但使淀粉含量偏低，更严重的是造成此类粮食不易保管，在库存时极易起潮、发烧，还会生根、发芽，甚至霉烂、变质，不能投入生产使用，所以粮食水分的检测分析数据，是一个重要指标或参数。否则将会影响糟烧的质量和产量，造成重大经济损失，不能忽视，必须严格把好此关。

3. 原粮（或杂质含量）夹杂物的检测分析

夹杂物包括沙、石、谷壳、谷尘等，夹杂物过多导致原粮淀粉含量下降，同时给生产操作带来困难和麻烦，还会破坏糟醅质量和风格，影响产量和质量的稳定和提高，所以企业应根据当地当时的具体情况，制定一个验收标准。一般规定夹杂物为0.3%以下，超过规定标准的不予入库。夹杂物含量高，会使糟醅、原酒产生异杂气味。原粮的其他检测内容没有列入企业规定的必检内容，只做一些定期的研究和了解，必要时才进行全面检测分析。

4. 辅料糠壳（或称谷壳、稻壳）的检测分析

它是作为酿酒生产中的填充剂使用，不同的工艺糠壳的用量是不一致的，清蒸清烧的清香型大曲酒和清蒸浓烧的清香型小曲酒用糠壳量较小，一般在6%左右（用量是以投粮之比计算，即用粮100kg、用糠6kg），而混蒸混烧的浓香型大曲和混蒸混烧的二锅头酒，用糠量比较大，一般用量在15%～28%，因为它们投入的粮食是经过粉碎后使用，所以用糠壳量大，糠壳在糟醅中主要起疏松作用，以保证蒸粮糊化和发酵能正常进行，而黄酒糟烧中加入糠壳的比例一般为2%～3%，这根据板糟残酒率的多少来定。糠壳的检测分析项目和质量要求如下。

（1）水分　糠壳水分要求在13%以下，以利于贮存，保证不霉烂、变质，霉变生虫的糠壳不能投入使用，否则会给成品酒带来糠腥气味。这种异杂气味很难去掉，会导致酒质下降。

（2）淀粉含量　糠壳中不含有可发酵淀粉，它主要含粗纤维、半纤维素、五碳糖等类似淀粉的物质，它们可被稀酸液转化成糖，但不能被酵母等微生物转化成糖，但是在测定原粮辅料和在制品的淀粉时，采用的是酸转化，而不用酶转化法。所以把糠壳中类似淀粉的物质转化成糖，并折算成淀粉含量，这种淀粉不能被酵母利用，不能生成酒精，所以称它为不发酵淀粉或称虚假淀粉，这种淀粉在糠壳中的含量应在6%～7%为正常（丢糟中的淀粉含量约为8%）。

（3）感官要求及夹杂物含量　糠壳要新鲜，无霉烂、变质现象，无异杂味，颗粒要粗，二、四瓣开为最好，能通过20孔筛的细粒不超过30%，夹杂物不能超过0.2%。使用前必须要进行熟糠处理，生糠壳进入酒中使酒带有生糠气味，所以最好在使用前要进行蒸糠，以去掉生糠气味。蒸糠的方法是把甑锅清洗干净然后装入生糠壳，装满甑后加火蒸熟，待蒸汽满甑（称圆汽），蒸30min，闻有谷物香气，无杂涩味方可出甑，摊晾、冷却备用。

四、曲的分析

大多数的黄酒企业，在目前生产工艺条件下用黄酒副产品酒糟酿制糟烧，是不用曲的，因为利用酒糟本身还存在微生物与酶进行固体发酵能酿制出糟烧，但有的企业为了提高酒糟的利用率，也有加入曲在固态发酵酿制糟烧。

1. 取样

在生产车间粉碎后的曲粉中各部位取样，经四分法缩分成200g为酒样。

2. 水分

水分在制曲的过程中，与菌类的生长和酶的生成密切相关，成品曲水分含量尤为重要，一般为12%～13%。若大于14%，则雨季容易二次生霉，使质量下降。测定水分的方法为100～105℃烘干法测定，操作同第二章第二节大米与小麦物理分析中水分测定。

3. 酸度

（1）原理　利用酸、碱中和法测定。

（2）试剂

①10g/L酚酞指示剂：称取1.0g酚酞，溶于100mL 95%的乙醇中。

②0.1mol/L NaOH标准溶液：按GB/T 601—2002《化学试剂　标准滴定溶液的制备》进行配制与标定。

（3）测定步骤

①曲样处理：称取曲样10g（准确至0.01g）于250mL烧杯中，准确加水100mL，于室温浸泡30min（每隔10min搅拌1次），用脱脂棉过滤后备用。

②酸度测定：吸取滤液20mL于250mL三角瓶中，加水20mL，2滴酚酞指示剂，用0.1mol/L NaOH标准溶液滴定至红色。

（4）计算

①酸度定义：100g曲消耗1mmol NaOH为1度酸度。即100g曲消耗1mL、1mol/L NaOH溶液称1度酸度。

$$\text{酸度} = \frac{c \times V \times 100^{①}}{20 \times 10} \times 100^{②}$$

式中　c——NaOH标准溶液的浓度，mol/L

V——消耗NaOH标准溶液的体积，mL

20——吸取滤液体积，mL

100①——曲样稀释体积，mL

100②——100g曲消耗1mmol NaOH为1度酸度，故10g曲要换算为100g，g

10——曲样质量，g

②

$$X = \frac{c \times V \times 100 \times 60}{20 \times 10} \times 1000$$

式中　X——以乙酸计曲的酸度，g/L

c——NaOH标准溶液的浓度，mol/L

V——消耗NaOH标准溶液的体积，mL

20——吸取滤液体积，mL

100——曲样稀释体积，mL

1000——10g曲换算为1000g，g

10——曲样质量，g

60——乙酸的摩尔质量，g/mol

4. 液化型淀粉酶活力

（1）原理　液化型淀粉酶俗称α-淀粉酶，又称α-1，4糊精酶，能将淀粉中α-1，4葡萄糖苷键随机切断成分子链长短不一的糊精、少量麦芽糖和葡萄糖而迅速液化，并失去与碘生成蓝紫色的特性，呈红棕色。蓝紫色消失的快慢是衡量液化酶活力大小的依据。

（2）试剂

①碘液

a. 原碘液：称量碘11g、碘化钾22g，用少量水研磨溶解，用蒸馏水定容到500mL，贮于棕色瓶中。

b. 稀碘液：吸取2mL原碘液，加碘化钾20g，用蒸馏水定容到500mL，贮于棕色瓶中。

②20g/L可溶性淀粉溶液：准确称量绝干重的可溶性淀粉2g（准确至0.001g）于50mL烧杯中，用少量水调匀后，倒入盛有70mL沸水的烧杯中，并用20mL水分次洗涤小烧杯，洗液合并其中，用微火煮沸到透明，冷却后用蒸馏水定容到100mL，当天配制使用。

③pH6的磷酸氢二钠-柠檬酸缓冲液：称取磷酸氢二钠（$Na_2HPO_4 \cdot 12H_2O$）45.23g，柠檬酸（$C_6H_8O_7 \cdot H_2O$）8.07g，溶解于水并稀释至1L。

④标准比色液：同第二章第七节麦曲分析中液化力的测定。

（3）测定步骤

①5%酶液制备：称取相当于10g干曲的曲粉（准确至0.01g）$\left[\text{曲粉量（g）} = \frac{10}{1-\text{水分含量}}\right]$于500mL烧杯中，加入预热至40℃的缓冲液200mL。于40℃水浴中浸1h，每过15min搅拌1次。然后用滤纸过滤，弃去最初5～10mL，滤液即为供试验酶液。

②测定：在大试管中，准确加入20mL 20g/L可溶性淀粉溶液和5mL pH6的缓冲液，在60℃水浴中预热10min，准确加入酶浸出滤液1mL，摇匀。继续保温并立即计时。每隔一定时间取出0.5mL反应液于盛有约1.5mL稀碘液的白瓷板孔穴中，随时间延长，颜色逐渐由蓝色变成红棕色，直至与标准色一致，记录反应时间（t），要求酶解反应在2～3min内完成为宜，否则须调整酶液的浓度后重新测定。

（4）计算　液化酶活力定义：1g干曲在60℃、pH6条件下，1h液化1g可溶性淀粉所需的酶量，称为1个酶活力单位（U/g）。

$$\text{液化型淀粉酶活力（U/g）} = 20 \times 0.02 \times 200 \times \frac{1}{10} \times \frac{60}{t}$$

式中　20×0.02——反应液中淀粉质量，g

200——酶浸出液体积，mL

10——干曲质量，g

t——液化反应时间，min

60——换算为小时的系数

（5）讨论

①酶浸出液的过滤有用棉花或纱布作滤层的，因条件不易控制一致，使曲中淀粉质进入滤液中，容易产生分析误差。所以应用快速定性滤纸过滤为好。

②测定时要严格控制反应温度和时间；淀粉采用国药试剂可溶性淀粉。

5. 糖化酶活力

（1）原理　固体曲中糖化酶（包括 α - 淀粉酶和 β - 淀粉酶）能将淀粉水解为葡萄糖，进而被微生物发酵，生成酒精。糖化酶活力高，淀粉利用率就高。可溶性淀粉经糖化酶催化水解产生葡萄糖，用斐林快速法测定。

（2）试剂

①20g/L 可溶性淀粉溶液：同本节液化型淀粉酶活力测定。

②1g/L 葡萄糖标准溶液：同第四章第一节黄酒理化指标分析中亚铁氰化钾滴定法。

③斐林试剂

a. 甲液：称取 15g 硫酸铜（$CuSO_4 \cdot 5H_2O$）、0. 05g 亚甲基蓝，溶解于水并稀释至 1L。

b. 乙液：称取 50g 酒石酸钾钠、54g NaOH、4g 亚铁氰化钾，溶于水并稀释至 1L。

④乙酸 - 乙酸钠缓冲溶液（pH4. 6）

a. 2mol/L 乙酸溶液：取 118mL 冰乙酸，用水稀释至 1L。

b. 2mol/L 乙酸钠溶液：称取 272g 乙酸钠（$CH_3COONa \cdot 3H_2O$），溶于水并稀释至 1L。

c. 将 a、b 液等体积混合，即为 pH4. 6 乙酸 - 乙酸钠缓冲溶液。

⑤0. 5mol/L 硫酸溶液：量取 28. 3mL 浓硫酸，缓慢倒入水中并稀释至 1L。

⑥1mol/L NaOH 溶液。

（3）测定步骤

①5% 干曲浸出液制备：称取相当于 5g 干曲的曲粉（要求同液化力的测定），置入 250mL 烧杯中，加水（90 - 5 × 水分%）mL，缓冲液 10mL，在 30℃ 水浴中浸出 1h，每隔 15min 搅拌 1 次。然后用干滤纸过滤，弃去最初 5mL，接收 50mL 澄清滤液备用。

②糖化液制备：吸取 20g/L 可溶性淀粉溶液 50mL 于 100mL 容量瓶中，在 35℃ 水浴中保温 20min 后，准确加入酶浸出液 10mL，摇匀并且立即计时，在 35℃ 水浴中准确保温 1h。立即加入 3mL 1mol/L NaOH 溶液，以停止反应。再冷却到室温，用蒸馏水定容到刻度。此时溶液应呈碱性。空白液制备：吸取 20g/L 可溶性淀粉溶液 50mL 于 100mL 容量瓶中。先加 1mol/L NaOH 溶液 3mL。混合均

匀后再加酶浸出液 10mL，用蒸馏水定容，摇匀。

③糖分测定

a. 糖化液测定：准确吸取 5mL 糖化试液放入已有斐林甲液、乙溶液各 5mL 的 150mL 三角瓶中，加入适量 1g/L 标准葡萄糖溶液（使最后滴定消耗葡萄糖标准溶液在 0.5～1.0mL 之间），摇匀，在电炉上加热至沸后，立即用葡萄糖标准溶液滴定至蓝色消失。此滴定应在 1min 内完成，滴定消耗葡萄糖标准溶液体积为 V（mL）。

b. 空白液测定：以 5mL 空白液代替糖化试液，其他操作同上。消耗体积 V_0（mL）。

（4）计算　糖化酶活力定义：1g 干曲在 35℃、pH4.6 条件下，反应 1h，将可溶性淀粉分解为葡萄糖 1mg 所需的酶的量称作 1 个酶活力单位（U/g）。

$$\text{糖化酶活力（U/g）} = (V_0 - V) \times C \times \frac{100}{5} \times \frac{100}{10} \times \frac{1}{5} \times 1000$$

式中　V_0——5mL 空白液消耗标准糖液的体积，mL

V——5mL 糖化液消耗标准糖液的体积，mL

C——标准葡萄糖液浓度，g/mL

100/5——100 为糖化液体积，mL；5 为测糖时吸取糖化液体积，mL

100/10——100 为酶浸出液体积，mL；10 为糖化时吸取酶浸出液体积，mL

5——干曲质量，g

1000——换算成 mg

6. 蛋白酶活力

（1）原理　微生物的生育及酶的生成都需要蛋白质作为氮源，白酒中许多香味物质也来自蛋白质的分解产物。蛋白酶是水解蛋白质肽键的酶类的总称。它能将蛋白质水解为氨基酸，通常以适宜于酶活力的 pH 将蛋白酶分为酸性蛋白酶（pH2.5～3）、中性蛋白酶（pH7 左右）和碱性蛋白酶（pH8 以上）。其酶活力测定方法基本相同，仅控制不同的 pH 进行测定而已。在测定蛋白酶活力时，以酪蛋白（干酪素）为底物，蛋白酶将酪蛋白水解，生成含酚基的酪氨酸，在碱性条件下使福林（Folin）试剂还原产生蓝色（钼蓝和钨蓝混合物），用分光光度法测定。

（2）试剂

①福林试剂：称取 50g 钨酸钠（$Na_2WO_4 \cdot 2H_2O$），12.5g 钼酸钠（$Na_2MoO_4 \cdot 2H_2O$）于 1000mL 烧瓶中，加入 350mL 水、25mL 85% 的磷酸、50mL 盐酸，微沸回流 10h。取下回流冷凝器后，加入 25g 硫酸锂（Li_2SO_4）、25mL 水，混匀，加入数滴溴（99.9%）脱色，直至溶液呈金黄色。再微沸 15min，驱除残余的溴（在通风橱中操作）。冷却后用 4 号耐酸玻璃滤器抽滤，滤液用水稀释至 500mL。使用时再用水 1+2 稀释。

②0.4mol/L 碳酸钠溶液：称取 42.4g 碳酸钠，溶于水并稀释至 1L。

③0.4mol/L 三氯乙酸溶液：称取65.5g三氯乙酸，溶于水并稀释至1L。

④10g/L 酪蛋白溶液：称取1g酪蛋白（即干酪素，准确至0.001g），于100mL容量瓶中，加入约40mL水及2~3滴浓氨水，于沸水浴中加热溶解。冷却后用pH7.5的磷酸缓冲液（用于测定中性蛋白酶）稀释定容到100mL，贮存于冰箱中备用，有效期为3天。

⑤pH7.5 磷酸缓冲液

a. 0.2mol/L 磷酸二氢钠溶液：称取31.2g磷酸二氢钠（$NaH_2PO_4 \cdot 2H_2O$）溶于水并稀释至1L。

b. 0.2mol/L 磷酸氢二钠：称取71.6g磷酸氢二钠（$Na_2HPO_4 \cdot 12H_2O$）溶于水并稀释至1L。

c. 取上述a液28mL和b液72mL，用水稀释至1L，即为pH7.5磷酸缓冲液。

⑥标准L－酪氨酸溶液（100μg/mL）：准确称取105℃干燥过的L－酪氨酸0.1g，加60mL 1mol/L HCl溶液，在水浴中加热溶解，用水定容到100mL，浓度为1mg/mL。再用0.1mol/L HCl溶液稀释10倍，即为100μg/mL标准溶液。

⑦0.05mol/L 乳酸－乳酸钠缓冲液（pH3.0）

a. 称取80%~90%的乳酸10.6g，用水稀释至1L。

b. 称取纯度为70%的乳酸钠16g，用水溶解，并稀释到1L。

c. 吸取上述a液8mL、b液1mL，混匀并用水稀释1倍，即为0.05mol/L乳酸－乳酸钠缓冲液。

⑧硼砂－NaOH缓冲液（pH10.5）

a. 0.1mol/L NaOH溶液。

b. 0.2mol/L 硼砂溶液：称取19.08g硼砂，溶于水并稀释至1L。

c. 取上述a液400mL和b液500mL混合，并用水稀释至1L，即为pH10.5硼砂－NaOH缓冲液。

注：缓冲液配制好后，均需用pH计校正。

（3）测定步骤

①标准曲线的绘制：取8支25mL试管，分别吸取100μg/mL标准酪氨酸溶液0、1、2、3、4、5、6、7mL，分别补水至10mL。吸取稀释后的标准液各1mL，分别放在另外8支试管中，加入5mL 0.4mol/L Na_2CO_3溶液和1mL福林试剂。在（40±0.2）℃水浴中加热20min显色，680nm波长，1cm比色皿，以不含酪氨酸的“0”试管为空白，测定吸光度，绘制浓度对吸光度的标准曲线。在曲线上查得吸光度为1时对应酪氨酸的质量（μg），即为吸光常数K值。该K值应在95~100，可作为常数用于酒样计算。但若更换仪器或新配显色剂，则应重测K值。

②5%酶浸出液（中性酶）：称绝干曲10g的酒样（准确至0.01g），加200mL pH7.2磷酸缓冲液，在40℃水浴中浸出30min，根据酶活力高低，必要时

可再用缓冲液稀释一定倍数，以使吸光度的测定值在0.2～0.4。用干滤纸过滤（弃去最初几毫升），即为此酶浸出液。

③酒样测定：吸取酶浸出液1mL，注入10mL离心管中（一式三份），在(40±0.2)℃水浴中预热5min，准确加入20g/L酪蛋白溶液1mL，计时，准确保温10min，立刻加入2mL 0.4mol/L三氯乙酸溶液，以沉淀多余的蛋白质，终止酶解反应。15min后离心分离（或用干滤纸过滤）。吸取上层清液1mL，注入试管中，加入5mL 0.4mol/L碳酸钠溶液和1mL福林试剂，摇匀，在(40±0.2)℃水浴中加热显色20min。

④空白试验：与酒样测定同时进行，离心管中先后注入酶浸出液1mL、三氯乙酸2mL、20g/L酪蛋白1mL。15min后离心分离或过滤，以下的操作均与酒样测定相同。以空白试液为对照，在680nm波长下，1cm比色皿测定酒样的吸光度。

(4) 计算　蛋白酶活力定义：1g干曲，在40℃、一定pH条件下，1min水解酪蛋白生成1μg酪氨酸所需酶的量为1个酶活力单位（U/g）。

$$\text{蛋白酶活力（U/g）}=\frac{K\times A\times 4\times 200}{10\times m}$$

式中　K——吸光度为1时相当的酪氨酸微克数（吸光常数）

A——酒样吸光度

m——干曲质量，g

200——酶浸出液的总体积，mL

4——酶的反应液的总体积4mL中取出1mL测定，mL

10——反应时间，min

7. 发酵力

(1) 原理　曲是糖化发酵剂。其中的酵母能使酒醅中还原糖发酵，生成酒精和二氧化碳。测定发酵过程中生成的CO_2量，以衡量曲的发酵力。

(2) 仪器与试剂

①发酵瓶：带发酵栓，容量为250mL。

②5mol/L硫酸（$1/2H_2SO_4$）溶液：取14mL浓硫酸，搅拌下缓慢加入到50mL水中，用水稀释至100mL。

③0.1mol/L碘（$1/2I_2$）溶液：称取12.7g碘、40g碘化钾，加少量水研磨溶解，用水稀释至1L。

(3) 测定步骤

①糖化液制备：取大米淀粉原料50g，加水250mL，混匀，蒸煮1～2h，使呈糊状。冷却到60℃。加入原料量15%的大曲或小曲粉，再加50mL预热到60℃的水，搅匀。在60℃糖化3～4h，直至取出1滴与碘的反应不显蓝色为止。加热到90℃，用白布过滤，滤液备用。

②灭菌：取150mL糖化液于250mL发酵瓶中，塞上棉塞并且包上油纸，记

录液面高度。同时用油纸包好发酵栓，一起放入灭菌锅中，在 98kPa 压力下灭菌 15min。

③发酵、测定：灭菌后的糖液冷却到25℃左右时，在无菌条件下，加入曲粉 1g，发酵栓中加入 10mL 5mol/L 硫酸（$1/2H_2SO_4$）溶液。用石蜡密封发酵瓶，擦干瓶外壁，在千分之一感量的天平上称量。然后，放入25℃保温箱中发酵48h。取出发酵瓶，轻轻摇动，使二氧化碳全部逸出，在同一天平上再称重。

$$\text{发酵力（以 } CO_2 \text{ 计，g/100g）} = \frac{m_1 - m_2}{m} \times 100$$

式中 m_1——发酵前发酵瓶与内容物的质量，g

m_2——发酵后发酵瓶与内容物的质量，g

m——曲样品质量，g

第二节 糟烧（白酒）半成品分析

一、酒母分析

酒母是酵母菌经增殖、扩大培养后，制成发酵力强的酿酒用酒母醪，使糖发酵变成酒精。

1. 取样

将成熟的酒母醪液，搅拌均匀后取样，经棉花或双层纱布过滤后备用。

2. 化学分析

（1）酸度定义 10mL 酒母醪消耗 1mL 0.1mol/L NaOH 标准溶液为 1 度酸度（酸度单位的定义各单位可按照自己单位具体情况来定）。

①试剂：10g/L 酚酞指示剂（称取 1g 酚酞，溶于 100mL 95% 体积分数的乙醇中），0.1mol/L NaOH 标准溶液。

②测定步骤：吸取 2mL 滤液，于 150mL 三角瓶中，加水 20mL、10g/L 的酚酞指示剂 2 滴，用 0.1mol/L NaOH 标准溶液滴定至微红色。

③计算

$$\text{酸度} = V \times c \times 1/2 \times 10$$

式中 c——NaOH 标准溶液浓度，mol/L

V——滴定消耗 NaOH 标准溶液的体积，mL

2——测定时吸取滤液体积，mL

（2）还原糖

①原理：因酒母醪中含糖量低，采用斐林快速法测定原理。

②试剂：同第二章第七节麦曲分析中糖化力的测定。

③测定步骤

a. 斐林液标定：吸取斐林甲液、乙溶液各5mL，于150mL三角瓶中，加水10mL和1g/L葡萄糖标准溶液9mL，煮沸后继续滴定至蓝色消失，后滴定在1min内滴定完毕，消耗葡萄糖标准溶液体积为V_0（mL）。

b. 酒样测定：吸取斐林甲液、乙溶液各5mL，于150mL三角瓶中，加水5mL，酒母滤液5mL，煮沸后用葡萄糖标准溶液预滴定，根据预滴定消耗糖液体积，增、减加水量，使溶液总体积与标定时基本一致。然后重新测定，记录消耗葡萄糖标准溶液体积V（mL）。

④计算

$$\text{还原糖含量（g/L）} = \frac{c \times (V_0 - V)}{5} \times 1000$$

式中 V_0——斐林液标定时消耗葡萄糖标准溶液体积，mL

V——酒样测定时消耗葡萄糖标准溶液体积，mL

c——葡萄糖标准溶液浓度，g/L

5——吸取酒母滤液体积，mL

（3）发酵力　测定方法同本章第一节原辅料检测分析中发酵力测定。但因酵母醪只能发酵，不能糖化，所以糖化要用曲来进行糖化。灭菌后加1mL混匀的酵母醪液（代替曲粉）进行发酵，称量、测定。发酵力计算为：以1L酵母醪液产生CO_2量（g）表示。

二、固体发酵酒醅分析

酒糟入房后称为酒醅。酒醅分析包括入房酒醅、出房酒醅中水分、酸度、还原糖、总糖以及酒精含量等。酒醅中各成分分布不均匀，取样应具有代表性，入房酒醅与出房酒醅从堆的四个对角部位及中间的上、中、下层取样。用四分法缩分后，取样品250g。

1. 水分

同本章第一节原辅料检测分析中水分的测定。

2. 酸度

利用酸碱中和法测定，其定义为100g酒醅消耗NaOH的物质的量（mmol），以度表示。

3. 还原糖

以总酸测定时的滤液为酒样，采用酒母醪中还原糖的测定法。也可以用3，5－二硝基水杨酸（DNS为显色剂）比色法测定白酒发酵糟醅中还原糖。

4. 淀粉

（1）原理　采用盐酸水解，以标准葡萄糖溶液返滴定法，测出的糖量实际是包括还原糖在内的总糖量。

（2）试剂　除2g/L葡萄糖标准溶液，其余试剂同第二章第三节大米与小麦

化学分析中的大米粗淀粉测定。

（3）测定步骤

①水解液制备：称取入房醅2.5g（出房醅称5g）于250mL三角瓶中，加入（1+4）HCl溶液50mL，安装回流冷凝器，或1m长玻璃管，微沸（电炉或水浴）水解30min，与粗淀粉测定相同，中和、过滤、定容到500mL。

②还原糖测定

a. 斐林液标定：同第二章第三节大米与小麦化学分析中的大米粗淀粉测定，用葡萄糖标准溶液标定斐林液。消耗葡萄糖标准溶液体积为 V_0（mL）。

b. 酒样测定

ⅰ. 预试：吸取斐林甲、乙溶液各5mL于250mL三角瓶中，加入10mL水解糖液、10mL水、2滴亚甲基蓝指示剂，加热至沸，用2g/L葡萄糖标准溶液滴定到蓝色消失，消耗体积为 V_1（mL）。

ⅱ. 正式滴定：吸取斐林甲、乙溶液各5mL，于250mL三角瓶中，加入水解糖液10mL，加一定量水，使总体积与斐林液标定时滴定的总体积基本一致［加水量（mL）$=10+(V_0-V_1)$］。从滴定管中加入（V_1-1）mL 2g/L葡萄糖标准溶液，煮沸2min，加2滴亚甲基蓝指示剂，继续用葡萄糖标准溶液在1min内滴定到蓝色消失。消耗葡萄糖标准溶液体积为 V（mL）。

（4）计算

$$\text{淀粉含量（\%）} = (V_0 - V) \times C \times \frac{500}{10 \times m} \times 0.9 \times 100$$

式中　V_0——标定斐林液消耗葡萄糖标准溶液的体积，mL

V——酒样滴定时消耗葡萄糖标准溶液的体积，mL

C——葡萄糖标准溶液浓度，g/L

10——滴定时加入稀释酒样体积，mL

500——稀释酒样总体积，mL

0.9——还原糖换算成淀粉的系数

m——酒样质量，g

5. 酒糟中残余酒精含量

（1）原理　酒糟中残余酒精含量是衡量白酒蒸馏技术的一个重要指标。但酒糟中酒精含量甚低，其蒸馏液难以用相对密度法或酒精计准确测量。重铬酸钾能把酒精氧化为乙酸，同时黄色的六价铬离子被还原为绿色的三价铬，可用比色法进行测定。该法对酒精的检测下限可达0.02%。其反应式如下：

$$3CH_3CH_2OH + 2K_2Cr_2O_7 + 8H_2SO_4 \longrightarrow 3CH_3COOH + 2Cr_2(SO_4)_3 + 2K_2SO_4 + 11H_2O$$

（2）试剂

①0.1%（体积分数）酒精标准溶液：准确吸取0.1mL无水酒精，于100mL容量瓶中，用蒸馏水定容到刻度。

②20g/L重铬酸钾溶液：称取2g重铬酸钾，溶于水，并稀释至100mL。

③浓硫酸。

（3）测定步骤

①标准曲线的绘制：在6支25mL的比色管中，分别加入0、1、2、3、4、5mL 0.1%（体积分数）酒精标准溶液，分别补水至5mL。各管中加入1mL 20g/L重铬酸钾溶液、5mL浓硫酸，摇匀，于沸水浴中加热10min，取出冷却。该标准系列管密闭塞住，可长期保存，或于波长590nm、1cm比色皿测吸光度，以乙醇体积分数为纵坐标，吸光度A为横坐标，绘制标准曲线。

②测定：吸取5mL出池醅馏出液，于25mL比色管中，加1mL 20g/L的重铬酸钾溶液、5mL浓硫酸，摇匀，与标准系列管一同加热，冷却，目视比色或分光光度计比色测定。

（4）计算

$$酒精含量（mL/100g）=V\times 0.001\times\frac{100}{5}\times\frac{100}{m}$$

式中 V——酒样管与标准系列中颜色相当时标准酒精液的体积，mL，或酒样管吸光度，查标准曲线求得酒精含量，mL

0.001——标准酒精液的浓度，%，体积分数

100/5——5为吸取出房醅馏出液体积，mL；100为出房醅馏出液总体积，mL

100/m——m为酒样质量，g；100是m克转换成100克

也可用气相色谱法定量分析。

第三节 成品糟烧（白酒）的检测分析

一、成品白酒指标分析（常规物质成分的检测分析）

用滴定法（容量法）、质量法、比色法等分析的项目有杂醇油、甲醇、糠醛、总醛、总酯、总酸、酒精度、固形物、铅、锰，这是白酒20世纪50～60年代开始进行的分析项目，拟定了强制执行的卫生指标，先后解决了杂醇油、甲醇、铅含量超标的事件，改进了操作、配料和设备，提高了生产工艺的科技含量，从而保证了白酒质量和消费者的身体健康。现分述如下。

1. 高级醇

现在白酒行业称为高级醇。原来酒精生产企业所用的名称为杂醇油，它包括了3个碳原子以上的醇，主要是指正丙醇、异戊醇、异丁醇，这部分醇对白酒的香和味均有一定的作用，是白酒香和味的组成成分之一，所以现在不能称它为杂醇油。没有它的存在，白酒就会失去一部分香和味，就没有中国白酒的传统风格了，缺乏白酒固有的醇香和固态酿造的自然感。糟烧中高级醇含量和组成不同于其他香型酒，异戊醇特别高，但异戊醇:异丁醇:正丙醇（1:0.38:0.18）与清香型酒（1:0.29:0.24）相似却不同于浓香型酒（1:0.44:0.68）。高级醇虽是构成

糟烧白酒风味的主要成分，但含量过高，导致苦、涩、辣味增大，对其风格产生不利的影响，而且容易引起饮后上头的副作用。国家标准中规定高级醇不得超过2g/L。

人们正在研究如何在保证在中国白酒固有风格特征的基础上，尽最大可能地降低高级醇含量，使饮酒的人稍过量也不会上头，现在已经取得了比较显著的进展，出现了醇净酒，即基本不含高级醇的白酒，大大提高了白酒的科技含量，市售白酒的高级醇含量已下降了50%，大多都在1g/L以下，取得了良好的效果。

2. 甲醇

在传统固态法生产的白酒中均有一定的含量，正常的一般在0.06g/L左右，新型的在0.02g/L，食品安全国家标准　蒸馏酒及其配制酒（GB 2757—2012）规定以粮谷类为原料者不得超过0.6g/L，实际含量要比标准低10倍。以薯类及代用品为原料者不得超过2g/L，用高粱等谷物为原料生产的白酒甲醇是不会超标的，用薯类原料生产的白酒，甲醇含量会超标，因为薯类原料含果胶质较多，果胶质在发酵过程中，会转化成甲醇。为了降低甲醇含量，现在已经不再用薯类原料来生产固态法传统工艺的白酒了。甲醇对人体的毒性作用比较大，含量在4~10g可引起严重中毒。甲醇在人体内有积累作用，不易排出体外，而且它在体内代谢产物的氧化物甲酸和甲醛的毒性更大，比甲醇的毒性大的多，因此即使极少量的甲醛也会引起慢性中毒，如头晕、头痛、视力模糊和耳鸣，直到双目失明。严重的急性中毒会出现恶心、胃痛、呼吸困难、昏迷，甚至死亡等病症，所以要求在白酒中尽可能地降低甲醇含量，极力研究试验不含甲醇的白酒，这是中国白酒的前进方向，是中国白酒能否发展的重大课题。

3. 总醛

白酒中醛类的含量对人体也有一定的不良影响，白酒中总醛含量不得超过2g/L，高质量的白酒中总醛含量为0.5g/L（0.05g/100mL）。白酒中的醛类大多是各种分子大小相应的醇的氧化物，是在发酵过程中产生的，一般又分为低沸点的醛类（甲醛、乙醛等）和高沸点的醛类（丁醛、戊醛、已醛等）两种，它们的毒性都大于醇类，其中尤以甲醛为甚（含量10g就可使人致死），但是白酒中的甲醛含量是很微小的或基本不含有的。醛类对白酒的香味构成也有一定贡献，同时醛基在白酒中非常活跃，能促进本身和其他香味成分的物理反应和化学现象的加速，生成缩醛类化合物，从而提高白酒的质量。醛类物质能增强白酒的放香，是形成嗜好性的重要物质，醛类同醇类一样，对人的身体健康有副作用。白酒中所含醛类主要是乙醛，其他的醛含量均很微量，乙醛占总醛含量的90%以上。糟烧白酒中乙醛含量为0.031~0.089g/L，乙醛沸点低，易挥发，有助于糟烧放香。经贮存后乙醛与乙醇缩合成乙缩醛，其含量为0.132~0.322g/L，乙缩醛具有清香味，柔和爽口，味甜带涩，它与乙醛一起对酒体的香气有较强的平衡和协调作用。在糟烧白酒中乙醛与乙缩醛的量比关系为小于0.5∶1，构成了糟烧优美的风味。

现在的白酒业的研究人员，正在进行降低白酒中有害醛的含量，已经取得了较好的进展和一定成果，在原有的基础上降低50%以上，还在继续努力，要求做到基本不含醛类物质，以进一步提高白酒质量。

4. 糠醛

糠醛又称呋喃甲醛，在白酒的常规分析中，不但要求分析检测总醛的含量，还要分析糠醛的含量。糠醛在酱香型白酒中含量较高，一般认为糠醛是形成酱香型风格的主要微量物质成分之一，没有它的存在，酱香型白酒就会失去部分典型特征。以前认定糠醛为有害物质之一，在国际食品添加剂的卫生文本中没有糠醛，因此规定糠醛不准作为食品添加剂使用，但在1998年国际食品添加剂的文本中增加了糠醛，这就是说在食品中允许添加一定数量的糠醛，对糠醛有了新的认识。糠醛似烤红苕（红薯）和烤烧饼的香气，糟烧中糠醛含量为0.071g/L左右，高于浓香型白酒中的糠醛含量为0.036g/L左右，低于酱香型白酒的糠醛含量为0.26g/L左右，清香型白酒不含糠醛或基本不含糠醛，为0.003g/L左右。糖醛对糟烧白酒的呈香呈味，协调，平衡酒体的醇和感，对风味的形成起重要作用。

5. 总酸

酸是白酒中最重要的味感物质，是白酒中的协调成分，恰当的含量可使酒体丰满、醇和、自然感好，可以延长酒的后味削除酒的杂味，白酒中的总酸，包括甲酸、乙酸、丙酸、丁酸，戊酸、异戊酸、异丁酸、己酸、庚酸、辛酸等有机酸，分析结果是以乙酸表示的。含量最多的是乙酸、乳酸、己酸和丁酸。糟烧中的挥发酸以乙酸为主，含量为1.3~2.7g/L，低于清香型，高于浓香型。酸类物质是白酒中主要的呈味物质，也是主要香气成分的前体物质，一般说有什么样的酸，就有什么样的酯。有机酸对人体健康是有益的，如乙酸有帮助消化、有助于血管软化等作用。白酒中的酸可以延长后味，使口感甜、柔厚，但酸过高有压抑香味的作用，并带涩味；酸度低了味短、香大（暴）、放香味快，所以白酒中含酸量都有一定的适当范围以保证酒的香和味。

有机酸是糟烧白酒中的有益成分，且为主要的呈味物质，为了减少糟烧白酒对人体健康的副作用，糟烧白酒的研究人员在保证糟烧白酒质量、提高糟烧白酒质量、改善糟烧白酒口味（风味）的基础上，设法提高了糟烧白酒中有机酸的含量，以适应市场消费或诱导市场消费。现在的糟烧白酒已在原有的基础上，提高了有机酸含量20%~50%。以前人们喜欢香大、香浓、香暴的糟烧白酒，现在开始喜欢香气幽雅、细腻醇厚、绵柔的糟烧白酒，改变了消费习惯。这种酸大的糟烧白酒，饮后不上头、不口干、流畅、净爽，具有老陈糟烧白酒的风格。提高糟烧白酒中总酸的含量，有利于改善糟烧白酒风味，有益于饮酒者的身体健康，是糟烧白酒发展的一个方向，是提高糟烧白酒质量的一项重要措施。

6. 总酯

总酯是中国白酒中主要的香味成分，总酯是以 g/L 的乙酸乙酯表示其含量。总酯以低碳酸乙酯含量为最高，这是中国白酒的重要特征，也是区别于国外蒸馏酒的主要特点。酯类含量占总微量成分含量的 40% 以上，其中含量最高的是清香型白酒，酯类在 5.6g/L 左右，占总微量成分的 65.5%；其次是浓香型白酒酯类在 5g/L 左右，占总微量成分的 60%；酱香型白酒酯类在 4g/L 左右，占总微量成分的 43%。在酯类中浓香型白酒以已酸乙酯含量为最高，构成其主体香味成分或特征型的香味成分；清香型白酒以乙酸乙酯构成其主体香味成分或特征型的香味成分；清香型白酒以乙酸乙酯含量为最高，形成其主体香味成分；酱香型白酒的乙酸乙酯和乳酸乙酯含量均较高，但不是构成其主体香味的主要成分，只是呈味和辅助香味物质；药香型的董酒和兼香型的白云边都含有数量不少的酯类物质。糟烧中乙酸乙酯含量，明显高于浓香型白酒，但低于清香型白酒。糟烧乳酸乙酯的含量仅次于乙酸乙酯，乳酸乙酯沸点较高，气味相对较弱，味微甜，在酒中表现的气味特征不如乙酸乙酯强烈。由于它的不挥发性，并有羟基能和多种成分发生亲合作用，它对酒的后味起缓冲作用，酒中没了它就缺少醇厚感，但过量则出现苦涩味与粗糙感。白酒的酯类都为有益成分，含量少了，酒的香味淡薄，形不成白酒的风格和典型特征；含量高了，会显得香味单一糙辣，不丰满，不协调等，所以酯类在各香型白酒中都有一个适宜自己特征的含量范围和固定的量比关系，突破了这个范围和量比关系，酒就会改变类型，风格也会有所改变。在糟烧白酒中乙酸乙酯和乳酸乙酯的比例为 1∶（0.2～0.6），乙酸乙酯为清香，乳酸乙酯为糟香，它们的含量与比例关系构成糟烧白酒独特的风格。酒体设计就是人为地改变它们的适宜范围和固定的量比关系，重新选择适宜的范围和量比关系，可创造新的风格和品牌。

7. 酒精度

酒精度分为原度酒（指生产班组交库之酒）和降度酒［指在原度酒的基础上加浆（水）降度后的酒，或称市售酒精度］，各种香型对原度酒的要求略有不同，浓香型白酒为 65 度左右，清香型白酒为 67 度左右，酱香型白酒为 53～55 度。原度酒酒精度低了，酒质差，易带来苦、涩味和酒尾味，酸、醇含量较高；原度酒酒精度高，酒质要好些，含挥发性的香味物质多，酒的进口香味好、味干净、爽快，但香味较短。所以在浓香型白酒的生产中，有分段摘酒（或量质摘酒）分质并坛的措施。一般分为酒头 1kg 左右，前段酒酒精度为 70～73 度，中段酒酒精度在 60 度左右，后段酒在 30 度左右。前段酒为好酒，把它稀释到 39 度时具有不浑浊、进口喷香、后味净爽的特点；中段酒和后段酒一般作搭配酒或在组合中档酒时使用。市售酒精度在不断的变化中，20 世纪 60～70 年代市售酒精度较高，清香型白酒最高的为 65 度，浓香型白酒为 60 度。20 世纪 80 年代提出了白酒低度化，白酒酒精度逐渐下降，并把 40 度以上的白酒称为高度酒，40

度以下的称为低度酒，国家技术监督部门也按此制定质量等级标准。目前最低市售酒酒精度为28度，主要市场在福建和东北地区，销售面不大数量不多，最受欢迎的是38度左右的低度酒，畅销全国，52度左右的白酒仍有较大市场。白酒专家认为，市售白酒酒精度不能再降了，不应该降到30度以下，否则就不称白酒了，没有白酒的典型风格和特征了。所谓白酒，实为蒸馏酒，就是要求要有较高的酒精度，国外的白兰地翻译过来就是该酒可以用火点燃或可以燃烧的意思。中国老百姓称白酒为烧酒是同样的道理。30度以下的酒已变成了酿造酒、配制酒、果酒等，不能再称其为白酒。白酒应降到哪种酒精度为好，要根据白酒的科技进步和市场接受程度而确定，不丢掉白酒的固有风格和特征，就不会失去市场。另外，白酒降度到38度以后，极易变酸、变味影响酒质，所以低度白酒应该确定一个保质期避免产销双方的麻烦。酒精度的检测是用酒精度仪器来测定。

8. 固形物

固形物或称不挥发物，能溶在不同浓度的白酒中，但又不是挥发的物质，如钙盐和镁盐等以及很微量的金属元素、高级脂肪酸、酯类、多元醇类、糖类等。它们是能溶于白酒、在100~105℃时不挥发的物质，经检测证明含这些物质很微量时对酒的质量有一定的好处，并认为白酒的陈味（老酒香味）与微量（以mg/L计）的金属元素有密切关系，含量高了当然不利于白酒的质量，甚至不属于蒸馏酒。为了区别蒸馏酒和配制酒、果露酒，国家卫生部门和技监局规定了白酒的固形物含量，高度白酒不能超过0.4g/L，低度白酒不能超过0.7g/L，并规定在白酒的勾兑中不允许添加非发酵性物质，以确保白酒的质量。另外固形物含量偏高，容易在货架期内产生沉淀物，即酒装瓶出售后2~3个月后出现沉淀物的现象。固形物的主要来源是由加浆水（即降度用水）带来的，为了降低白酒中固形物的含量，采用了过滤水或纯净水加浆降度，起到了很好的作用。

铅是一种毒性很强的重金属，对身体极为有害，含量0.04g/L即可引起急性中毒，1g/L会致死。20世纪50年代在我国曾经出现过白酒中铅含量高导致人身伤亡事件，从而引起了酒界的高度重视。经研究认识到，产生白酒铅含量高的原因是冷却器材料中的铅含量较高引起的（当时冷却器是用锡制成的，酒在蒸馏冷却的过程中把锡中的铅溶解到酒中），以后规定必须用纯锡（99.9%）材料制作冷却器，后来逐渐改用铝和不锈钢制作冷却器，杜绝了白酒铅含量超标的现象。国家卫生部门规定，白酒中的铅含量不得超过0.5mg/kg（GB 2762—2012《食品安全国家标准　食品中污染物限量》）。

二、成品白酒分析方法

1. 取样

批量在500箱以下，随机开4箱，每箱中取出1瓶（以500mL/瓶计），其中2瓶作检测用，另2瓶封印，保存时间为半年，以备仲裁检查。批量在500箱以

上，随机开 6 箱，每箱取 1 瓶（以 500mL/瓶计），其中 3 瓶检测用，另 3 瓶封存备查。

2. 物理检查

物理检查系通过评酒者的眼、鼻、口等感觉器官对白酒的色泽、香气、口味及风格特征做出评定。

3. 化学分析

（1）酒精含量

①相对密度法

a. 原理：以蒸馏法去除样品中的不挥发性物质，用密度瓶测出酒样（酒精水溶液）20℃时的密度，查附录六，求得 20℃时乙醇含量的体积分数，即为酒精度。

b. 仪器：全玻璃蒸馏器（500mL），恒温水浴（控温精度 ±0.1℃），附温度计密度瓶（25mL 或 50mL）。

c. 酒样液制备：用一洁净、干燥的 100mL 容量瓶，准确量取酒样（液温 20℃）100mL，于 500mL 蒸馏烧瓶中，用 50mL 水分三次冲洗容量瓶，洗液并入蒸馏瓶中，加数粒玻璃珠或碎瓷片，装上冷凝器进行蒸馏，以取样用的原 100mL 容量瓶接收馏出液（容量瓶浸在冰水浴中）。开启冷却水（冷却水温度要低于 15℃），缓慢加热蒸馏（沸腾后蒸馏时间应控制在 30 ~40min 完成），收集到约 95mL 馏出液后，停止蒸馏，取下容量瓶，盖塞，于 20℃水浴中保温 30min，用水稀释至刻度，摇匀备用。

d. 测定步骤：将密度瓶洗净，反复烘干、称量，直至恒重，记下数值（m）。取下具有温度计的瓶塞，将煮沸冷却至 15℃的水注满已恒重的密度瓶中，插上带温度计的瓶塞（瓶中不得有气泡），立即浸入（20.0 ±0.1）℃的恒温水浴中，待到内容物温度达到 20℃并保持 20min 不变后，用滤纸快速吸去溢出的液体，立即盖好侧支上的小罩，取出密度瓶，用滤纸擦干瓶外壁上的水液，立即称量（m_1）。将水倒出，先用无水乙醇，再用乙醚冲洗密度瓶，吹干（或烘干），用酒样液 c 反复冲洗密度瓶 3 ~5 次，然后装满，重复上述操作，称量（m_2）。

e. 计算

$$d=\frac{m_2-m}{m_1-m}$$

式中　d——酒样液（20℃）的相对密度

m_2——密度瓶和酒样液的质量，g

m——密度瓶的质量，g

m_1——密度瓶和水的质量，g

根据酒样液的相对密度 d，查附录六，求得 20℃时样品的酒精度。

所得结果应保留一位小数。

f. 精密度：在重复性条件下获得的两次独立测定结果的绝对差值，不应超过平均值的0.5%。

②酒精计法

a. 原理：用精密酒精计读取酒精体积分数示值，按附录一进行温度校正，求得在20℃时乙醇含量的体积分数，即为酒精度。

b. 仪器：精密酒精计（分度值为0.1%，体积分数）；0～50℃温度计（分度值为0.1℃）。

c. 测定步骤：将酒样液注入洁净、干燥的100mL量筒中，静置数分钟，待酒中气泡消失后，放入洁净、擦干的酒精计，再轻轻按一下，不应接触量筒壁，同时插入温度计，平衡时间约5min，水平观测，读取与弯月面相切处的刻度示值，同时记录温度。根据测得的酒精计示值和温度，查附录一，换算成20℃时样品的酒精度。所得结果应保留一位小数。

d. 精密度：在重复性条件下获得的两次独立测定结果的绝对差值，不应超过平均值的0.5%。

（2）固形物

①原理：白酒经蒸发、烘干后，不挥发物质残留于蒸发皿中，用称量法测定即为固形物含量。

②仪器：电热干燥箱（控温精度±2℃），分析天平（感量0.1mg），瓷蒸发皿（100mL），干燥器（用变色硅胶作干燥剂）。

③测定步骤：吸取酒样50mL，注入已烘干恒重的100mL瓷蒸发皿内，于沸水浴上蒸发至干。然后于100～105℃电热干燥箱内，烘2h，取出，置于干燥器内冷却30min后称量。再烘1h，于干燥器内冷却30min后称量。反复上述操作，直至恒重（一般企业直接烘的时间为4h就算恒重）。

④计算

$$固形物含量\ X\ (g/L) = \frac{m - m_1}{50} \times 1000$$

式中 X——样品中固形物的质量浓度，g/L

m——固形物和蒸发皿的质量，g

m_1——蒸发皿的质量，g

50——吸取样品的体积，mL

所得结果应保留两位小数。

⑤精密度：在重复条件下获得的两次独立测定结果的绝对差值，不应超过平均值的2%。

（3）总酸

①指示剂法

a. 原理：白酒中的有机酸，以酚酞为指示剂，用氢氧化钠标准溶液中和滴定，以消耗氢氧化钠标准滴定溶液的量计算总酸的含量。

b. 试剂：10g/L 酚酞指示剂，0.1mol/L 氢氧化钠标准溶液（按 GB/T 601—2002《化学试剂 标准滴定溶液的制备》进行配制与标定）。

c. 测定步骤：吸取酒样 50mL 于 250mL 锥形瓶中，加入酚酞指示剂 2 滴；用氢氧化钠标准滴定溶液滴定至微红色，即为其终点。

d. 计算

$$X=\frac{V\times c\times 60}{50}$$

式中 X——样品中总酸的质量浓度（以乙酸计），g/L

c——氢氧化钠标准滴定溶液的实际浓度，mol/L

V——测定时消耗氢氧化钠标准溶液的体积，mL

60——乙酸的摩尔质量，g/mol

50——吸取酒样体积，mL

所得结果应保留两位小数。

e. 精密度：在重复条件下获得的两次独立测定结果的绝对差值，不应超过平均值的 2%。

②电位滴定法

a. 原理：白酒中的有机酸，以酚酞为指示剂，用氢氧化钠标准溶液中和滴定，当滴定接近等当点时，利用 pH 变化指示终点。

b. 试剂：10g/L 酚酞指示剂，0.1mol/L 氢氧化钠标准溶液（按 GB/T 601—2002《化学试剂 标准滴定溶液的制备》进行配制与标定）。

c. 仪器：电位滴定仪（或酸度计）精度 2mV。

d. 测定步骤：按使用说明书安装调试仪器，根据液体温度进行校正定位。吸取样品 50mL 于 100mL 烧杯中，插入电极，放入一枚转子，置于电磁搅拌器上，开始搅拌，初始阶段可快速滴加 0.1mol/L NaOH 标准溶液，当显示 pH 为 8 后，放慢滴定速度，每次滴加 0.5 滴溶液，直至 pH 为 9 为其终点，记录消耗氢氧化钠标准滴定溶液的体积。

e. 计算：同本节总酸指示剂法。

f. 精密度：同本节总酸指示剂法。

（4）总酯

①中和滴定（指示剂）法

a. 原理：先用碱中和白酒中游离酸，再准确加入一定量（过量）的碱，加热回流使酯类皂化，过量的碱再用酸返滴定，通过消耗碱的量计算出总酯的含量。

b. 试剂与仪器：10g/L 酚酞指示剂，氢氧化钠标准滴定溶液［c（NaOH）= 0.1mol/L］，氢氧化钠标准溶液［c（NaOH）= 3.5mol/L］，0.1mol/L 硫酸（$1/2H_2SO_4$）标准溶液，乙醇（无酯）溶液 40% 体积分数（量取 95% 体积分数乙醇 600mL 于 1000mL 回流瓶中，加 3.5mol/L 氢氧化钠标准溶液 5mL，加热回流皂化 1h。然后移入蒸馏器中重蒸，再配成 40% 乙醇溶液），全玻璃蒸馏器（500mL），全玻璃回流装置（回流瓶 1000mL、250mL，冷凝管不短于 45cm），碱式滴定管（25mL），酸式滴定管（25mL）。

c. 标定：吸取 H_2SO_4 溶液 25mL 于 250mL 三角瓶中，加入 2 滴酚酞指示剂，以 0.1mol/L NaOH 标准溶液滴定至微红色，记下读数 V。计算公式如下：

$$c_1 = \frac{c \times V}{25}$$

式中 c_1——硫酸（$1/2H_2SO_4$）标准溶液浓度，mol/L

c——NaOH 标准溶液浓度，mol/L

V——滴定消耗 NaOH 标准溶液体积，mL

25——吸取 H_2SO_4 标准溶液体积，mL

d. 测定步骤：吸取酒样 50mL 于 250mL 回流瓶中，加 10g/L 酚酞指示剂 2 滴，以 0.1mol/L NaOH 标准溶液滴定至微红（切勿过量），记录消耗氢氧化钠标准溶液的量（mL）（也可作总酸含量计算）。再准确加入 0.1mol/L 氢氧化钠标准滴定溶液 25mL（若酒样中总酯的含量高，可适当多加），摇匀，装上回流冷凝管，于沸水浴中回流 30min，取下冷却至室温。然后，用硫酸（$1/2H_2SO_4$）标准滴定溶液滴定过量的 NaOH 溶液，微红色刚好完全消失为终点，记录消耗硫酸（$1/2H_2SO_4$）标准滴定溶液的体积 V，同时吸取乙醇（无酯）溶液 50mL，按上述方法做空白试验，记录消耗硫酸标准滴定溶液的体积 V_0。

e. 计算

$$\text{总酯（以乙酸乙酯计，g/L）} = \frac{c \times (V - V_0) \times 88}{50}$$

式中 c——硫酸（$1/2H_2SO_4$）标准滴定溶液的实际浓度，mol/L

88——乙酸乙酯的摩尔质量，g/mol

V_0——空白试验消耗硫酸标准滴定溶液的体积，mL

V——样品消耗硫酸标准滴定溶液的体积，mL

50——取酒样体积，mL

所得结果应保留两位小数。

f. 精密度：在重复条件下获得的两次独立测定结果的绝对差值，不应超过平均值的 2%。

②电位滴定法

a. 原理：先用碱中和白酒中游离酸，再准确加入一定量（过量）的碱，加热回流使酯类皂化，用硫酸溶液进行中和滴定，当滴定接近等当点时，利用 pH 变化指示终点。

b. 试剂与仪器：试剂与仪器同中和滴定法，自动电位滴定仪（或附电磁搅拌器的 pH 计）（精度 2mV）。

c. 测定步骤：酒样中和与皂化与中和滴定法相同。冷却后将酒样液移入

100mL 小烧杯中，用 10mL 水分次冲洗回流瓶，洗液并入小烧杯。插入电极，放入一枚转子，置于电磁搅拌器上，开始搅拌，初始阶段可快速滴加 0.1mol/L 硫酸标准滴定溶液，当酒样液 pH 为 9 后，放慢滴定速度，每次滴加 0.5 滴溶液，直至 pH 为 9.7 为其终点，记录消耗硫酸标准滴定溶液的体积。同时吸取乙醇（无酯）溶液 50mL，按上述同样操作，做空白试验，记录消耗硫酸标准滴定溶液的体积。

d. 计算：与总酯中和滴定法的计算方法相同。

e. 精密度：在重复条件下获得的两次独立测定结果的绝对差值，不应超过平均值的 2%。

（5）杂醇油　杂醇油系指甲醇、酒精以外的高级醇类，包括正丙醇、异丙醇、正丁醇、异丁醇、正戊醇、异戊醇、己醇、庚醇等。由于杂醇油的沸点比酒精高，在酒尾中含量较高。杂醇油对人体的麻醉作用比酒精强，且在人体中停留时间长，能引起头痛等症状。杂醇油与有机酸酯化生成酯类，是酒中重要的香味成分。

①原理：杂醇油的测定是基于脱水剂浓硫酸存在下，生成烯类与芳香醛，缩合成在 520nm 处有吸收峰的橙黄色有色物质，其 A_{520} 值与异丁醇与异戊醇的含量成正比关系，通过与标准品比较可实现定量分析。

显色剂采用对二甲氨基苯甲醛，它对不同醇类呈色的程度是不一致的，其显色灵敏度为从大到小的排序：异丁醇 > 异戊醇 > 正戊醇，而正丙醇、正丁醇、异丙醇等显色灵敏度极弱。作为卫生指标的杂醇油是指异丁醇和异戊醇的含量，标准杂醇油采用异丁醇比异戊醇（1 +4）的混合液。

②试剂

a. 5g/L 对二甲氨基苯甲醛硫酸溶液：取 0.5g 对二甲氨基苯甲醛溶于 100mL 浓硫酸中，于棕色瓶内，贮存于冰箱中。

b. 无杂醇油酒精：取无水酒精 200mL，加入 0.25g 盐酸间苯二胺，于沸水浴中回流 2h。然后改用分馏柱蒸馏，收集中间馏分约 100mL。取 0.1mL 已制备的酒精，按酒样分析操作，以不显色为合格。

c. 杂醇油标准溶液（0.1mg/mL）：称取 0.08g 异戊醇和 0.02g 异丁醇（或吸取 0.26mL 异丁醇与 1.04mL 异戊醇）于 100mL 容量瓶中，加无杂醇油酒精 50mL，然后用水稀释至刻度，即浓度为 1mg/mL 的杂醇油标准溶液，贮存于冰箱中。

d. 杂醇油标准使用液（0.1mg/mL）：吸取杂醇油标准溶液 5mL 于 50mL 容量瓶中，加水稀释至刻度，即为 0.1mg/mL 的杂醇油标准使用液。

③测定步骤

a. 标准曲线绘制：取 6 支 10mL 比色管，分别吸取 0、0.1、0.2、0.3、0.4、0.5mL 杂醇油标准使用液，分别加水至 1mL，摇匀。将比色管放入冰浴中冷却后，沿管壁缓缓加入2mL 5g/L对二甲氨基苯甲醛硫酸溶液，使其沉至管底，然后将各管同时摇匀。放入沸水浴中加热15min后，取出并立即放入冰水浴中冷却，并各加2mL水，混匀，冷却。波长520nm，1cm比色皿，以杂醇油含量为“0”的比色管中的溶液调零，测定A_{520}。以杂醇油含量为横坐标，A_{520}为纵坐标，绘制标准曲线。

b. 样品测定：吸取1mL酒样于10mL容量瓶中，加水稀释至刻度，混匀后，吸取0.3mL置于10mL比色管中。按“标准曲线的绘制”进行操作，分别测定A_{520}。根据A_{520}，从标准曲线上查出酒样中杂醇油含量（mg）。

④计算

$$杂醇油含量（mg/L）=\frac{m}{1000}\times\frac{10}{V_2}\times\frac{1000}{V_1}$$

式中 m——酒样稀释液中杂醇油含量，mg

V_2——测定时吸取稀释酒样体积，mL

10——稀释酒样总体积，mL

V_1——吸取酒样体积，mL

⑤讨论

a. 若酒中乙醛含量过高对显色有干扰，则应进行预处理：取50mL酒样，加0.25g盐酸间苯二胺，煮沸回流1h，蒸馏，用50mL容量瓶接收馏出液。蒸馏至瓶中尚余10mL左右时加水10mL，继续蒸馏至馏出液为50mL止。馏出液即为供试酒样。

b. 酒中杂醇油成分极为复杂，故用某一醇类以固定比例作为标准计算杂醇油含量时，误差较大，准确的测定方法应用气相色谱法定量。

（6）甲醇　甲醇为白酒中的有害成分，它在人体内有积累作用，能引起慢性中毒，使视觉模糊，严重时失明。薯粉、谷糠、代用原辅料制白酒的过程中，产生的白酒甲醇含量较高。甲醇的检测方法有亚硫酸品红比色法、变色酸比色法、气相色谱法。

①本法参考GB/T 5009.48—2003《蒸馏酒与配制酒卫生标准的分析方法》中的气相色谱法。

a. 原理：利用不同醇类在氢火焰中化学电离进行检测。根据峰面积内标法定量。酒样被汽化后，随同载气进入色谱柱，由于不同组分在流动相（载体）和固定相间分配系数的差异，当两相做相对运动时，各组分在两相间经多次分配而被分离，利用气相色谱可分离检测白酒中的甲醇含量。在相同的操作条件下，分别将等量的酒样和含甲醇的标准样进行色谱分析，由保留时间可确定酒样中是否含有甲醇，比较酒样与标准样中甲醇的峰面积，可确定酒样中甲醇的含量。

b. 试剂：无水乙醇（色谱纯），甲醇（色谱纯），乙酸正丁酯（色谱纯），2%乙酸正丁酯内标溶液（取约80mL 60%乙醇水溶液于100mL容量瓶中，准确移取2mL乙酸正丁酯于上述溶液中，用60%乙醇水溶液稀释至刻度，摇匀待用，

此溶液浓度为17.6g/L)，标样（取约50mL 60%乙醇水溶液于100mL容量瓶中，准确移取甲醇2mL于上述溶液中，用60%乙醇水溶液稀释至刻度，摇匀待用，则甲醇的浓度为15.8g/L)。

注：2%乙酸正丁酯内标溶液，一般用50～60度乙醇配制，但若配制较长时间使用的2%内标溶液，则用无水乙醇为溶剂。

c. 仪器：气相色谱仪（具有氢火焰离子化检测器），1μL微量注射器。

d. 操作方法

ⅰ. 色谱条件：色谱柱（18m×0.53mm×1.5μm型毛细管柱），固定相（AT SE-30），汽化室温度（200℃），检测器温度（200℃），柱温（60℃），载气（N_2）流速（50mL/min），氢气（H_2）流速（50mL/min），空气流速（500mL/min）。

ⅱ. 进样量：0.5μL。

e. 定性：以各组分保留时间定性，进标样和样品各0.5μL，分别测得保留时间，样品与标样出峰时间对照而定性。

f. 测定校正因子：取标样和内标液各1mL于10mL容量瓶，用60%乙醇水溶液定容到刻度线，摇匀待用。取0.5μL进样，得到标样色谱图，用面积内标法求得校正因子f，保存此方法文件。

g. 定量：取内标液1mL于10mL容量瓶，用待测酒样定容到刻度线，摇匀待用。打开上述方法文件，进样0.5μL，即可求得白酒中甲醇的含量。

h. 结果报告：单位是g/L，结果保留两位有效数字。

i. 精密度：在重复性条件下获得的两次独立测定结果的绝对差，不得超过算术平均值的20%。

②本法参考GB/T 5009.48—2003《蒸馏酒与配制酒卫生标准的分析方法》中硫酸品红比色法。

a. 原理：白酒中的甲醇在磷酸溶液中被高锰酸钾氧化成甲醛后，与品红亚硫酸作用生成蓝紫色化合物，与标准系列比较定量。

b. 试剂

ⅰ. 高锰酸钾-磷酸溶液：称取3g高锰酸钾，加入15mL磷酸（85%）和70mL水的混合液中，溶解后加水至100mL，贮于棕色瓶内，保存时间不能过长，为了防止氧化力下降。

ⅱ. 草酸-硫酸溶液：5g无水草酸或7g含有2分子结晶水的草酸溶于硫酸（1∶1）中至100mL。

ⅲ. 亚硫酸品红溶液：称取0.1g碱性品红研磨后，分次加入共60mL 80℃的水，边加水边研磨使其溶解，用滴管吸取上层溶液滤于100mL容量瓶中，冷却后加10mL亚硫酸钠溶液（100g/L）、1mL盐酸，再加水至刻度，充分混匀，放置过夜，如溶液有颜色，可加少量活性炭搅拌后过滤，贮存于棕色瓶中，加水稀释至刻度。

ⅳ. 甲醇标准溶液：称取1g甲醇置于100mL，容量瓶中，加水稀释到刻度，此溶液每毫升相当于10mg甲醇，置于低温保存。

ⅴ. 甲醇标准使用液：吸取10mL甲醇标准溶液，置于100mL容量瓶中，加水到刻度。再取25mL稀释液置于50mL容量瓶中，加水至刻度，该溶液每毫升相当于0.5mg甲醇。

ⅵ. 无甲醇的乙醇溶液：酒精稀释到60度左右，加少量的高锰酸钾氧化一段时间，以高锰酸钾不完全褪色为准，然后重蒸馏，回收馏液中间段，还要检测是否显色，否则还得处理。如果用优级纯酒精就可直接用了。

ⅶ. 亚硫酸钠溶液（100g/L）。

c. 仪器：分光光度计。

d. 分析步骤：根据样品中乙醇含量适当取样（乙醇含量30%取1.0mL，40%取0.8mL，50%取0.6mL，60%取0.5mL）置于25mL具塞比色管中。

吸取0、0.1、0.2、0.4、0.6、0.8、1mL，甲醇标准使用液（相当于0、0.05、0.1、0.2、0.3、0.4、0.5mg甲醇），分别置于25mL具塞比色管中，各加0.5mL无甲醇乙醇（体积分数为60%）。

于试样管中及标准管中各加入水至5mL，再依次各加2mL高锰酸钾－磷酸溶液，混匀，放置10min，各加2mL草酸－硫酸溶液，混匀使之褪色，再各加5mL亚硫酸品红溶液，混匀，于20～25℃静置30min，用2cm比色皿，于波长590nm处测吸光度，绘制标准曲线。

e. 计算：试样中甲醇的含量按下式进行计算。

$$X = \frac{m}{V \times 1000} \times 100$$

式中 X——样品中甲醇的含量，g/100mL

m——测定样品中甲醇的含量，mg

V——样品体积，mL

计算结果保留两位有效数字。

（7）乙酸乙酯

①原理：样品被汽化后，随同载气进入色谱柱，利用被测定的各组分在气液两相中具有不同的分配系数，在柱内形成迁移速度的差异而得到分离。分离后的组分先后流出色谱柱，进入氢火焰离子化检测器，根据色谱图上各组分峰与标样相对照进行定性，利用峰面积或峰高，以内标法定量。

②仪器和材料：

a. 气相色谱仪：配有氢火焰离子化检测器（FID）。

b. 微量注射器：10μL、1μL。

c. 色谱柱

ⅰ. 毛细管柱：LZP－930白酒分析专用柱（柱长18m，内径0.53mm）或

FFAP 毛细管色谱柱（柱长 35～50m，内径 0.25mm，涂层 0.2μm），或其他具有同等分析效果的毛细管色谱柱。

ⅱ. 填充柱：柱长不短于 2m。

ⅲ. 载体：Chromosorb W（AW）或白色担体 102（酸洗，硅烷化），80～100 目。

ⅳ. 固定液：20% DNP（邻苯二甲酸二壬酯）加 7% 吐温 80 或 10% PEG1500M 或 PEG 20M。

③试剂

a. 乙醇溶液（60% 体积分数）：用乙醇（色谱纯）加水配制。

b. 乙酸乙酯溶液（2% 体积分数）：作标样用，吸取乙酸乙酯（色谱纯）2mL，用 60% 乙醇溶液定容到 100mL。

c. 乙酸正丁酯溶液（2% 体积分数）：在邻苯二甲酸二壬酯－吐温混合柱上分析时，作内标用。吸取乙酸正丁酯（色谱纯）2mL，用 60% 乙醇溶液定容到 100mL。

d. 乙酸正戊酯溶液（2% 体积分数）：在 PEG 柱上分析时，作内标用。吸取乙酸正戊酯（色谱纯）2mL，用 60% 乙醇溶液定容到 100mL。

④分析步骤

a. 色谱柱参考条件

ⅰ. 毛细管柱

载气（高纯氮）：流速为 0.5～1.0mL/min，分流比约 37∶1，尾吹 20～30mL/min。

氢气：流速为 40mL/min。

空气：流速为 400mL/min。

进样器温度（T_J）：220℃。

检测器温度（T_D）：220℃。

柱温（T_C）：起始温度 60℃，恒温 3min，以 3.5℃/min 程序升温至 180℃，继续恒温 10min。

ⅱ. 填充柱

载气（高纯氮）：流速为 150mL/min。

氢气：流速为 40mL/min。

空气：流速为 400mL/min。

进样器温度（T_J）：150℃。

检测器温度（T_D）：150℃。

柱温（T_C）：90℃，等温。

采用邻苯二甲酸二壬酯－吐温混合柱或 PEG 柱，柱长不应短于 2m，载气、氢气、空气的流速以及柱温等色谱条件因仪器而异，应通过试验选择最佳操作条件，以使乙酸乙酯及内标峰与酒样中其他组分峰获得完全分离为准。

b. 标样f值的测定：吸取2%的乙酸乙酯溶液1mL，移入50mL容量瓶中，然后加入2%的内标液1mL，用60%乙醇稀释至刻度。上述溶液中乙酸乙酯及内标的浓度均为0.04%（体积分数）。待色谱仪基线稳定后，用微量注射器进样，进样体积的多少视仪器的灵敏度而定。记录乙酸乙酯峰的保留时间及其峰面积，用其峰面积与内标峰面积之比，计算出乙酸乙酯的相对质量校正因子f值。

c. 样品的测定：吸取酒样10mL，移入2%的内标液0.1mL，混匀后，在与f值测定相同的条件下进样，根据保留时间确定乙酸乙酯峰的位置，并测定乙酸乙酯峰面积与内标峰面积（峰高），求出峰面积（峰高）之比，计算出酒样中乙酸乙酯的含量。

⑤计算

$$f = \frac{A_1}{A_2} \times \frac{d_1}{d_2}$$

$$X = \frac{A_3}{A_4} \times f \times I$$

式中 X——酒样中乙酸乙酯的含量，g/L

f——乙酸乙酯的相对质量校正因子

A_1——标样f值测定时内标的峰面积

A_2——标样f值测定时乙酸乙酯峰面积

A_3——酒样中乙酸乙酯的峰面积

A_4——添加于酒样中内标的峰面积

d_1——乙酸乙酯的比重

d_2——内标物的比重

I——酒样中添加内标的量，g/L

保留两位小数，报告其结果。

⑥精密度：在重复条件下获得的两次独立测定结果的绝对差值，不得超过5%，保留两位小数，报告其结果。

（8）己酸乙酯

①原理：样品被汽化后，随同载气进入色谱柱，利用被测定的各组分在气液两相中具有不同的分配系数，在柱内形成迁移速度的差异而得到分离。分离后的组分先后流出色谱柱，进入氢火焰离子化检测器，根据色谱图上各组分峰与标样相对照进行定性，利用峰面积或峰高，以内标法定量。

②仪器和材料：同乙酸乙酯。

③试剂：

a. 乙醇溶液（60%，体积分数）：用乙醇（色谱纯）加水配制。

b. 己酸乙酯溶液（2%，体积分数）：作标样用。吸取己酸乙酯（色谱纯）2mL，用60%乙醇溶液定容到100mL。

c. 己酸丁酯溶液（2%，体积分数）：在邻苯二甲酸二壬酯－吐温混合柱上分析时，作内标用。吸取己酸丁酯（色谱纯）2mL，用60%乙醇溶液定容到100mL。

d. 己酸戊酯溶液（2%，体积分数）：在PEG柱上分析时，作内标用。吸取己酸戊酯（色谱纯）2mL，用60%乙醇溶液定容到100mL。

④分析步骤

a. 色谱柱参考条件：同乙酸乙酯。

b. 标样f值的测定：吸取2%的己酸乙酯溶液1mL，移入50mL容量瓶中，然后加入2%（体积分数）的内标液1mL，用60%乙醇稀释至刻度。上述溶液中己酸乙酯及内标的浓度均为0.04%（体积分数）。待色谱仪基线稳定后，用微量注射器进样，进样量视仪器的灵敏度而定。记录己酸乙酯峰的保留时间及其峰面积，用其峰面积与内标峰面积之比，计算出己酸乙酯的相对质量校正因子f值。

c. 样品的测定：吸取酒样10mL，移入2%的内标液0.10mL，混匀后，在与f值测定相同的条件下进样，根据保留时间确定己酸乙酯峰的位置，并测定己酸乙酯峰面积与内标峰面积（峰高），求出峰面积（峰高）之比，计算出酒样中己酸乙酯的含量。

⑤计算

$$f=\frac{A_1}{A_2}\times\frac{d_1}{d_2}$$

$$X=\frac{A_3}{A_4}\times f\times I$$

式中　X——酒样中己酸乙酯的含量，g/L

f——己酸乙酯的相对质量校正因子

A_1——标样f值测定时内标的峰面积

A_2——标样f值测定时己酸乙酯峰面积

A_3——酒样中己酸乙酯的峰面积

A_4——添加于酒样中内标的峰面积

d_1——己酸乙酯的比重

d_2——内标物的比重

I——酒样中添加内标的量，g/L

⑥精密度：在重复条件下获得的两次独立测定结果的绝对差值，不得超过5%，保留两位小数，报告其结果。

复习思考题

一、填空题

1. 历史总结的经验认为白酒质量的优劣，主要有三个方面，称作“______、______、______”，把粮食放在了首位，并且在所有的酿造用粮中，最好的是

______（红粮），高粱糟酿的白酒最好喝。

2. 水的硬度______，说明水质______，对于白酒用水质量要求总硬度应在______，硬度高或较高的水需经处理后才能作为加浆用水。

3. 这五种粮食被确认为酿造白酒最理想的原料。它们分别的作用为：高粱生______、小麦生______、大米生______、糯米生______、玉米生______助香。

4. 酒精度在______的称低度白酒，酒精度在______的称中度白酒，酒精度在______以上的称高度白酒。

5. 用______、______、______等分析的项目有杂醇油、甲醇、糠醛、总醛、总酯、总酸、酒精度、固形物、铅、锰。

6. 甲醇在传统固态法生产的白酒中均有一定的含量，正常的一般在______左右，新型的在______，国家卫生指标规定不得超过______，实际含量要比标准低______倍左右。用高粱等谷物为原料生产的白酒甲醇是不会超标的，用薯类为原料生产的白酒，甲醇含量会超标，因为薯类原料含______较多，它在发酵过程中会转化成甲醇。

7. 甲醇的检测方法有______、______、______。

8. 白酒用气相色谱法检测甲醇要用______。

9. 清香型白酒的主要香气成分是______，浓香型白酒主要香气成分是______。

二、名词解释

水的硬度

三、简答题

1. 白酒中加浆用水的标准要求是什么？

2. 气相色谱检测白酒甲醇的原理是什么？

3. 白酒中的总酯是如何测定的？

4. 白酒中总酸与总酯的计算公式各是什么？各字母与数字代表什么意思？

实验二　糟烧（白酒）分析与检测实验

一、成品糟烧（白酒）酒精度检测

1. 实验目的

掌握成品糟烧（白酒）酒精度的测定方法。

2. 实验原理

用蒸馏法去除样品中的不挥发性物质，用精密酒精计读取酒精体积分数示值和温度计的示值，然后查表进行温度校正，求得在20℃时乙醇含量的体积分数，即为酒精度。

3. 仪器

全玻璃蒸馏器（500mL），100mL量筒、容量瓶，精密酒精计（分度值为0.1%，体积分数）。

4. 酒样液的制备

用一洁净、干燥的100mL容量瓶，准确量取样品100mL于500mL蒸馏瓶中，用50mL水分三次冲洗容量瓶，洗液并入蒸馏瓶中，连接冷凝管，以取样用的原容量瓶作接收器（外加冰浴），开启冷却水，缓慢加热蒸馏，收集馏出液。当接近刻度时，取下容量瓶，再补加水至刻度，混匀，备用。

5. 实验步骤

将试液注入洁净、干燥的100mL量筒中，静置数分钟，待酒中气泡消失后，放入洗净、擦干的酒精计，再轻轻按一下，不应接触量筒壁，同时插入温度计，平衡约5min，水平观测，读取与弯月面相切处的刻度示值，同时记录温度。根据测得的温度和酒精计示值，查附录一换算成20℃时样品的酒精度。所得结果应保留两位小数。

6. 精密度

在重复性条件下获得的两次独立测定结果的绝对差值，不应超过平均值的0.5%（体积分数）。

二、成品糟烧（白酒）总酸检测

1. 实验目的

掌握成品糟烧（白酒）总酸的测定方法。

2. 实验原理

糟烧（白酒）中的有机酸，以酚酞为指示剂，采用氢氧化钠溶液进行中和滴定，以消耗氢氧化钠标准滴定溶液的量计算总酸的含量。

3. 试剂与设备

10g/L 酚酞指示剂，0.1mol/L 氢氧化钠标准溶液，250mL 锥形瓶，50mL 移液管，吸耳球。

4. 实验步骤

吸取酒样 50mL 于 250mL 锥形瓶中，加入酚酞指示剂 2 滴，以 0.1mol/L 氢氧化钠标准溶液滴定至微红色，为其终点。

5. 结果计算

$$X = \frac{c \times V \times 60}{50}$$

式中 X——酒样中总酸的质量浓度（以乙酸计），g/L

c——氢氧化钠标准溶液的浓度，mol/L

V——测定时消耗氢氧化钠标准溶液的体积，mL

60——乙酸的摩尔质量，g/mol

50——取样酒样的体积，mL

所得结果应保留两位小数。

6. 精密度

在重复性条件下获得的两次独立测定结果的绝对差值，不应超过平均值的 2%。

三、成品糟烧（白酒）总酯检测

1. 实验目的

掌握成品糟烧（白酒）总酯的测定方法

2. 实验原理

用碱中和样品中的游离酸，再准确加入一定量的碱，加热回流使酯类皂化。通过消耗碱的量计算出总酯的含量。

3. 试剂与仪器

（1）10g/L 酚酞指示剂。

（2）0.1mol/L 氢氧化钠标准溶液。

（3）0.1mol/L 硫酸标准溶液。

（4）40%（体积分数）乙醇（无酯）溶液。

（5）全玻璃蒸馏器　500mL。

（6）全玻璃回流装置　回流瓶 1000mL、250mL（冷凝管不短于 45cm）。

（7）碱式滴定管　25mL。

（8）酸式滴定管　25mL。

4. 实验方法

吸取酒样 50mL 于 250mL 回流瓶中，加入酚酞指示剂 2 滴，以 0.1mol/L 氢氧化钠标准溶液滴定至粉红色（切勿过量），记录消耗氢氧化钠标准溶液的量

(mL)，也可作为总酸含量计算。再准确加入0.1mol/L氢氧化钠标准溶液25mL(若酒样品中总酯含量高时，可加入50mL)，摇匀，装上冷凝管，在沸水浴中回流半小时，取下，冷却，然后用0.1mol/L硫酸标准溶液进行滴定，使微红色刚好完全消失为其终点，记录消耗0.1mol/L硫酸标准溶液的体积。同时吸取乙醇(无酯）溶液50mL，按上述方法做空白试验，记录消耗硫酸标准滴定溶液的体积。

5. 结果计算

$$X=\frac{c\times(V_0-V_1)\times 88}{50}$$

式中 X——酒样中总酯的质量浓度（以乙酸乙酯计），g/L

c——硫酸标准溶液的实际浓度，mol/L

V_0——空白试验样品消耗硫酸标准滴定溶液的体积，mL

V_1——样品消耗硫酸标准滴定溶液的体积，mL

88——乙酸乙酯的摩尔质量，g/mol

50——取样酒样的体积，mL

所得结果应保留两位小数。

6. 精密度

在重复性条件下获得的两次独立测定结果的绝对差值，不应超过平均值的2%。

四、成品糟烧（白酒）固形物检测

1. 实验目的

掌握成品糟烧（白酒）固形物的测定方法。

2. 实验原理

糟烧（白酒）经蒸发，烘干后，不挥发性物质残留于蒸发皿中，用称量法测定。

3. 实验仪器

电热干燥箱（控温精度±2℃），分析天平（感量0.1mg），瓷蒸发皿(100mL)，干燥器（用变色硅胶作干燥剂）。

4. 分析步骤

吸取酒样50mL，注入已烘干至恒重的100mL瓷蒸发皿内，置于电炉上，微火蒸发至干，然后将蒸发皿放入(103±2)℃电热干燥箱内烘4h，取出，置于干燥器内冷却30min，称量。

5. 结果计算

$$X=\frac{m-m_1}{50}\times 1000$$

式中 X——酒样中固形物的质量浓度，g/L

m——烘干后固形物和蒸发皿的质量，g

m_1——恒重蒸发皿的质量，g

50——取样酒样的体积，mL

所得结果应保留两位小数。

6. 精密度

在重复性条件下获得的两次独立测定结果的绝对差值，不应超过平均值的2%。

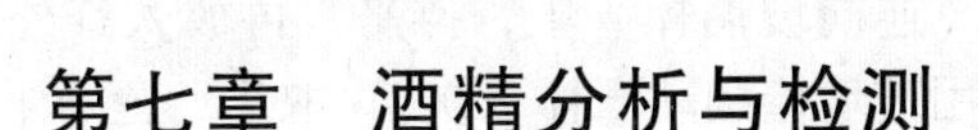

第七章　酒精分析与检测

第一节　淀粉原料分析

一、水分

水分测定是淀粉质原料分析中最基本的检测项目之一，水分含量是衡量原料质量和利用价值的重要指标。原料中水分含量的高低，对于品质和保存、成本核算、提高企业的经济效益等均有重要意义。

测定水分的方法通常有干燥法、水分快速测定仪法。其中干燥法又分为常压烘箱干燥法和红外线干燥法。

1. 常压烘箱干燥法

（1）原理　试样经磨碎、混匀后，在常压（103±2）℃的恒温干燥箱内加热至恒重，根据加热前后的质量差计算水分的含量。

（2）仪器　鼓风电热干燥箱。

（3）测定步骤　准确称取约2g粉碎并通过40目筛后的均匀样品，置于已干燥、冷却并恒重的称量瓶中，移入（103±2）℃的鼓风电热干燥箱内，开盖干燥2～3h后，加盖取出。在干燥器内冷却30min，称量。再置于（103±2）℃的鼓风电热干燥箱内，加热1h，加盖取出，在干燥器内冷却，称量。重复此操作，直至连续两次称量之差不超过0.0003g，即为恒重，以最小的称量值为准。

（4）计算

$$水分含量（\%）=\frac{m_1-m_2}{m}\times 100$$

式中　m_1——原料和称量瓶烘烤前的质量，g

m_2——原料和称量瓶烘烤后恒重时的质量，g

m——原料的质量，g

（5）讨论　干燥器内一般用变色硅胶作干燥剂，当硅胶蓝色减褪或变成红色时，应用烘箱烘至蓝色后再使用。

2. 红外线干燥法

（1）原理　以红外线作为加热源，使水分蒸发，根据干燥前后的质量差计算水分的含量。

（2）仪器　红外线干燥箱或自制的红外线加热装置。

（3）操作步骤　取一定量的样品放在培养皿（或表面皿）上摊平，或依据所用仪器使用说明书进行测定。若为一般的红外线干燥箱，准确取样5g左右放在已恒重的培养皿（连同玻璃棒）上，摊平，再放入红外线干燥装置中干燥15min（干燥过程中用玻璃棒翻动酒样2次）。取出，置于干燥器中冷却30min，连同玻璃棒一起称量。

（4）计算　同常压烘箱干燥法。

3. 水分快速测定仪法

（1）原理　利用红外线作为加热源来加热样品，使样品中的水分快速蒸发，直接读取样品中水分的含量。

（2）仪器　水分快速测定仪。

（3）测定步骤　按电源开关键开机，选择加热程序，并用确认键确认，按清除键退出程序选择菜单，翻开上盖，放好样品盘，选择去皮功能键后，再按确认功能键，加入待测过40目筛的样品5～15g，盖上上盖，测量将自动开始进行加热，并随时显示样品中水分的测量结果，直至结束。

（4）计算　从仪器上直接读取样品中的水分含量。

（5）讨论

①干燥温度设置在80～100℃。

②往样品盘上铺上薄且平的样品，高度2～5mm，否则，样品没有铺平会导致散热不均匀，干燥不充分或测量时间延长。

③仪器操作简单且测定时间短，仅需10min左右，因此常用这种测定方法取代其他方法。在这种情况下，应调整设置以得到与所取代的标准方法相一致的结果。

④水分测定仪有多种型号，操作时请参照对应的使用说明书。

二、淀粉

淀粉是利用淀粉质原料生产酒精的物质基础，它经过微生物（或酶）的作用产生可发酵性糖，与其自身含有的还原糖一起经过酵母发酵产生酒精，因此，原料中淀粉含量的多少，是酒精原料的主要的质量指标，通过淀粉含量的分析，可以计算淀粉出酒率和淀粉利用率，从而指导生产。

淀粉测定的方法很多，主要有酸水解法、酶水解法、旋光法和酶比色法，其中前两种方法是将淀粉水解为单糖后，利用单糖的还原性进行测定。酸水解法同第二章第三节大米与小麦化学分析中大米粗淀粉的测定。

第二节　酿酒活性干酵母分析

酿酒活性干酵母是具有强壮生命活力的压榨酵母，经干燥脱水后制得，适用于以糖蜜或淀粉质原料发酵，有产酒精能力的干菌体。具有发酵速度快、出酒率

高、适用范围广、含水分低、保存期长等特点。活性干酵母呈淡黄色，颗粒状，具有酵母的特殊气味。理化要求包括淀粉出酒率、酵母活细胞率、保存率和水分4个检测项目。

一、淀粉出酒率

1. 定义

在一定温度下（耐高温型活性干酵母为40℃，常温型活性干酵母为32℃），一定量酵母发酵一定量的高粱粉醪液，在规定时间内，发酵所产生的酒精量（以96%体积分数乙醇计）占发酵使用淀粉的百分比。

2. 试剂

20g/L 蔗糖溶液，10%（体积分数）硫酸溶液，4mol/L NaOH 溶液，α－淀粉酶，糖化酶，消泡剂（食用油）。

3. 测定步骤

（1）原料制备　称取高粱 500g，用粉碎机进行粉碎，然后全部通过SSW0. 40/0. 250mm 的标准筛（相当于40 目），将过筛的粉装入广口瓶内，备用。

（2）酵母活化　称取干酵母 1g，加入 38 ~ 40℃ 20g/L 蔗糖溶液 16mL，摇匀，置于32℃恒温箱内活化 1h，备用。

（3）液化　称取高粱粉 200g 于 2000mL 三角瓶内，加入自来水 100mL，搅成糊状，再加热水 600mL，搅匀。调 pH 为 6 ~ 6. 5，在电炉上边加热边搅拌。按每克高粱粉加入 80 ~ 100U α－淀粉酶，搅匀，放入 70 ~ 85℃ 恒温箱内液化30min。用自来水冲洗三角瓶壁上的高粱糊，使内容物总质量为 1000g。

（4）蒸煮　把装有已液化好的高粱糊的三角瓶用棉塞和防水纸封口后，放入高压蒸汽灭菌釜，待到压力升至 0. 1MPa 后，保压 1h。取出，冷却至 60℃。

（5）糖化　用硫酸溶液调整蒸煮液 pH 约 4. 5。按每克高粱粉加入 150 ~ 200U 糖化酶，摇匀，然后放入 60℃ 恒温箱内，糖化 60min。取出，摇匀后，分别称取高粱粉糖化液 250g 装入 3 个 500mL 碘量瓶内，并冷却至 32℃。

（6）发酵　于每个碘量瓶中加入酵母活化液 2mL，摇匀，盖塞，将碘量瓶放入 32℃ 恒温箱内，发酵 65h。测定耐高温型活性干酵母时，则将碘量瓶放入 40℃ 恒温箱内发酵 65h。

（7）蒸馏　用 NaOH 溶液中和发酵醪至 pH 为 6 ~ 7，然后将发酵醪液全部倒入 1000mL 蒸馏烧瓶中。用 100mL 水分几次冲洗碘量瓶，并将洗液并入蒸馏烧瓶中，加入消泡剂 1 ~ 2 滴，进行蒸馏。用 100mL 容量瓶（外加冰水浴）接收馏出液。当馏出液至约 95mL 时，停止蒸馏，取下。待温度至室温后，定容到 100mL。

（8）测量酒精度　将定容后的馏出液全部倒入一洁净、干燥的 100mL 量筒中，静置数分钟，待酒中气泡消失后，放入洗净、擦干的精密酒精计，再轻轻按一下。静置后，水平观测与弯月面相切处的刻度示值，同时插入温度计记录温度。根据测得的温度和酒精计示值，查附录一换算成20℃时的酒精度。

4. 计算

$$淀粉出酒率（以96\%体积分数乙醇计）=\frac{D\times 0.8411\times 100}{50\times S\times (1-W)}\times 100\%$$

式中 D——酒样在20℃时的酒精度（体积分数），%

0.8411——将100%乙醇换算成96%乙醇的系数

50——高粱粉的质量，g

S——高粱粉中的淀粉含量，%

W——高粱粉的水分含量，%

二、酵母活细胞率

同第二章第五节黄酒用活性干酵母分析。

三、保存率

（1）定义 在一定温度下，将样品放置一定时间后，所测得的酵母活细胞率与同一批样品的酵母活细胞率之比的百分数，即为该批样品的保存率。

（2）试剂 同第二章第五节黄酒用活性干酵母分析。

（3）测定步骤 首先测定并计算样品的活细胞率，然后测定原包装的酿酒高活性干酵母放入47.5℃恒温箱内保温7天后的酵母活细胞率。测定方法同酵母活细胞率的测定。

（4）计算

$$保存率（\%）=\frac{X_2}{X_1}\times 100$$

式中 X_1——样品的酵母活细胞率，%

X_2——经保温处理后样品的酵母活细胞率，%

四、水分

同第二章第五节黄酒用活性干酵母分析。

第三节 半成品分析

一、糖化醪分析

1. 酸度

（1）定义 糖化醪酸度包括糊化醪的酸度和糖化剂本身的酸度，以及糖化过程可能产生的酸度。生产原料不同，产生不同的酸度。根据酸碱中和原理，用1mL粗滤液，以酚酞为指示剂，用0.1mol/L NaOH标准溶液滴定，消耗0.1mol/L NaOH

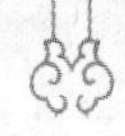

标准溶液的体积（mL）乘10即为酸度。

（2）试剂 0.1mol/L NaOH标准溶液，10g/L酚酞指示剂。

（3）测定步骤 吸取糖化醪过滤液1mL，置入150mL三角瓶中，加入水50mL，加酚酞指示剂2滴，用0.1mol/L NaOH标准溶液滴定，滴定至溶液呈微红色并在30s内不褪色为终点。

（4）计算

$$酸度（mL/10mL醪液）=\frac{c\times V\times 10}{0.1\times V_1}$$

式中 V_1——吸取酒样的体积，mL

c——NaOH标准溶液的浓度，mol/L

V——滴定酒样时，消耗NaOH标准溶液的体积，mL

2. 还原糖

在酒母培养及发酵过程中，如果还原糖含量太低，会影响到酒母繁殖和发酵速度。还原糖主要包括葡萄糖、果糖、乳糖、麦芽糖等。它们都具有还原性。测定醪液中还原糖的方法，主要使用直接滴定法和3，5-二硝基水杨酸比色法。

（1）直接滴定法

①原理：除了样品不用酸水解外，与淀粉测定中酸水解法的原理相同。

②试剂：2.5g/L葡萄糖标准溶液，斐林试剂（同第二章第三节大米与小麦化学分析中大米粗淀粉的测定）。

③测定步骤

a. 酒样滤液制备：称取糖化醪10g，注入250mL容量瓶中，加水定容到刻度并混合均匀。用脱脂棉过滤，滤液备用。

b. 空白试验：吸取斐林甲液、乙溶液各5mL，放入250mL三角瓶中，加水20mL，由滴定管加入2.5g/L葡萄糖标准溶液20mL，置电炉上加热至沸腾，并沸腾2min，加入5g/L亚甲基蓝溶液2滴，继续用2.5g/L葡萄糖标准溶液在1min内滴定至蓝色刚好消失为终点。记录消耗2.5g/L葡萄糖标准溶液的总体积（V_0）。

c. 酒样预滴定：吸斐林甲液、乙溶液各5mL，放入250mL三角瓶中，加入上述酒样滤液5mL及水20mL置电炉上煮沸2min，用2.5g/L葡萄糖标准溶液滴定，待蓝色即将消失时，加入5g/L亚甲基蓝溶液2滴，继续用2.5g/L葡萄糖标准溶液滴定至终点，记录消耗2.5g/L葡萄糖标准溶液的总体积。

d. 酒样正式滴定：吸斐林甲液、乙溶液各5mL，放入250mL三角瓶中，加入上述酒样滤液5mL及水20mL，再加入比酒样预滴定消耗的体积少1mL的2.5g/L葡萄糖标准溶液，置电炉上煮沸2min，加入5g/L亚甲基蓝溶液2滴，继续用2.5g/L葡萄糖标准溶液滴定至终点，记录消耗葡萄糖液标准溶液的总体积（V_1）。

④计算

$$还原糖含量（以葡萄糖计，g/kg）=2.5\times(V_0-V_1)\times\frac{250}{5}\times\frac{1}{10}\times\frac{1}{1000}\times 1000$$

式中 V_0——滴定10mL斐林试剂消耗葡萄糖标准溶液的体积，mL

V_1——往10mL斐林试剂加入5mL滤液后消耗葡萄糖标准溶液的体积，mL

2.5——葡萄糖标准溶液的浓度，g/L

250——样品稀释的体积，mL

5——定糖时，吸取稀释糖化醪的体积，mL

10——称取糖化醪的质量，g

1/1000——将mg换算成g

（2）3，5－二硝基水杨酸比色法

①原理：还原糖能将3，5－二硝基水杨酸中的硝基还原为氨基，生成氨基化合物3－氨基－5－硝基水杨酸。此化合物在过量的NaOH碱性溶液中呈棕红色，在540nm波长处有最大吸收峰，其吸光度与还原糖含量呈线性关系。此法具有准确度高、重现性好、操作简单、快速等优点。

②试剂与仪器

a. 3，5－二硝基水杨酸溶液：称取6.3g 3，5－二硝基水杨酸溶于少量水中，加2mol/L NaOH溶液325mL，再加入酒石酸钾钠（$C_4H_4O_6KNa \cdot 4H_2O$）182g，苯酚（在50℃水中溶化）5mL，偏重亚硫酸钠（NaS_2O_5）5g，搅拌至全溶，定容到1000mL。充分摇匀后盛于棕色瓶中，放置10天后便可使用。平时盛一小瓶放在外面使用，其他贮于冰箱中。此溶液每月配制一次。

b. 10g/L葡萄糖标准溶液：准确称取预先在105℃烘至恒重的葡萄糖0.5g，用水溶解后移于50mL容量瓶中并稀释至刻度，摇匀。再分别吸取10g/L葡萄糖标准溶液0、1、2、3、4、5、6、7mL到10mL的容量瓶中，用蒸馏水稀释定容。使所得溶液的浓度分别为0、1、2、3、4、5、6、7g/L的葡萄糖标准溶液。

c. 722型分光光度计。

d. 酸度计。

e. 样液：称取糖化醪10g，注入250mL容量瓶中，加蒸馏水定容到刻度并混合均匀。用脱脂棉过滤，抽滤得到滤液，中和至pH6左右，定容到250mL备用。

③测定步骤

a. 标准曲线制作：吸取0、1、2、3、4、5、6、7g/L的葡萄糖标准溶液各1mL，分别于25mL比色管中，各加入3，5－二硝基水杨酸溶液2mL，置于沸水浴中加热5min，进行显色，然后以流水迅速冷却，用蒸馏水定容到25mL，以蒸馏水与试剂作为空白，在540nm波长处测定吸光度，绘制标准曲线（或计算回归方程）。

b. 样品测定：样液1mL（含糖3～4mg）于25mL比色管中，各加入3，5－二硝基水杨酸溶液2mL，置于沸水浴中加热5min，进行显色，然后以流水迅速冷却，用蒸馏水定容到25mL，以蒸馏水与试剂作为空白，在540nm波长处测定吸光度，利用绘制的标准曲线（或计算回归方程），利用A值查出对应的还原糖含

量（利用回归方程计算出还原糖的含量）。

④计算

还原糖含量（以葡萄糖计，g/L）$=X$

式中　X——从标准曲线上查得样品的浓度，g/L

3. 总糖

（1）原理、试剂　同第二章第三节大米与小麦化学分析中大米粗淀粉的测定。

（2）测定步骤　称取糖化醪酒样10g于250mL三角瓶中，加入1∶4（体积分数）HCl溶液50mL，将三角瓶瓶口塞上具有1m长玻璃管，置沸水浴中转化30min，取出冷却，用200g/L NaOH溶液中和至微酸性，定容到250mL，用脱脂棉过滤。取滤液5mL，用直接滴定法测定还原糖。或者称取糖化醪酒样10g于250mL三角瓶中，加水70mL和20%（质量分数）HCl溶液20mL，将三角瓶瓶口塞上具有1m长玻璃管，置沸水浴中转化60min，取出冷却，用200g/L NaOH溶液中和至微酸性，定容到250mL，用脱脂棉过滤。取滤液5mL，用直接滴定法测定还原糖。

（3）计算　同本节直接滴定法测定还原糖。

（4）讨论　水解过程中酸的浓度和水解时间的关系极大。有报道加水45mL和20%（质量分数）HCl 20mL，水解35min即可；或者加水30mL和30%（质量分数）HCl 20mL，水解30min即可；也有报道加水30mL和6mol/L HCl溶液10mL，水解30min即可。操作者可以通过实验来确定最低水解时间。

二、酒母醪分析

所谓酒母醪，就是酒精发酵的种子，是保证发酵正常和提高淀粉出酒率的关键。因此，检查和测定酒母醪的质量，对控制生产正常进行具有十分重要的意义。酒母质量的好坏直接影响发酵成熟醪的含酒分的多少、发酵效率的高低。如果制备的酒母质量低劣，对生产发酵必然产生不良影响，直接影响原料的利用率，使产品的成本上升。当然这也和菌种的性能、控制条件、生产管理等有关。在具备了优良菌种的前提下，要制备好的酒母，除了给予适宜的培养条件外，还必须具有较好的培养酒母的原料，这两者是缺一不可的。不论离开哪一方，都不能制备出优良的酒母。从酒母的制备工艺分析，选择好制备酒母的原料，是制备高质量酒母的前提。

1. 酸度

成熟酒母醪的酸度，只能稍有增加，一般来说，酒精酵母的生酸量都不太大。酸度的测定同本节糖化醪分析中酸度的测定。

2. 还原糖

测定成熟酵母醪的剩余还原糖，也是衡量其质量的主要参考指标之一。称取酒母醪酒样40g，用水洗入500mL容量瓶中，加水定容到刻度，充分摇匀，过滤备用。还原糖测定方法按糖化醪直接滴定法测定。

3. 糖度

酒母醪通常只测定其外观糖度，不考虑醪液中的酒精会对糖度计读数的影响。

4. 成熟标准的确定

酒母醪成熟标准，一般是根据外观糖度、剩余还原糖、酵母数等而定。生产上以外观糖度为主，计算耗糖率作为用种的依据，而剩余还原糖、酵母数等作参考。耗糖率的计算公式：

耗糖率 =（接种后酒母外观糖度 - 成熟酒母外观糖度）/接种后酒母外观糖度 ×100%

生产上一般控制耗糖率在45% ~50%，剩余还原糖约4%，酵母数0.8亿~1.2亿个/mL。

5. 成熟酒母培养液的质量标准

在酒精生产中，要满足发酵生产的工艺要求，应保证足够的酵母细胞数，第一，要求有高质量的酒母，所谓酒母，可以简单地理解为发酵之母。成熟酒母的质量标准，由于各生产单位不完全一致，没有统一的规定。现将多数生产单位的标准归纳如下：

（1）酵母细胞数　酵母细胞数是指每毫升成熟的酒母培养液中所含有的酵母细胞数。准确采取样液，在显微镜下观察和计数，酵母细胞必须具有生长健壮、整齐、空泡小、形态正常。且成熟酒母醪中要有0.8亿~1.2亿个/mL以上的酵母细胞。

（2）细胞出芽率　出芽率是反应酵母菌体细胞旺盛与否、培养条件是否适宜、营养是否丰富的重要标志，主要是反应酵母细胞的繁殖状况，出芽酵母多，表明酵母正处于繁殖旺盛期，即对数期，正好作菌种用，成熟酒母醪中要求酵母细胞出芽率在20% ~30%，最低不得低于15%，出芽率过低，则应查找原因，采取相应措施，以提高出芽率。

（3）细胞死亡率　在成熟的酒母醪中一般不允许出现有酵母细胞死亡的现象，如发现酵母细胞死亡率在2%以上时，应立即查找原因，采取措施，进行挽救。

（4）酒精含量　由于酵母在酒母培养液中，不仅是进行大量的菌体细胞繁殖，同时还会产生一定量的酒精。正常的成熟酒母醪中，一般含有3% ~4%（体积分数）的酒精。如含酒精超过5%（体积分数），酵母菌的生长要受到抑制。可能是由于培养时间过长或酒母培养液中溶解氧太少等原因，应立即将酒母醪放入发酵罐中，投入发酵使用。

（5）酸度的变化　酒母醪中的酸度，在接种前后一般没有明显的增加。当增加酸度超过0.2~0.3度时，则醪液已可能受到杂菌污染。

（6）糖度的变化　酒母醪在没有接种前的糖度，一般为10~12°Bx较为适

宜。当接种后，酒母醪中的糖度下降为接种前的一半或略偏高一些时，则证明酒母已培养成熟。即耗糖率在45%～55%，酒母培养成熟，方可投入发酵罐中作发酵母醪用。

耗糖率计算公式：

$$X(\%)=\frac{(B_{X_1}-B_{X_2})}{B_{X_1}}\times 100$$

式中　X——表示耗糖率或称外观发酵度

B_{X_1}——表示接种前酒母醪中的糖度

B_{X_2}——表示接种后酒母成熟时的糖度

6. 影响酒母质量的主要因素

（1）接种量与成熟酒母细胞数的关系　酵母细胞数取决于培养基成分而不是接种量，对于同一种酒母糖化醪，接种量大，则新增酒母细胞数相应减少；接种量太小，因酵母世代数增加，新鲜强壮的酵母量，也会相对减少，因此在正常情况下，酵母接种量不应过大或过小，一般以10%左右为宜。

（2）接种量与培养时间的关系　酵母接种量能明显影响酒母培养时间，接种量大，培养时间就短，如采取分割法培养小酒母或大酒母，酒母成熟时间可成倍缩短；接种量过大接种比改变，就会造成设备和操作上的困难，接种量太小增加染菌机会，接种量10%左右时，酒母培养时间8～10h为佳。

（3）接种时间　酵母增殖过程可分为延迟期、旺盛期、平衡期和衰亡期四个阶段，其中只有旺盛期醪液中酵母增殖能力强，生命活动处于最旺阶段，这时用来移植接种量最有利于酵母扩大培养，能迅速形成酵母菌的优势地位。

（4）培养温度　酵母菌在适宜生长温度范围内，高温时比低温时繁殖快，酒精发酵速度也快，但高温培养易使酵母衰老，所以在酒精生产中，酒母培养温度为27～30℃，而酒精发酵温度可提高到30～33℃。在酒精培养期间，产生的热量会使醪液温度升高，应注意及时降温，以保证酵母菌健壮成长。液态酵母的活动最适温度为20～30℃，当温度达到20℃时，酵母菌的繁殖速度加快，在30℃时达到最大值，而当温度继续升高达到35℃时，其繁殖速度迅速下降，酵母菌呈疲劳状态，酒精发酵有停止的危险。只要保持1～1.5h、40～45℃或保持10～15min、60～65℃的温度就可杀死酵母菌。但干态酵母抗高温的能力很强，可忍受5min、115～120℃的高温。

（5）通风培养酒母　通风培养得到的是呼吸型酒母，厌氧培养得到的是发酵型酒母，发酵型酒母的发酵能力要强于呼吸型酒母，因此实际培养酒母时，采取不定期搅拌来适量补充溶解氧，就能基本满足酵母生长的需要，如每小时通风2～3次，每次1～2min，风量$1m^3$，酒母醪每小时通入$2m^3$的无菌空气。

（6）防止染菌　保证试验阶段扩大培养的纯种培养和车间酒母扩大培养的自然纯粹培养条件，是确保酒母质量的重要环节。原始菌种要定时定期分离纯

化，在培养过程中要加强无菌操作和环境管理，特别注意酒母罐及管道阀门的清洗和灭菌，要注意消除死角。酒精车间要与其他车间隔离，以避免污染。

三、成熟发酵醪分析

1. 酒精成熟醪检测指标

（1）外观糖　成熟醪用纱布过滤后，直接用糖度计测量所得的数值称外观糖，这是一个假设的数值。表示用糖度计测得的发酵醪的密度。糖度计的数值与发酵醪中可溶性干物质的量有关，但它又与发酵醪的酒精含量有关，干物质浓度越低，酒精含量越高，糖度计测得到的数值越小，在干物质含量较少而酒精浓度较高的情况下外观糖会出现负值，这种情况在用糖度计测量糖度时是会出现的。所以我们说发酵醪的外观糖是一个假设值。外观糖出现负值的原因在于酒精的相对密度小于1，当酒精含量对糖度计测量造成的影响大于干物质的影响时，外观糖就出现负值。

（2）还原糖　是取滤布过滤后发酵醪液加热蒸去所含酒精并加水恢复到原来体积后，以测定还原糖的方法测得的数值一般用麦芽糖计，也可用葡萄糖计，发酵醪中残余还原糖越少越好，但不可能没有。因为即使葡萄糖全部被发酵，醪液中总有一些酒精酵母无法发酵的五碳糖之类的具有还原性的物质。一般成熟醪中还原糖量的指标控制在0.1%～0.3%。

（3）残总糖　残总糖是发酵液不经过滤，用20% HCl水解转化后测得的糖量，它不仅包括发酵醪中的具有还原性的糖类，而且包括未被转化发酵的淀粉和糊精。总糖超标有两种可能，如总糖高、还原糖也高则可能是糖化过程或糖化剂有问题，也可能是因为酵母质量有问题，或两者都有问题；如果总糖高、还原糖低，那就是糖化或糖化剂质量有问题了。发酵醪杂菌污染也会引起后糖化不良造成总糖高。

（4）酸度　发酵醪酸度是以10mL醪液消耗0.1mol/L NaOH的量（mL）表示。它是采用酸碱滴定法测定，它是判断发酵醪是否染菌的可靠指标，因为酵母发酵基本不产生酸，只有染菌后才会生酸。糖化醪的酸度与采用原料的品种和质量有关系，与所用糖化剂的品种和质量也有关系，有的工艺糖化醪需要调酸，所以糖化醪的原始酸度范围很广。关键是要控制增酸量不能超标，每增加一个酸度就相当于消耗了总糖0.6%（约0.5度酒）。

（5）挥发酸测定方法　取若干发酵醪加适量水进行蒸馏，蒸取相当于原发酵醪提取的蒸出液相同的体积，按酸碱直接滴定方法测定。挥发酸是由杂菌产生的，最典型的挥发酸是醋酸，挥发酸高就意味着杂菌感染。

2. 酸度

同本节糖化醪分析中酸度的测定。

3. 酒精度

发酵成熟醪的酒精是酒精发酵的主要产物，是衡量发酵产酒情况、计算发酵率的基本数据，同时也是衡量发酵工艺过程是否正常的重要指标。

测定成熟醪酒精的方法通常有酒精计法、密度计法、重铬酸钾氧化法和重铬酸钾比色法。以下讲的是酒精计法。

（1）原理　采用蒸馏法将醪液中的酒精蒸出，用酒精计测量馏出液的酒精含量，并校正为20℃时的酒精含量。

（2）设备　酒精蒸馏设备一套及玻璃珠几粒。

（3）分析步骤

①蒸馏：用100mL容量瓶准确量取100mL醪液，注入500mL蒸馏烧瓶中，用200mL水分次洗涤容量瓶，洗液并入蒸馏烧瓶中，加入玻璃珠几粒，进行蒸馏，馏出液接收于100mL容量瓶中，待馏出液接近刻度时，取下，加水至刻度，摇匀。然后倒入100mL洁净、干燥的量筒中。

②量取酒精度数：先用温度计量取温度并记录，再用酒精计测定酒精度并记录度数，查表（附录一），换算为20℃的酒精度，从表中读出发酵醪的酒精度。

（4）计算结果　根据酒精计和温度示值，查附录一得出的酒精度，即为发酵醪的酒精度。

4. 残余还原糖

（1）直接滴定法

①原理、试剂：同本节糖化醪分析中直接滴定法测定还原糖的原理。

②测定步骤：量取发酵醪50mL，用水洗入250mL容量瓶中，加水定容到刻度，摇匀，用脱脂棉过滤。滤液备用。测定方法同本节糖化醪分析中直接滴定法测定还原糖。

③计算

$$\text{还原糖含量（以葡萄糖计，g/L）} = (V_1 - V_2) \times 0.0025 \times \frac{250}{V_3} \times \frac{1000}{50}$$

式中　V_1——滴定10mL斐林试剂消耗葡萄糖标准溶液的体积，mL

V_2——往10mL斐林试剂加入V_3（mL）滤液后消耗葡萄糖标准溶液的体积，mL

0.0025——葡萄糖标准溶液的浓度，g/mL

250——样品稀释的体积，mL

V_3——测定时加入酒样滤液的体积，mL

50——取样体积，mL

1000——50mL醪液转换成1000mL

（2）快速法

①原理：与糖化醪中还原糖的测定基本相似，不同点为斐林甲液中硫酸铜的量较少，适用于含糖量较少的酒样。另外斐林乙液中加入亚铁氰化钾。使红色氧

化亚铜沉淀生成浅黄色的可溶性复盐，反应终点更为明显。

$$Cu_2O + K_4Fe(CN)_6 + H_2O \longrightarrow K_2Cu_2Fe(CN)_6 + 2KOH$$

②试剂：同第四章第一节黄酒理化指标分析中的亚铁氰化钾法。

③测定步骤：同本节直接滴定法，加入样品的量由5mL改为2mL。

④计算：同本节直接滴定法。

5. 残余总糖

（1）原理、试剂　同本节糖化醪分析中总糖的测定。

（2）测定步骤　吸取发酵醪50mL，用45mL水洗入250mL三角瓶中，加入20%（质量分数）HCl溶液10mL，瓶口装上长约1m的玻璃管，在沸水浴转化60min取出冷却，以200g/L NaOH溶液中和至微酸性（用pH试纸检查），用脱脂棉过滤于250mL容量瓶中，用水多次洗涤残渣，然后定容到刻度，摇匀备用。

吸取滤液10mL加入到已有斐林甲液、乙液各5mL和水20mL的三角瓶内，以2.5g/L的葡萄糖标准溶液滴定。同时以2.5g/L的葡萄糖标准溶液滴定10mL斐林试剂做空白试验。具体方法参照残余还原糖的测定。

（3）计算

$$总糖含量（以葡萄糖计，g/L）=2.5\times(V_0-V)\times\frac{250}{10}\times\frac{1}{50}$$

式中　V_0——空白试验消耗葡萄糖标准溶液的体积，mL

V——加入10mL样品水解液后消耗葡萄糖标准溶液的体积，mL

10——吸取滤液的体积，mL

2.5——葡萄糖标准溶液的浓度，g/L

250——滤液总体积，mL

50——吸取发酵醪体积，mL

6. 挥发酸

发酵成熟醪中的挥发酸组成主要是指乙酸、丁酸、丙酸和戊酸。它们的含量不大，为酒精量的0.005%～0.1%，这些挥发酸组成主要是由发酵过程中感染杂菌产生的。因此，挥发酸也是衡量发酵过程感染杂菌程度的一项主要指标。

（1）原理　用蒸馏方法，将挥发酸从醪液中蒸馏出来，然后用NaOH标准溶液滴定，根据标准NaOH消耗量计算出样品中挥发酸的含量。

（2）试剂　0.1mol/L NaOH标准溶液，10g/L酚酞指示剂。

（3）测定步骤　吸取50mL酒样放入500mL圆底烧瓶中加200mL水，进行蒸馏，收集馏出液约200mL后停止蒸馏。同时做空白试验。

将馏出液加热至60～65℃，加入3滴酚酞指示剂，用0.1mol/L NaOH标准溶液滴定到溶液呈微红色，30s不褪色即为终点。

（4）计算　酸度是指10mL发酵醪消耗0.1mol/L NaOH溶液的量（mL）。

$$酸度（mL/10mL）=(V-V_0)\times\frac{c}{0.1}\times\frac{1}{50}\times10$$

式中 c——NaOH 标准溶液的浓度，mol/L

V——样液滴定消耗 NaOH 标准溶液的体积，mL

V_0——空白滴定消耗 NaOH 标准溶液的体积，mL

50——取样体积，mL

7. 影响酒精发酵的因素

（1）糖化醪浓度　酒精发酵是在一定浓度的糖化醪中进行的，糖化醪浓度高所得发酵醪的酒精含量高，设备利用率高，成本降低，但是浓了对酵母代谢活动会产生一定的抑制作用，如生产管理跟不上，则会影响淀粉出酒率。

（2）发酵温度　温度对微生物生命活动影响很大，酒精发酵成绩好坏与发酵温度控制有密切关系，酒精酵母繁殖温度 27～30℃，发酵温度 30～33℃，一般不超过 35℃。温度过高，不仅酵母生命活动受抑制，而且杂菌繁殖增强，容易造成细菌污染，细菌繁殖温度为 37～50℃。

（3）发酵醪酸度　在使用麦芽糖等作催化剂时，由于其淀粉反应系统不耐酸，发酵过程中，因杂菌繁殖而使醪液酸度升高，造成的危害有两方面：一是直接消耗可发酵性糖，使出酒率下降；二是因酸度增高 pH 降低，而使淀粉酶系统钝化，造成糖化作用不完全，使淀粉和糊精转化不完全，进而也使出酒率降低。

（4）酵母接种量和发酵时间　酵母接种量多，前发酵期（迟缓期）短，总发酵时间就短，由于淀粉质原料不同，酒精发酵情况就不一样，并不是接种量大发酵时间就能相应成比例缩短，因为淀粉质原料发酵，不仅是糖被转化成酒精的过程，而且是残余淀粉和糊精被糖化酶转化成糖的过程，所以要加大酒母接种量，可在一定程度上缩短发酵时间，但要进一步加快酒精发酵，则是要在糖化剂上下功夫。

第四节　成品分析

一、酒精度

酒精度是指在 20℃时，酒精水溶液中所含乙醇的体积分数，以% 表示。

1. 原理

利用精密酒精计读出酒精体积分数示值，温度计读出温度示值，按附录一进行温度校正，求得在 20℃时乙醇含量的体积分数，即为酒精度。

2. 仪器

（1）精密酒精计　90%～100%（体积分数），分度值为 0.1%。

（2）温度计　0～50℃，分度值为 0.1℃。

3. 测定步骤

将酒样注入洁净、干燥的量筒中，在室温下静止几分钟，待酒中气泡消失后，放入洁净、擦干的酒精计，再轻轻按一下，不应接触量筒壁，同时插入温度计，平衡5min，水平观测酒精计，读取酒精计与液体弯月面相切处的刻度示值，同时记录温度。根据测定的酒精计示值和温度，查附录一，换算成20℃时样品的酒精度。

4. 精密度

在重复性条件下获得的两次独立测定结果的绝对差值，不应超过平均值的0.5%。

二、酸

酒精中所含的酸，主要是乙酸，还有极少量的甲酸、丙酸、丁酸等，故在计算酸含量时，均以乙酸表示，单位为mg/L。除有机酸以外，酒精中还含有碳酸。

（1）原理　以酚酞为指示剂，利用氢氧化钠进行酸碱中和法滴定。

（2）试剂与仪器

①10g/L 酚酞指示剂。

②无二氧化碳的水：将水注入烧瓶中，煮沸10min，立即用装有钠石灰管的胶管塞紧，放置冷却。

③0.1mol/L NaOH 标准溶液。

④0.02mol/L NaOH 标准使用溶液：使用时将0.1mol/L NaOH 标准溶液以无二氧化碳的水准确稀释5倍。

⑤碱式滴定管25mL。

（3）测定步骤　吸取酒样50mL于250mL锥形瓶中，先置于沸水浴中保持2min，除去碳酸，取出，用水冷却。再加无二氧化碳的水50mL、酚酞指示剂2滴，以0.02mol/L 氢氧化钠标准溶液滴定至呈微红色，30s内不褪色为终点。

（4）计算

$$\text{总酸含量（以乙酸计，mg/L）} = V \times c \times 60 \times \frac{1}{50} \times 10^3$$

式中　V——滴定酒样时消耗氢氧化钠标准滴定溶液的体积，mL

c——NaOH 标准使用溶液的浓度，mol/L

60——乙酸的相对分子质量，

50——吸取酒样的体积，mL

三、酯

酒精中所含的酯，多为乙酸乙酯，而丁酸乙酯、乙酸戊酯含量甚微，故均以乙酸乙酯表示。测定酒精中酯类的方法通常有皂化法和比色法。

1. 皂化法

（1）原理　酒样用碱中和游离酸后，加过量的氢氧化钠标准溶液加热回流，使酯皂化，剩余的碱用标准酸中和，以酚酞作指示剂，用氢氧化钠标准滴定溶液

回滴过量的酸。根据实际用于皂化的碱量计算酒样中以乙酸乙酯计的酯含量。

（2）试剂　0.1mol/L NaOH 标准溶液，0.05mol/L NaOH 标准滴定溶液，0.1mol/L 硫酸（$1/2H_2SO_4$）标准溶液，10g/L 酚酞指示剂。

（3）测定步骤　吸取酒样 100mL 于磨口锥形烧瓶中，加 100mL 水，装上冷凝管，于沸水浴中加热回流 10min。用水冷却，加 5 滴酚酞指示剂，用 0.1mol/L NaOH 标准溶液滴定至微红色（切勿过量），并保持 15s 内不褪色。

准确加入 0.1mol/L NaOH 标准溶液 10mL，装上冷凝管，于沸水浴中加热回流 1h。用水冷却。用两份 10mL 水洗涤冷凝管内壁，合并洗液于锥形烧瓶中。冷却后准确加入 0.1mol/L 硫酸（$1/2H_2SO_4$）标准溶液 10mL。然后，用 0.05mol/L NaOH 标准滴定溶液滴定至微红色，并保持 15s 内不消褪为其终点。同时用 100mL 水，做空白试验。

（4）计算

$$\text{酯含量（以乙酸乙酯计，mg/L）} = (V - V_0) \times c \times 88 \times \frac{1}{V_1} \times 10^3$$

式中　V——滴定酒样时消耗 0.05mol/L NaOH 标准滴定溶液的体积，mL

V_0——滴定空白时消耗 0.05mol/L NaOH 标准滴定溶液的体积，mL

V_1——吸取酒样的体积，mL

c——NaOH 标准滴定溶液的浓度，mol/L

88——乙酸乙酯的相对分子质量

所得结果表示为整数。

（5）讨论

①如酒样中酯含量过高，加入 0.1mol/L NaOH 溶液 10mL 不够时，可多加 5~10mL，但皂化后加入 0.1mol/L 硫酸（$1/2H_2SO_4$）的量也要等量增加。

②第 1 次加 NaOH 溶液中和游离酸时切勿过量，否则测得结果偏低。

（6）在重复性条件下获得的两次独立测定值之差，不得超过平均值的 10%。

2. 比色法

（1）原理　在碱性溶液条件下，酒样中的酯与羟胺生成异羟肟酸盐，酸化后，与铁离子形成棕黄色的络合物，与标准比较定量。

（2）试剂

①3.5mol/L 氢氧化钠溶液：按 GB/T 601—2002《化学试剂　标准滴定溶液的制备》配制。

②2mol/L 盐酸羟胺溶液。

③4mol/L 盐酸溶液：按 GB/T 601—2002《化学试剂　标准滴定溶液的制备》配制。

④反应液：分别取 3.5mol/L NaOH 溶液与 2mol/L 盐酸羟胺溶液（$NH_2OH \cdot HCl$）等体积混合（当天混合当天使用）。

⑤三氯化铁显色剂：称取50g三氯化铁（$FeCl_3 \cdot 6H_2O$）溶于约400mL水中，加4mol/L盐酸溶液12.5mL，用水稀释至500mL。

⑥1g/L酯标准溶液：吸取密度为0.9002g/mL的乙酸乙酯1.1mL，置于已有部分95%（体积分数）基准乙醇（无酯酒精）的1000mL容量瓶中，并以基准乙醇稀释至刻度。

⑦乙酸乙酯标准使用溶液：吸取1g/L酯标准溶液0、1、2、3、4mL，分别加入100mL容量瓶中，并以基准乙醇稀释至刻度。乙酸乙酯含量分别为0、10、20、30、40mg/L。

（3）测定步骤　吸取与酒样含量相近的乙酸乙酯标准使用溶液及酒样各2mL，分别注入25mL比色管中，各加反应液4mL，摇匀，放置2min。加4mol/L盐酸溶液2mL、显色剂2mL，摇匀。同时做空白试验。用3cm比色皿，于520nm波长处，以水调零，测定其吸光度。

（4）计算

$$酯含量（以乙酸乙酯计，mg/L）=\frac{A_1}{A}\times C$$

式中　A_1——酒样的吸光度

A——乙酸乙酯标准使用溶液的吸光度

C——标准使用溶液的乙酸乙酯含量，mg/L

所得结果表示为整数。

（5）精密度　在重复条件下获得的两次独立测定值之差，不得超过平均值的5%。

四、醛

醛类的主要成分是乙醛。糖蜜发酵醪中醛的含量较多（约为酒精量的0.05%），是粮食原料的10~50倍。GB 10343—2008《食用酒精》规定甲醛的含量：特级不得超过1mg/L；优级不得超过2mg/L；普通级别不得超过30mg/L。酒精中醛含量的测定常采用碘量法和比色法。

1. 碘量法

（1）原理　亚硫酸氢钠与醛发生加成反应，反应式为：

$$R-\overset{O}{\overset{\|}{C}}-H + NaHSO_3 \longrightarrow R-\underset{SO_3Na}{\underset{|}{\overset{H}{\overset{|}{C}}}}-OH$$

α－羟基磺酸钠

用碘氧化过量的亚硫酸氢钠，反应式为：

$$NaHSO_3 + I_2 + H_2O \longrightarrow NaHSO_4 + 2HI$$

加过量的碳酸氢钠，使加成物（α－羟基磺酸钠）分解，醛重新游离出来，反应式为：

$$\mathrm{R{-}\underset{SO_3Na}{\overset{H}{C}}{-}OH} + 2NaHCO_3 \longrightarrow RCHO + NaHSO_3 + Na_2CO_3 + CO_2\uparrow + H_2O$$

用碘标准溶液滴定分解释放出来的亚硫酸氢钠。

（2）试剂

①0.1mol/L 盐酸溶液。

②12g/L 亚硫酸氢钠溶液。

③1mol/L 碳酸氢钠溶液：准确称取碳酸氢钠 849g，溶于水并稀释至 1000mL。

④0.1mo1/L 碘（$1/2I_2$）标准溶液。

⑤0.01mo1/L 碘（$1/2I_2$）标准使用溶液：使用时将 0.1mo1/L 碘标准溶液准确稀释 10 倍。

⑥10g/L 淀粉指示液。

（3）测定步骤　吸取酒样 15mL 于 250mL 碘量瓶中，加水 15mL、12g/L 亚硫酸氢钠溶液 15mL、0.1mol/L 盐酸溶液 7mL，摇匀，于暗处放置 1h，取出，用 50mL 水冲洗瓶塞，用 0.1mol/L 碘标准溶液滴定，接近终点时，加淀粉指示液 0.5mL，改用 0.01mol/L 碘（I_2）标准使用溶液继续滴定至淡蓝紫出现（不计数）。加 20mL 碳酸氢钠溶液，微开瓶塞，摇荡半分钟（呈无色），用 0.01mo1/L 碘标准滴定溶液继续滴定至蓝紫色为其终点。同时做空白试验。

（4）结果计算　酒样中的醛含量计算：

$$X\text{醛含量（以乙醛计，mg/L）} = \frac{(V_1 - V_2) \times c \times 22}{15} \times 10^3$$

式中　V_1——酒样消耗碘标准滴定溶液的体积，mL

V_2——空白消耗碘标准滴定溶液的体积，mL

c——碘标准滴定溶液的浓度，mol/L

22——乙醛的相对分子质量

15——酒样体积，mL

所得结果表示为整数。

（5）精密度　在重复性条件下获得的两次独立测定值之差，若醛含量大于 5mg/L，不得超过平均值的 5%；若醛含量小于等于 5mg/L，不得超过平均值的 13%。

2. 比色法

（1）原理　醛与亚硫酸品红作用时，发生加成反应，经分子重排后，失去亚硫酸，生成具有醌式结构的紫红色物质，其颜色的深浅与醛含量成正比。

（2）试剂

①硫酸：密度为 1.8g/mL。

②亚硫酸氢钠溶液：称取53g亚硫酸氢钠（$NaHSO_3$），溶于100mL水中。

③碱性品红-亚硫酸溶液（显色剂）：称取碱性品红0.075g溶于少量80℃水中，冷却，加水稀释至75mL，移入1L棕色细口瓶内，加50mL新配制的亚硫酸氢钠溶液［53g亚硫酸氢钠（$NaHSO_3$）溶于100mL水中］、500mL水和7.5mL浓硫酸（密度为1.84g/mL），摇匀，放置10~12h至溶液褪色，具有强烈的二氧化硫气味，置于冰箱中保存。

④1g/L醛标准溶液：称取乙醛氨0.1386g（按乙醛∶乙醛氨=1∶1.386）迅速溶于10℃左右的基准乙醇（无醛酒精）中，并定容到100mL。移入棕色试剂瓶内，贮存于冰箱中。

⑤醛标准使用溶液：吸取1g/L醛标准溶液0、0.3、0.5、0.8、1.0、1.5、2.0、2.5、3mL，分别置于已有部分基准乙醇（无醛酒精）的100mL容量瓶中，并用基准乙醇稀释至刻度。即醛含量分别为0、3、5、8、10、15、20、25、30mg/L。

（3）测定步骤　吸取与酒样含量相近的限量指标的醛标准使用溶液及酒样各2mL，分别注入25mL比色管中，各加水5mL、显色剂2mL，加塞摇匀，放置20min（室温低于20℃时，需放入20℃水浴中显色），取出比色。用2cm比色皿，于555nm波长处，以水调零，测定其吸光度。

（4）计算

$$醛含量（以乙醛计，mg/L）=\frac{A_1}{A}\times C$$

式中　A_1——酒样的吸光度

A——醛标准使用溶液的吸光度

C——醛标准使用溶液的浓度，mg/L

所得结果表示为整数。

（5）精密度　在重复性条件下获得的两次独立测定值之差，若醛含量大于5mg/L，不得超过平均值的5%；若醛含量小于等于5mg/L，不得超过10%。

五、高级醇

丙醇、异丁醇和异戊醇是高级醇的主要组成部分，它们是在发酵过程中形成的，它的含量和成分随原料及发酵条件的不同而不同，杂醇油含量一般是酒精量的0.3%~0.35%。酒精中所含杂醇油是影响酒精质量的主要杂质之一，因此从工艺和设备上要设法控制其最低含量，达到成品酒精的不同质量标准。酒精中高级醇的测定方法通常为气相色谱法和比色法。以下主要介绍气相色谱法。

（1）原理　酒样被汽化后，随同载气同时进入色谱柱，利用被测定的各组分在气液两相中具有不同的分配系数，在柱内形成迁移速度的差异而得到分离。分离后的组分先后流出色谱柱，进入氢火焰离子化检测器，根据色谱图上各组分峰的保留值与标样相对照进行定性，利用峰面积（或峰高），以内标法定量。

（2）试剂与仪器

①1g/L 正丙醇溶液：称取正丙醇（色谱纯）1g，精确至0.0001g，用基准乙醇定容到1L，作标样用。

②1g/L 正丁醇溶液：称取正丁醇（色谱纯）1g，精确至0.0001g，用基准乙醇定容到1L，作内标用。

③1g/L 异丁醇溶液：称取异丁醇（色谱纯）1g，精确至0.0001g，用基准乙醇定容到1L，作标样用。

④1g/L 异戊醇溶液：称取异戊醇（色谱纯）1g，精确至0.0001g，用基准乙醇定容到1L，作标样用。

⑤气相色谱仪：氢火焰离子化检测器，配有毛细管色谱联结装置。

⑥色谱条件

a. PEG 20M 交联石英毛细管柱：用前应在200℃下充分老化。柱内径0.25mm，柱长25～30m。也可选用同等分析效果的毛细管色谱柱。

b. 载气（高纯氮）：流速为0.5～1.0mL/min，分流比为（20～100）:1，尾吹气约30mL/min。

c. 氢气：流速30mL/min。

d. 空气：流速300mL/min。

e. 柱温的设定：因仪器而异，起始柱温为70℃，保持3min，然后以5℃/min程序升温至100℃，直至异戊醇峰流出。以使甲醇、乙醇、正丙醇、异丁醇、正丁醇和异戊醇获得完全分离为准。

f. 检测器温度：200℃。

g. 进样口温度：200℃。

（3）测定步骤

①校正因子f值的测定：吸取1g/L 的正丙醇、异丁醇、异戊醇标准溶液各0.20mL于10mL容量瓶中，准确加入1g/L的正丁醇内标溶液0.20mL，然后用基准乙醇稀释至刻度，混匀后进样1μL，色谱峰流出顺序依次为乙醇、正丙醇、异丁醇、正丁醇（内标）、异戊醇。记录各组分峰的保留时间并根据峰面积和添加的内标物质量，计算出各组分的校正因子f值。

②酒样的测定：取一定量待测酒精酒样于10mL容量瓶中，准确加入1g/L的正丁醇内标溶液0.20mL，然后用基准乙醇稀释至刻度，混匀后，进样1μL。根据组分峰与内标峰的保留时间定性，根据峰面积之比计算出各组分的含量。

（4）计算

$$f=\frac{A_2}{A_1}\times\frac{M_1}{M_2}$$

$$X=\frac{A_3}{A_4}\times f\times 0.02\times 1000$$

式中　X——酒样中组分的含量，mg/L

f——组分的相对校正因子

A_2——f值测定时内标的峰面积

A_1——f值测定时组分的峰面积

M_1——f值测定时组分的量，g/L

M_2——f值测定时内标的量，g/L

A_3——酒样中组分的峰的面积

A_4——添加于酒样中内标峰的面积

0.02——酒样中添加内标的质量浓度，g/L

所得结果表示为整数。

（5）精密度　在重复性条件下获得的各组分两次独立测定值之差，若含量大于等于10mg/L，不得超过平均值的10%；若含量小于10mg/L、大于5mg/L，不得超过平均值的20%；若含量小于等于5mg/L，不得超过平均值的50%。

（6）讨论

①酒样中高级醇的含量以异丁醇与异戊醇之和表示。

②酒样中正丙醇单独报告结果。

③检测特级食用酒精时有以下几点要求。

a. 气相色谱仪和毛细管色谱柱应选择灵敏度较高的，在正丙醇、异丁醇、异戊醇等各组分含量小于1mg/L时，仍能被检出，也可选用同等分析效果的其他类型毛细管色谱柱。

b. 在配制内标正丁醇、正丙醇、异丁醇、异戊醇标准溶液时，应注意选用基准乙醇（即各被测组分均检不出的）作溶剂，并尽可能与样品中各组分的含量相匹配。

c. 另外，可采用标准加入法（增量法）进行验证。吸取相同体积的酒样于10mL容量瓶中，共4份，第1份不加（被测组分）标准溶液，第2、3、4份分别加入成比例的标准溶液，然后用同一酒样定容，在规定的色谱条件下测定，以加入标准溶液的浓度为横坐标，以相应的峰面积（或峰高）为纵坐标，绘制标准曲线，将曲线反向延长与横轴相交，交点处即为待测酒样中该组分的含量。在第2份中加入标准的浓度应为被测组分检出极限的10倍。

d. 结果的允许差：若各组分含量在6～10mg/L，两次测定结果之差不得超过平均值的20%；若各组分含量在1～5mg/L，两次测定结果之差不得超过平均值的50%。

六、甲醇

酒精中的甲醇是由于原料中所含果胶质在发酵过程中分解而产生的。甲醇是酒精的主要杂质，它对人体有严重影响，因此国家酒精标准对甲醇的含量有严格的规定。GB 10343—2008《食用酒精》规定甲醇的含量：特级不得超过2mg/L；

优级不得超过50mg/L；普通级别不得超过150mg/L。对于达不到食用酒精级别的，不得用作配制酒精性饮料和饮料酒。因此，测定酒精中的甲醇含量对于保护消费者的身体健康具有很重要的现实意义。测定甲醇的方法通常有气相色谱法、变色酸比色法和亚硫酸品红比色法。

1. 气相色谱法

（1）原理　同本节高级醇的测定。

（2）试剂与仪器

①1g/L甲醇溶液：称取甲醇（色谱纯）1g，精确至0.0001g，用基准乙醇定容到1L，作标样用。

②1g/L正丁醇溶液：称取正丁醇（色谱纯）1g，精确至0.0001g，用基准乙醇定容到1L，作内标用。

③气相色谱仪：氢火焰离子化检测器。

（3）测定步骤

①校正因子f值的测定：吸取1g/L甲醇标准溶液1mL于10mL容量瓶中，准确加入1g/L的正丁醇内标溶液0.2mL，然后用基准乙醇稀释至刻度，混匀后进样1μL，色谱峰流出顺序依次为甲醇、乙醇、正丁醇（内标）。记录各组分峰的保留时间，并根据峰面积和添加的内标物质量，计算出各组分的相对质量校正因子f值。

②酒样的测定：取一定量待测酒精酒样于10mL容量瓶中，准确加入1g/L的正丁醇内标溶液0.2mL，然后用待测酒样稀释至刻度，混匀后，进样1μL。根据组分峰与内标峰的保留时间定性，根据峰面积之比，计算出各组分的含量。

（4）计算　同本节高级醇的计算。

（5）精密度　在重复性条件下获得的各组分两次独立测定值之差，不得超过平均值的5%。

2. 亚硫酸品红比色法

（1）原理　酒样中的甲醇在磷酸溶液中被高锰酸钾氧化成甲醛，反应式为：

$$5CH_3OH + 2KMnO_4 + 4H_3PO_4 \longrightarrow 2KH_2PO_4 + 2MnHPO_4 + 5HCHO + 8H_2O$$

甲醛与亚硫酸品红（无色）作用生成蓝紫色化合物，与标准系列比较定量。

（2）试剂与溶液

①高锰酸钾－磷酸溶液（30g/L）：称取3g高锰酸钾，溶于15mL 85%（质量分数）磷酸和70mL水中，混合，用水稀释至100mL。

②硫酸溶液（1:1）。

③草酸－硫酸溶液（50g/L）：称取5g草酸（$H_2C_2O_4 \cdot H_2O$）溶于40℃左右的硫酸（1:1）溶液中，并定容到100mL。

④无水亚硫酸钠溶液（100g/L）。

⑤盐酸：密度为1.19g/mL。

⑥碱性亚硫酸品红溶液：称取0.2g碱性品红，溶于80℃左右120mL水中，加入20mL无水亚硫酸钠溶液、2mL盐酸，加水稀释至200mL。放置1h，使溶液褪色并应具有强烈的二氧化硫气味（不褪色者，碱性品红不能用），贮存于棕色瓶中，置于低温保存。

⑦甲醇标准溶液（10g/L）：吸取密度为0.79g/mL的甲醇1.26mL，置于已有部分基准乙醇（无甲醇酒精）的100mL容量瓶中，并以基准乙醇稀释至刻度。

⑧甲醇标准使用液：吸取甲醇标准溶液0、1、2、4、6、8、10、15、20和25mL，分别注入100mL容量瓶中，并以基准乙醇稀释至刻度。即甲醇含量分别为0、100、200、400、600、800、1000、1500、2000、2500mg/L。

（3）测定步骤

①工作曲线的绘制

a. 吸取甲醇标准使用溶液和试剂空白各5mL，分别注入100mL容量瓶中，加水稀释至刻度。

b. 根据样品中甲醇的含量，吸取相近的4个以上不同浓度的甲醇标准使用液和试剂空白各5mL分别注入25mL比色管中，各加高锰酸钾－磷酸溶液2mL放置15min。加草酸－磷酸溶液2mL混匀，使其脱色。加亚硫酸品红溶液5mL，加塞摇匀，置于20℃水浴中，放置30min取出。

c. 立即用3cm比色皿，在波长595nm处，以零管（试剂空白）调零，测定其吸光度。

d. 以标准使用溶液中甲醇含量为横坐标，相应的吸光度为纵坐标，绘制工作曲线（或建立线性回归方程进行计算）。

②酒样的测定：吸取酒样5mL，注入100mL容量瓶中，加水稀释至刻度线。吸取该酒样液和试剂空白各5mL，按b和c显色及测定吸光度，根据酒样的吸光度在工作曲线上查出酒样中的甲醇含量，或用回归方程计算。

（4）计算

$$X = \frac{A_1}{A} \times C$$

式中 X——酒样中的甲醇含量，mg/L

A_1——酒样的吸光度

A——甲醇标准使用溶液的吸光度

C——标准使用溶液的甲醇含量，mg/L

所得结果表示为整数。

（5）精密度　在重复性条件下获得的两次独立测定值之差，若甲醇含量大于等于600mg/L，不得超过平均值的5%；若甲醇含量小于600mg/L，不得超过10%。

七、不挥发物

酒精中的不挥发物主要来自蒸馏及贮存过程中金属制冷凝器，在酸性条件下，溶解于酒精中生成的有机酸盐类。

（1）原理　酒样于水浴上蒸干，将不挥发的残留物烘至恒重，称量，以百分数表示。

（2）仪器

①电热鼓风干燥箱：控温精度 ±2℃。

②分析天平：感量 0.1mg。

③瓷蒸发皿。

④干燥器：用变色硅胶作干燥剂。

（3）测定步骤　吸取酒样 100mL，注入恒重的瓷蒸发皿中，置沸水浴上蒸干，然后放入电热干燥箱中，于（110 ±2）℃下烘至恒重。

（4）计算

$$X = \frac{m_1 - m_2}{100} \times 10^6$$

式中　X——样品中不挥发物的含量，mg/L

m_1——蒸发皿加残渣的质量，g

m_2——蒸发皿的质量，g

100——吸取酒样的体积，mL

所得结果表示为整数。

（5）精密度　在重复条件下获得的两次独立测定值之差，不得超过平均值的 10%。

（6）讨论　蒸发皿应置于蒸馏水沸水浴上蒸发，由于一般自来水中固体物含量较高，蒸发皿底上接触自来水，干燥后会沾有少量的固形物而使蒸发皿质量增加，从而导致固形物升高。

第五节　残渣与残水分析

一、酒精度含量分析（莫尔氏盐法）

测定醪塔蒸馏废糟和精馏塔废水中的酒精含量，是检查蒸馏工艺是否正常的主要依据。按规定，酒糟中含酒精不能高于 0.015%（体积分数），这相当于酒精损失量为 0.2%。精馏塔废水中酒精允许含量为 0.04%（体积分数），相应的酒精损失为 0.15% ~0.2%。测定酒精度的方法通常有莫尔氏盐法、重铬酸钾氧化法和重铬酸钾比色法三种。

1. 原理

在酸性溶液中，被蒸出的酒精与重铬酸钾作用，生成硫酸铬，酒精被氧化成乙酸：

$$3CH_3CH_2OH + 2K_2Cr_2O_7 + 8H_2SO_4 \longrightarrow 3CH_3COOH + 2Cr_2(SO_4)_3 + 2K_2SO_4 + 11H_2O$$

过量的重铬酸钾溶液用莫尔氏盐滴定：

$$K_2Cr_2O_7 + 6[FeSO_4 \cdot (NH_4)_2SO_4] + 7H_2SO_4 \longrightarrow Cr_2(SO_4)_3 + 3Fe_2(SO_4)_3 + 6(NH_4)_2SO_4 + K_2SO_4 + 7H_2O$$

用赤血盐作外指示剂，与莫尔氏盐起显色反应：

$$3[FeSO_4 \cdot (NH_4)_2SO_4] + 2K_3Fe(CN)_6 \longrightarrow Fe_3[Fe(CN)_6]_2 + 3K_2SO_4 + 3(NH_4)_2SO_4$$

（浅蓝色）

根据测定酒样和空白试验所消耗的莫尔氏盐的体积，计算废糟或废水中酒精的含量。

2. 试剂

（1）重铬酸钾溶液　准确称取已烘至恒重的基准重铬酸钾 42.607g，加水溶解后，用水定容至 1000mL。

（2）莫尔氏盐溶液　称取硫酸亚铁铵 $[FeSO_4 \cdot (NH_4)_2SO_4 \cdot 6H_2O]$ 92g 溶于少量水，加浓硫酸 20mL 助溶，溶解后，加水稀释至 1000mL。

（3）赤血盐指示剂　称取铁氰化钾 $[K_3Fe(CN)_6]$ 0.1g 溶于水中，稀释至 100mL。

3. 测定步骤

从采样小冷凝器采出的、冷至室温的废糟过滤液（或废水），准确吸取 10mL 于 150mL 三角瓶中，瓶的出口装上长 0.5～1m 的玻璃弯管的瓶塞，玻璃弯管插入盛有 5mL 重铬酸钾溶液和 2.5mL 浓硫酸的试管中，玻璃管插入试管的底部，然后将试管放入冷水中。在电炉上加热三角瓶，当三角瓶中液体被蒸出 2/3 时，停止蒸馏。然后将试管中的液体倒入 250mL 三角瓶中，并用 100mL 水将试管和玻璃管插入处洗净，洗液入 250mL 三角瓶中，然后用莫尔氏盐溶液滴定，由黄色滴至鲜绿色为止。同时用赤血盐外指示剂法进行斑点检验，滴至赤血盐呈现浅蓝色即为终点。同时做空白试验。

4. 计算

$$酒精含量（\%，体积分数）= 5 \times \frac{V_0 - V_1}{V_0} \times 0.0126 \times \frac{1}{10} \times 100$$

式中　5——吸取重铬酸钾溶液的体积，mL

V_0——空白试验用 5mL 重铬酸钾溶液消耗莫尔氏盐溶液的体积，mL

V_1——滴定酒样用 5mL 重铬酸钾溶液消耗莫尔氏盐溶液的体积，mL

0.0126——1mL 重铬酸钾溶液相当于酒精的体积，mL/mL

10——吸取酒样的体积，mL

5. 讨论

（1）由于废糟和废水中的含酒精量甚微，如果直接从塔底放出的高温废糟和废水作为酒样，就完全失去了酒样的代表性，因为在高温下，其中所含的微量酒精都挥发了。正确的采样方法是：分别在醪塔废糟和精馏塔废水的排出管上，装上一根小取样管，将其与一个小的冷却器连接，务必使采出的酒样经过冷却器后，达到常温以下，在需要采样的时间间隔内，连续采集酒样。

（2）用赤血盐作外指示剂进行斑点试验，即被滴定的溶液逐渐由黄变绿时，每滴定0.1~0.2mL莫尔氏盐溶液，就要取一滴酒样液在白瓷板上观察颜色，斑点为浅蓝色，即为终点。

二、酒精度含量分析（重铬酸钾比色法）

1. 原理

在酸性溶液中，被蒸出的乙醇与过量重铬酸钾作用，被氧化为乙酸，而黄色的六价铬被还原为绿色的三价铬，与标准系列管比较定量。反应式为：

$$3C_2H_5OH + 2Cr_2O_7^{2-} + 16H^+ \longrightarrow 4Cr^{3+} + 3CH_3COOH + 11H_2O$$

2. 试剂

（1）1g/L重铬酸钾溶液。

（2）10%（体积分数）酒精标准溶液　吸取无水酒精10mL，加水定容到100mL。

（3）酒精标准使用溶液　分别吸取10%（体积分数）的酒精标准溶液0、0.1、0.2、0.3、0.4、0.5mL，分别加水定容到100mL，得0%、0.01%、0.02%、0.03%、0.04%、0.05%（体积分数）的酒精标准使用溶液。

3. 测定步骤

（1）酒样的制备　从小冷却器采出的、冷至室温的废糟过滤液（或废水）中，吸取50mL，放入250mL三角瓶中，加50mL水，加几粒玻璃珠与1mol/L NaOH溶液1~2滴中和，用50mL容量瓶置冷凝管下端收集馏出液，打开冷却水进行加热蒸馏，当馏出液接近刻度时，停止蒸馏，加水定容到刻度，摇匀备用。

（2）标准比色管的制备　取6支25mL具塞比色管，分别加入0%、0.01%、0.02%、0.03%、0.04%、0.05%（体积分数）的酒精标准使用溶液2mL，各加入1g/L重铬酸钾溶液4mL以及浓硫酸2mL，然后每支试管混匀后密封备用。

（3）样品测定　取1支25mL具塞比色管，加入1g/L重铬酸钾溶液4mL和酒样2mL，混匀后，沿管壁缓缓加入浓硫酸2mL，摇匀，静置5min后目视比色。如与某一标准比色管中的颜色相同或相近，则标准比色管中的酒精含量即为酒样的酒精含量。

4. 计算

$$酒精含量（\%体积分数）= A$$

式中 A——酒样管与标准比色管中的色泽相比，色泽相当的标准管中乙醇的含量（体积分数），%

5. 讨论

由于绿色三价铬在较浓的重铬酸钾溶液中为其原来的橘黄色所掩蔽，因此，应注意使重铬酸钾溶液浓度与酒样中含酒量相适应。酒样中含酒量在0.05%以下时，重铬酸钾溶液浓度用1g/L，反应最灵敏。含酒量在0.06%～0.1%时，可用2g/L的重铬酸钾溶液，但需减少样品的取样量。

复习思考题

一、填空题

1. 测定水分的方法通常有：______。其中______又分为______和______。

2. 淀粉测定的方法很多，主要有______、______、______和______，其中前两种方法是将淀粉水解为______后，利用______的______进行测定。

3. 2.5g/L葡萄糖标准溶液配制时加入5mL浓盐酸是为了______。

4. 葡萄糖与淀粉的换算系数是______。

5. 酒精发酵成熟醪中的挥发酸主要是指______、______、______和______。

6. 酒精成品中所含的酸，主要是______，还有极少量的______、______、______等，故在计算酸含量时，均以乙酸表示。

7. 酒精中所含的酯，多为______，而______、______含量甚微，故均以______表示。测定酒精中酯类的方法通常有______和______。

8. 酒精中醛含量的测定常采用______和______。

9. ______、______和______是杂醇油的主要组成部分。

10. 测定甲醇的方法通常有______、______和______。

11. GB 10343—2008《食用酒精》规定甲醇的含量：特级不得超过______；优级不得超过______；普通级别不得超过______。

12. 测定酒精度的方法通常有______、______和______三种。

13. 测定酒精糖化醪液中的还原糖的方法，主要有______和______。

二、简答题

1. 常压烘箱干燥法和红外线干燥法、水分快速测定仪的原理各是什么？

2. 酿酒高活性干酵母的特点是什么？

3. 淀粉出酒率检测原理是什么？

4. 酒精生产中成熟酒母培养液的质量标准是什么？

5. 气相色谱法测定杂醇油的原理是什么？

6. 重铬酸钾比色法原理是什么？

实验三　酒精分析与检测实验

一、酒精发酵醪酒精度的检测

1. 实验目的

掌握酒精发酵醪酒精度的测定方法。

2. 实验原理

酒样经过蒸馏，用酒精计测定馏出液中酒精的含量，并校正为20℃时的酒精含量。

3. 仪器与设备

酒精蒸馏设备一套。

4. 实验步骤

（1）取样　搅拌后取酒精发酵醪一瓶。

（2）蒸馏　量取100mL醪液于500mL三角瓶中，加入玻璃珠，用100mL水分次洗涤容量瓶，洗液并入蒸馏烧瓶中。进行蒸馏，接取95mL左右馏出液，加水到100mL，摇匀；然后倒入100mL洁净、干燥的量筒中。

（3）量取酒精度数　用温度计与酒精计，同时测量馏出液的温度与酒精度，并记录数值，按测得的实际温度与酒精度标示值，查附录一，换算成20℃时的酒精度。

5. 结果

查附录一得出的酒精度即为发酵醪的酒精度。所得结果保留一位小数。

6. 注意事项

（1）发酵醪取来时要马上检测，否则酒精要挥发影响检测结果。

（2）在测酒精度时，酒精计要轻轻按一下（若手势太重测量值大于实际值），不应接触量筒壁，读数时一定要平视液面，视线与凹液面相切。

7. 精密度

在重复性条件下获得的两次独立测定结果的绝对差值，不应超过平均值的0.5%。

二、酒精发酵醪酸度的检测

1. 实验目的

掌握酒精液态发酵醪酸度检测方法。

2. 实验原理

利用酸碱中和原理。用酚酞作为指示剂，10mL粗滤液，用0.1mol/L NaOH标准溶液滴定，消耗1mL 0.1mol/L NaOH标准溶液即为1度。

3. 试剂和仪器

0.1mol/L NaOH 溶液，10g/L 酚酞指示剂，150mL 三角瓶，5mL 吸管，50mL 碱式滴定管。

4. 实验步骤

吸取醪液 1mL 于 150mL 的三角瓶中，加 50mL 水，滴入 2 滴酚酞指示剂。用 0.1mol/L NaOH 滴定至溶液呈微红色，半分钟内不褪色为其终点。记录消耗 NaOH 的体积 V（mL）。

5. 结果计算

$$酸度（mL/10mL醪液）= \frac{c}{0.1000} \times V \times \frac{10}{V_1}$$

式中 V_1——吸取酒精发酵醪的体积，mL

c——NaOH 标准溶液的浓度，mol/L

V——滴定酒精发酵醪时，消耗 NaOH 标准溶液的体积，mL

6. 精密度

在重复性条件下获得的两次独立测定结果的绝对差值，不应超过平均值的 10%。

三、酒精残渣、残水中残留酒精的检测（重铬酸钾比色法）

1. 实验目的

掌握酒精塔排出来的残渣、残水中残留酒精的测定方法。

2. 实验原理

在酸性溶液中，重铬酸钾有氧化性，易将酒精氧化，而黄色的六价铬离子被还原为绿色的三价铬离子，通过显示的颜色与标准色相比得出酒精含量。

$$K_2Cr_2O_7 + 3C_2H_5OH + 4H_2SO_4 \longrightarrow 3CH_3CHO（乙醛）+ K_2SO_4 + Cr_2(SO_4)_3 + 7H_2O$$

取样：取粗塔排出的废糟、精塔排出的废水各 1 瓶，并冷却。

3. 试剂与仪器

（1）2% 重铬酸钾。

（2）10%（体积分数）酒精标准溶液　吸取无水酒精 10mL，加水定容到 100mL。

（3）酒精标准比色液制备　分别吸取 10%（体积分数）的酒精标准溶液 0、1、2、3、4、5mL，分别加水定容到 100mL，得到酒精含量分别是 0%、0.1%、0.2%、0.3%、0.4%、0.5% 标准比色液。

（4）蒸馏设备一套。

4. 方法步骤

（1）蒸馏　量取 50mL 废糟于 500mL 三角瓶中，加水 200mL 蒸馏，接取 40mL 以上馏出液，加水到 50mL，摇匀。

（2）试样管制备　吸取馏出液及残水各 1mL，置入试管中，加 2mL 2g/L 重

铬酸钾，加 1mL 浓硫酸摇匀。

（3）标准比色管制备 取 6 支 25mL 具塞比色管，各加入 2g/L 重铬酸钾溶液 2mL 及浓硫酸 1mL，然后分别加入 0%、0.1%、0.2%、0.3%、0.4%、0.5%（体积分数）的酒精标准使用溶液 1mL，每支试管混匀后密封备用。

（4）比色 试样管与标准比色管进行比较色泽，色泽相同的读出乙醇含量。

（5）结果 读出的乙醇含量即为残渣或残水中酒精含量。

四、成品酒精酯的检测

1. 实验目的

掌握成品酒精挥发酯的测定方法与原理。

2. 实验原理

酒样用碱中和游离酸后，加过量的 NaOH 标准溶液加热回流，使酯皂化，剩余的碱用标准酸中和，以酚酞作指示剂，用 NaOH 标准溶液回滴过量的酸，根据实际用于皂化的碱量计算酒样中乙酸乙酯计的酯含量。

3. 试剂与仪器

0.1mol/L NaOH 标准溶液，0.05mol/L NaOH 标准滴定溶液，0.1mol/L 硫酸（$1/2H_2SO_4$）标准溶液，10g/L 酚酞指示剂，全玻璃回流装置。

4. 操作方法

同第七章第四节成品分析。

5. 结果计算

同第七章第四节成品分析。

五、不挥发物的检测

1. 实验目的

掌握成品食用酒精中不挥发物的测定方法。

2. 实验原埋

酒样于水浴上蒸干，将不挥发的残留物烘至恒重，称量。

3. 仪器

（1）电热干燥箱 控温精度 ±2℃。

（2）分析天平 感量 0.1mg。

（3）瓷蒸发皿 150mL。

（4）干燥器 用变色硅胶作干燥剂。

4. 分析步骤

吸取酒样 100mL，注入恒重的瓷蒸发皿中，置沸水浴上蒸干，然后放入电热干燥箱中，于（110 ±2）℃下烘至恒重。

5. 结果计算

$$X = \frac{m_1 - m_2}{100} \times 10^6$$

式中 X——样品中不挥发物的含量，mg/L

m_1——蒸发皿加残渣的质量，g

m_2——蒸发皿的质量，g

100——吸取酒样的体积，mL

所得结果表示为整数。

6. 精密度

在重复条件下获得的两次独立测定值之差，不得超过平均值的10%。

第三部分

黄酒实践训练

第八章 黄酒分析与检测实践操作训练

实训一 糯米水分的检测

1. 实训目的

掌握糯米水分的检测方法。

2. 实训原理

原料水分测定常用烘干法，本方法采用 GB 5497—1985《粮食、油料检验 水分测定法》中定温定时烘干法。

3. 实训仪器和用具

电热恒温干燥箱，分析天平（感量 0.0001g），实验室用电动粉碎机，备有变色硅胶的干燥器，谷物选筛，铝盒（内径 4.5cm，高 2.0cm）。

4. 试样制备

用四分法从平均样品中分取 30～50g 样品，除去大样杂质和矿物质，粉碎细度通过 1.5mm 圆孔筛的不少于 90%。

5. 测定方法

用已烘干至恒重的铝盒称取酒样 2g（准确至 0.001g），待烘箱温度升至 135～145℃时，将盛有酒样的铝盒送入烘箱内温度计周围的烘网上，在 5min 内将烘箱温度调到（130±2）℃，开始计时，烘 40min 后取出放入干燥器内冷却，称重。

6. 结果计算

糯米含水量按下述公式计算：

$$水分（\%）=\frac{m_1-m_2}{m_1-m_0}\times 100$$

式中 m_0——铝盒的质量，g

m_1——烘前酒样和铝盒的质量，g

m_2——烘后酒样和铝盒的质量，g

7. 注意事项

平行试验结果允许差不超过 0.2%。求其平均数，即为测定结果。测定结果取到小数点后一位。

一般情况下，样品烘干后置于干燥器内时间短于 30min 或长于 30min 均会影响准确性，烘干后称量的最佳时间为 30min。烘箱一定要用带鼓风装置的烘箱，样品要在盒子内摊开。

实训二　糖化曲（块曲、爆麦曲）水分的检测

1. 实训目的

掌握糖化曲（块曲、爆麦曲）水分的检测方法。

2. 实训原理

原料水分测定常用烘干法，本方法采用 GB 5497—1985《粮食、油料检验　水分测定法》中定温定时烘干法。

3. 实训仪器

电热恒温干燥箱，天平（感量 0.01g），瓷盒。

4. 操作方法

糖化曲水分测定　在托盘天平是称取 5g 糖化曲在 100 ~ 105℃ 的鼓风电热干燥箱中烘 3h 后冷却，称重 m，算得其的水分含量。

5. 计算

曲中水分含量

$$水分含量(\%) = \frac{5-m}{5} \times 100$$

式中　m——烘干后曲的质量（g）

实训三　麦曲（糖化曲）糖化力的检测

1. 实训目的

（1）了解糖化曲的色泽、气味。

（2）掌握糖化曲的糖化力的检测方法。

2. 实训原理

糖化酶有催化淀粉水解的作用，能从淀粉分子非还原性末端开始，分解 α-1，4 葡萄糖苷键，生成葡萄糖。也就是说淀粉在一定操作条件下受糖化酶的作用，生成葡萄糖，然后测得葡萄糖的含量来计算糖化力的大小。

3. 试剂和设备

（1）微量斐林试剂　同第二章第七节麦曲分析中糖化力测定。

（2）1g/L 葡萄糖标准溶液　称取 1g 葡萄糖（精确到 0.001g）加水溶解，并加入浓盐酸 5mL，再用水定容到 1000mL。

（3）pH4.6 醋酸 - 醋酸钠缓冲溶液

①醋酸溶液：吸取冰醋酸 11.8mL，加水定容到 1000mL。

②醋酸钠溶液：称取醋酸钠（$CH_3COONa \cdot 3H_2O$）27.2g 加水定溶至 1000mL。

③将醋酸溶液与醋酸钠溶液等体积混合即可为 pH4.6 的缓冲溶液。

（4）20g/L 可溶性淀粉溶液　称取 2g 经 100～105℃烘 2h 的可溶性淀粉，加 10mL 蒸馏水调匀，徐徐倾入 60mL 沸水中，用 10mL 蒸馏水洗净烧杯，洗液并入沸水中，搅匀，煮沸至透明，冷却后用蒸馏水定容到 100mL，此溶液需要当天配制。

（5）0.1mol/L NaOH 溶液。

（6）恒温水浴锅。

（7）250mL、150mL 三角烧瓶，100mL、50mL 容量瓶。

（8）5mL、10mL 的吸管各一支。

4. 测定方法与步骤

（1）糖化曲浸出液的制备　称取 5g 糖化曲（以绝对干曲计）于 250mL 三角瓶中，加水（90－5×水分%）mL 及 pH4.6 的醋酸－醋酸钠缓冲溶液 10mL，搅匀，于 30℃水溶液中保温 1h，每隔 15min 搅拌一次，用脱脂棉过滤，吸取滤液 10mL 于 100mL 容量瓶中，加水到刻度线，所得即为稀释液。

（2）糖化　吸取 20g/L 可溶性淀粉溶液 25mL 于 50mL 容量瓶中，加 pH4.6 的醋酸－醋酸钠缓冲溶液 5mL，于 30℃水浴预热 10min，准确加入 5mL 稀释液，立即摇匀计时，于 30℃水浴准确保温糖化 1h，迅速加入 15mL 0.1mol/L NaOH 溶液，终止酶解反应。冷却至室温后，用蒸馏水定容到 50mL，摇匀，得到糖化液。

同时做一空白试验：吸取 20g/L 淀粉溶液 25mL，置入 50mL 容量瓶中，加 pH4.6 的醋酸－醋酸钠缓冲溶液 5mL。先加入 15mL 0.1mol/L NaOH 溶液，然后再准确加入 5mL 稀释液，用蒸馏水定容到 50mL，摇匀。

（3）测定

①空白液测定：吸取微量斐林试剂甲、乙液各 5mL 于 150mL 三角瓶中，准确加入 5mL 空白液，并用滴定管预先加入适量的 1g/L 标准葡萄糖溶液，使后滴定时消耗标准糖溶液在 1mL 内，摇匀，于电炉上加热在 2min 内沸腾后，立即用 1g/L 标准葡萄糖溶液滴到蓝色消失而呈淡黄色，记录葡萄糖标准溶液的总用量。沸腾后的滴定在 1min 内完成。

②糖化液测定：吸取 5mL 糖化液代替 5mL 空白液，其余操作同上。

5. 计算

糖化曲的糖化力：1g 绝干曲在 30℃、pH4.6、糖化 1h 内酶解可溶性淀粉为葡萄糖的质量（mg）。

$$\text{糖化力}\ [\text{葡萄糖，mg/(g·h)}] = \frac{(V_0 - V) \times c}{m_s \times \frac{5}{100} \times \frac{5}{50} \times \frac{10}{100} \times t} \times 1000 = 400\ (V_0 - V)$$

式中　V_0——5mL 空白液滴定消耗葡萄糖的体积，mL

V——糖化液滴定消耗标准葡萄糖的体积，mL

c——葡萄糖标准溶液的浓度，g/mL

m_s——以绝干曲计的酒样称取量（5g）

t——酶解时间，h

6. 注意事项

(1) 要严格控制糖化温度与时间，以免影响结果。

(2) 空白试验用以消除糖化酶本身和可溶性淀粉中所含有的还原物质的影响。

(3) 糖化酶活力与所用可溶性淀粉质量有关，故需注明淀粉牌子与厂名(一般采用国药集团生产的化学纯试剂。)

实训四　麦曲（糖化曲）酸度的检测

1. 实训目的

学习与掌握麦曲（糖化曲）酸度的测定方法。

2. 实训原理

根据酸碱中和的原理测定出曲中的含酸量。

3. 实训仪器与试剂

(1) 500mL 三角瓶，150mL 三角瓶，水浴锅，玻璃漏斗，脱脂棉，10mL 吸管，100mL 量筒。

(2) 0.1mol/L 氢氧化钠标准溶液　GB/T 601—2002《化学试剂　标准滴定溶液的制备》。

4. 测定方法与步骤

称取成品麦曲（糖化曲）10g（以绝对干曲计）于500mL 三角瓶中，加蒸馏水 100mL 于 30℃水浴锅中保温半小时，每隔 15min 搅拌一次，用脱脂棉过滤，吸取滤液 10mL 于 150mL 三角瓶中，加蒸馏水 30mL，加酚酞指示剂 3 滴，用 0.1mol/L 氢氧化钠滴定至溶液呈微红色，半分钟不褪色为终点，并记录氢氧化钠消耗的量（mL）。

5. 计算

$$1\text{g 绝干曲（10mL 滤液）所消耗 0.1mol/L 氢氧化钠毫升数} = c \times V \div 0.1$$

式中　c——氢氧化钠浓度，mol/L

V——滤液消耗氢氧化钠的量，mL

结果记录在表 8－1 中。

表 8－1　麦曲检测记录

	批号	水分/%	酸度/mL	糖化率/［mg/（g·h）］
麦曲				

实训五　干黄酒和半干黄酒中总糖的检测

1. 实训目的

学习与掌握用亚铁氰化钾滴定法检测干黄酒和半干黄酒中的总糖。

2. 实训原理

斐林溶液与还原糖共沸，在碱性溶液中将铜离子还原成1价铜离子，并与溶液中的亚铁氰化钾络合而呈黄色。以次甲基蓝为指示剂，达到终点时，稍微过量的还原糖将次甲基蓝还原成无色为终点。依据1g/L葡萄糖标准消耗的体积，计算总糖含量。

3. 试剂与仪器

（1）微量甲溶液　称取硫酸铜（$CuSO_4 \cdot 5H_2O$）15g及次甲基蓝0.05g，加蒸馏水溶解并定容到1000mL，摇匀备用。

（2）微量乙溶液　称取酒石酸钾钠50g、氢氧化钠54g、亚铁氰化钾4g，加蒸馏水溶解并定容到1000mL，摇匀备用。

（3）1g/L葡萄糖标准溶液　称取经103～105℃烘干至恒重的无水葡萄糖1g（精确至0.0001g），加水溶解，并加浓盐酸5mL，再用蒸馏水定容到1000mL摇匀备用。

（4）6mol/L盐酸溶液　量取浓盐酸50mL，加蒸馏水稀释至100mL。

（5）1g/L甲基红指示液　称取甲基红0.10g，溶于（95%）乙醇并稀释至100mL。

（6）200g/L氢氧化钠溶液　称取氢氧化钠20g，用蒸馏水溶解并稀释至100mL。

（7）分析天平　感量0.0001g。

（8）分析天平　感量0.01g。

（9）电炉　300～500W。

（10）100mL三角瓶，100mL容量瓶。

（11）5mL的移液管。

（12）恒温水浴锅　温控±1℃。

4. 分析步骤

（1）空白试验　准确吸取微量甲、乙溶液各5mL于100mL三角瓶中，加入葡萄糖标准溶液9mL，混匀后置于电炉上加热，在2min内沸腾，然后以4～5s一滴的速度继续滴入葡萄糖标准溶液，直至蓝色消失立即呈现黄色为终点，记录消耗葡萄糖标准溶液的总量（V_0）。

（2）酒样的测定

①吸取酒样2～10mL（控制水解液含糖量在1～2g/L）于100mL容量瓶中，

加水 30mL 和盐酸溶液 5mL，在 68 ~ 70℃水浴中加热水解 15min，冷却后，加入甲基红指示液 2 滴，用氢氧化钠溶液中和至红色消失（近似于中性）。用蒸馏水定容到 100mL，摇匀，作为酒样水解液备用。

②预滴定：准确吸取微量甲、乙溶液各 5mL 及酒样水解液 5mL 于 100mL 三角瓶中，摇匀后置于电炉上加热至沸腾，用葡萄糖标准溶液滴定至终点，记录消耗葡萄糖标准溶液体积。

③滴定：准确吸取微量甲、乙溶液各 5mL 及酒样水解液 5mL 于 100mL 三角瓶中，加入比预先滴定时少 1mL 的葡萄糖标准溶液，摇匀后置于电炉上加热至沸腾，继续用葡萄糖标准溶液滴定至终点，记录消耗葡萄糖标准溶液的体积（V）。接近终点时，滴入的葡萄糖标准溶液的用量应控制在 0.5 ~ 1.0mL。

5. 计算

酒样中总糖含量按下式计算：

$$X = \frac{c \times (V_0 - V) \times n}{5} \times 1000$$

式中　X——酒样中总糖的含量，g/L

V_0——空白试验时，消耗葡萄糖标准溶液的体积，mL

V——酒样测定时，消耗葡萄糖标准溶液的体积，mL

c——葡萄糖标准溶液的浓度，g/mL

n——酒样的稀释倍数

5——酒样稀释的体积

所得结果保留一位小数。

6. 精密度

在重复性条件下获得的两次独立测定结果的绝对差值，不得超过算术平均值的 5%。

实训六　非糖固形物的检测

1. 实训目的

学习与掌握非糖固形物的测定方法。

2. 实训原理

酒样经过 100 ~ 105℃加热，其中的水分、乙醇等可挥发性的物质被蒸发，剩余的残留物即为总固形物。总固形物减去总糖含量即为非糖固形物。

3. 实训仪器

天平（感量 0.0001g），电热干燥箱（温控 ±1℃），干燥器（内盛有效干燥剂），称量瓶（空盒），5mL 移液管。

4. 分析步骤

吸取酒样 5mL（干、半干黄酒直接取样，半甜黄酒稀释 1 ~ 2 倍后取样，甜黄酒稀释2～6倍后取样）于已知干燥至恒重的蒸发皿（或直径为50mm、高30mm称量瓶）中，放入（103±2）℃电热干燥箱中烘干4h，取出称量。

5. 计算

酒样中总固形物含量的计算：

$$X_1 = \frac{(m_1 - m_2) \times n}{V} \times 1000$$

式中 X_1——酒样中总固形物的含量，g/L

m_1——蒸发皿（或称量瓶）和酒样烘干后的质量，g

m_2——蒸发皿（或称量瓶）烘干至恒重的质量，g

n——酒样稀释倍数

V——吸取酒样的体积，mL

酒样中非糖固形物含量的计算：

$$X = X_1 - X_2$$

式中 X——酒样中非糖固形物含量，g/L

X_1——酒样中总固形物的含量，g/L

X_2——酒样中总糖含量，g/L

所得结果保留一位小数。

6. 精密度

在重复性条件下获得的两次独立测定结果的绝对差值，不得超过算术平均值的5%。

实训七 黄酒总酸和氨基酸态氮的检测

1. 实训目的

（1）掌握生化分析检测技术。

（2）学习与掌握黄酒总酸及氨基酸态氮的检测方法。

2. 实训原理

（1）酸碱中和的原理用酸度计来检测黄酒中的含酸量。用0.1mol/L的NaOH溶液进行滴定。

（2）氨基酸是两性化合物，分子中的氨基与甲醛反应后失去碱性，而使羧基呈酸性。用氢氧化钠标准溶液滴定羧基，通过氢氧化钠标准溶液消耗的量可以计算出氨基酸态氮含量。

3. 试剂与仪器

（1）甲醛溶液 36%～38%（无缩合沉淀）。

（2）无二氧化碳的水 按GB/T 603—2002《化学试剂 试验方法中所用制剂及制品的制备》配制。

（3）氢氧化钠标准溶液（0.1mol/L） 按GB/T 601—2002《化学试剂 标

准滴定溶液的制备》配制和标定。

（4）酸度计或自动电位滴定仪　精度0.01pH。

（5）磁力搅拌器。

（6）分析天平　感量0.0001g。

4. 分析步骤

按仪器使用说明书调试和校正酸度计两点pH6.86与pH9.18。

吸取酒样10mL于150mL烧杯中，加入无二氧化碳的水50mL。烧杯中放入磁力搅拌棒，置于电磁搅拌器上，开启搅拌，用氢氧化钠标准溶液滴定，开始时可快速滴加氢氧化钠标准溶液，当滴定至pH7时，放慢滴定速度，每次加0.5滴氢氧化钠标准溶液，直至pH8.20为终点。记录消耗0.1mol/L氢氧化钠标准溶液的体积（V_1）。加入甲醛溶液10mL，继续用氢氧化钠标准溶液滴定至pH9.20，记录加甲醛后消耗氢氧化钠标准溶液的体积（V_2）。同时做空白试验，分别记录不加甲醛溶液及加入甲醛溶液时，空白试验所消耗氢氧化钠标准溶液的体积（V_3、V_4）。

5. 分析结果的描述与计算

酒样中总酸含量的计算：

$$X=\frac{(V_1-V_3)\times c\times 90}{V}$$

式中　X——酒样中总酸的含量，g/L

V_1——测定酒样时，消耗0.1mol/L氢氧化钠标准溶液的体积，mL

V_3——空白试验时，消耗0.1mol/L氢氧化钠标准溶液的体积，mL

c——氢氧化钠标准溶液的浓度，mol/L

90——乳酸的摩尔质量，g/mol

V——吸取酒样的体积，mL

酒样中氨基酸态氮含量计算：

$$Y=\frac{(V_2-V_4)\times c\times 14}{V}$$

式中　Y——酒样中氨基酸态氮的含量，g/L

V_2——加甲醛后，测定酒样时消耗0.1mol/L氢氧化钠标准溶液的体积，mL

V_4——加甲醛后，空白试验时消耗0.1mol/L氢氧化钠标准溶液的体积，mL

c——氢氧化钠标准溶液的浓度，mol/L

14——氮的摩尔质量，g/mol

V——吸取酒样的体积，mL

所得结果保留一位小数。

6. 精密度

在重复性条件下获得的两次独立测定结果的绝对差值，不得超过算术平均值的5%。

实训八　黄酒 pH 的检测

1. 实训目的

(1) 掌握生化分析检测技术。

(2) 学习与掌握黄酒 pH 的检测方法。

2. 实训原理

将复合电极浸入酒样溶液中，构成一个原电池。产生一个电位差，两极间的电动势与溶液的 pH 有关，通过测量原电池的电动势，即可得到酒样溶液的 pH，一般可直接用 pH 计读出 pH。

3. 试剂与仪器

(1) 0.025mol/L 磷酸盐标准缓冲溶液［pH6.86 (25℃)］　称取 3.40g 磷酸二氢钾 (KH_2PO_4) 和 3.55 磷酸氢二钠 (Na_2HPO_4)，溶于无二氧化碳的水，稀释至1000mL。磷酸二氢钾和磷酸氢二钠预先在 (120 ± 10)℃ 干燥 2h。此溶液的浓度 c (KH_2PO_4) 为 0.025mol/L。

(2) 0.05mol/L 邻苯二甲酸氢钾标准缓冲溶液［pH4 (25℃)］　称取于110℃干燥 1h 的邻苯二甲酸氢钾 ($C_6H_4CO_2HCO_2K$) 10.21g，用无二氧化碳的水溶解，并定容到1000mL。

(3) 酸度计或自动电位滴定仪　精度 0.01pH，备有复合电极。

(4) 磁力搅拌器。

(5) 分析天平　感量 0.0001g。

4. 分析步骤

按仪器使用说明书调试和校正酸度计两点 pH6.86 与 pH4。

用水冲洗电极，再用试液洗涤电极两次，用滤纸吸干电极外面附着的液珠，调整试液温度至 (25 ± 1)℃，直接测定，直至 pH 读数稳定 1min 为止，记录。或在室温下测定，换算成 25℃ 时的 pH。所得结果表示至小数点后一位。

5. 精密度

在重复性条件下获得两次独立测定结果的绝对差值，不得超过算术平均值的1%。

实训九　成品黄酒酒精度的检测（蒸馏法）

1. 实训目的

（1）学习与掌握黄酒酒精度的检测方法。

（2）掌握生化分析检测技术。

2. 实训原理

酒样经过蒸馏，用酒精计测定馏出液中酒精的含量。

3. 实训仪器

（1）电炉　500～800W。

（2）冷凝　玻璃，直形。

（3）酒精计　标准温度20℃，分度值为0.2%（体积分数）。

（4）水银温度计　50℃，分度值为0.1℃。

（5）容量瓶　100mL。

（6）量筒　100mL。

4. 分析步骤

在约20℃时，用容量瓶量取酒样100mL，全部移入500mL蒸馏瓶中，用100mL水分次洗涤容量瓶，洗液并入蒸馏瓶中，加数粒玻璃珠。装上冷凝管，通入冷水，用原100mL容量瓶接收馏出液（外加冰浴）。加热蒸馏，直至收集馏出液体积约95mL时，停止蒸馏。于水浴中冷却至约20℃，用蒸馏水定容，摇匀。倒入100mL量筒中，测量馏出液的温度与酒精度。按测得的实际温度和酒精度示值查附录一，换算成20℃时的酒精度。

5. 结果

所得结果保留一位小数。

6. 精密度

在重复性条件下获得的两次独立测定结果的绝对差值，不得超过算术平均值的5%。

实训十　绍兴加饭酒（花雕）中挥发酯的检测

1. 实训目的

学习并掌握绍兴加饭酒（花雕）中挥发酯的测定方法。

2. 实训原理

黄酒通过蒸馏，酒中的挥发酯收集在馏出液中，先用碱中和馏出液中的挥发酸，再加入一定的碱使酯皂化，再加入一定量的酸，过量的酸再用碱滴定。

3. 实训试剂与仪器

（1）250mL 全玻璃回流装置。

（2）10g/L 酚酞指示剂。

（3）硫酸标准溶液 c（$1/2H_2SO_4$）=0.1mol/L。

（4）氢氧化钠标准溶液 c（NaOH）=0.1mol/L。

（5）25mL 碱式滴定管。

（6）25mL 酸式滴定管。

4. 操作方法

吸取测定酒精度的馏出液 50mL 于 250mL 锥形瓶中，加入酚酞指示剂 2 滴，用 0.1mol/L 氢氧化钠标准溶液滴至微红色，准确加入 0.1mol/L 氢氧化钠标准溶液 25mL，摇匀，装上回流冷凝管，在沸水浴中回流半小时，从水浴中取出，在水浴锅上搁 5min 后取下加塞后，马上用流水冷却至室温。然后再准确加入 0.1mol/L 硫酸标准溶液 25mL，摇匀，用 0.1mol/L 氢氧化钠标准溶液滴至呈微红色，半分钟内不褪色为止，记录消耗氢氧化钠标准溶液的体积。

5. 计算

$$挥发酯（g/L）=\frac{(25+V)\times c_1-25\times c_2}{50}\times 88$$

式中 V——滴定剩余硫酸所消耗氢氧化钠标准溶液的体积，mL

c_1——氢氧化钠标准溶液的浓度，mol/L

c_2——1/2 硫酸标准溶液的浓度，mol/L

88——乙酸乙酯的摩尔质量，g/mol

50——取样体积，mL

6. 结果的允许差

同一样品两次测定值之差，不得超过 0.01g/L，结果保留两位小数。

实训十一　黄酒成品菌落总数的检测

1. 实训目的

学习与掌握黄酒成品微生物检测方法。

2. 实训原理

检样经过处理，在一定条件下培养后（如培养基成分、培养温度和时间等），所得 1mL（或 1g）检样中形成菌落的总数。

3. 培养基和试剂

（1）平板计数琼脂（PCA）培养基。

（2）磷酸盐缓冲溶液。

①贮存液：称取磷酸二氢钾 34g 溶于 500mL 蒸馏水中，用大约 175mL 的 1mol/L 氢氧化钠溶液调节 pH，用蒸馏水稀释至 1000mL 后贮存于冰箱。

②稀释液：取贮存液 1.25mL，用蒸馏水稀释至 1000mL，分装于适宜容器中，121℃高压灭菌 15min。

(3) 无菌生理盐水　称取 8.5g 氯化钠溶于 1000mL 蒸馏水中，121℃高压灭菌 15min。

(4) 1mol/L 氢氧化钠（NaOH）　称取 40g 氢氧化钠溶于 1000mL 蒸馏水中。

(5) 1mol/L 盐酸（HCl）移取浓盐酸 90mL，用蒸馏水稀释至 1000mL。

4. 仪器

除微生物实验室常规灭菌及培养设备外，其他设备和材料如下：

(1) 冰箱　2~5℃。

(2) 恒温培养箱　(36±1)℃。

(3) 恒温水浴锅　(46±1)℃。

(4) 天平　感量 0.1g。

(5) 均质器。

(6) 振荡器。

(7) 无菌吸管　1mL（具 0.01mL 刻度）、10mL（具 0.1mL 刻度）或微量移液器。

(8) 无菌锥形瓶　250、500mL。

(9) 无菌培养皿　直径 90mm。

(10) pH 计或 pH 比色管或精密 pH 试纸。

(11) 放大镜或（和）菌落计数器。

5. 操作步骤

(1) 检测样稀释

①以无菌吸管吸取 25mL 样品放于盛有 225mL 磷酸盐缓冲溶液或生理盐水无菌锥形瓶（瓶内预置适当数量的玻璃珠）中，充分混匀，制成 1∶10 的样品匀液。

②用 1mL 无菌吸管吸取 1∶10 样品匀液 1mL，沿管壁缓慢注于盛有 9mL 稀释液的无菌试管中（注意吸管尖端不要触及管内稀释液面），振摇试管或换用一支无菌吸管反复吹打使其混合均匀，做成 1∶100 的样品匀液。

③按②操作程序，制备 10 倍系列稀释样品匀液。每递增稀释一次，换用 1 支 1mL 无菌吸管。

④根据对样品污染状况的估计，选择 2~3 个适宜稀释度的样品匀液（液体样品可包括原液），在进行 10 倍递增稀释时，每个稀释度分别吸取 1mL 样品匀液加入两个无菌平皿内。同时分别取 1mL 稀释液加入两个无菌平皿做空白对照。

⑤及时将 15~20mL 冷却至 46℃的平板计数琼脂培养基［可放置于 (46±1)℃水浴箱中保温］倾注平皿，并转动平皿使其混合均匀。

（2）培养

①待琼脂凝固后，翻转平板，(36 ±1)℃培养（48 ±2）h。

②如果样品中可能含有在琼脂培养基表面弥漫生长的菌落时，可在凝固后的琼脂表面覆盖一薄层琼脂培养基（约 4mL），凝固后翻转平板，按①条件进行培养。

（3）菌落计数　可用肉眼观察，必要时用放大镜或菌落计数器，记录稀释倍数和相应的菌落数量。菌落计数以菌落形成单位（cfu）表示。

①选取菌落数在 30 ~ 300cfu、无蔓延菌落生长的平板计数菌落总数。低于 30cfu 的平板记录具体菌落数，大于 300cfu 的可记录为多不可计。每个稀释度的菌落数应采用两个平板的平均数。

②其中一个平板有较大片状菌落生长时，则不宜采用，而应以无片状菌落生长的平板作为该稀释度的菌落数；若片状菌落不到平板的一半，而其余一半中菌落分布又很均匀，即可计算半个平板后乘以 2，代表一个平板菌落数。

③当平板上出现菌落间无明显界线的链状生长时，则将每条链作为一个菌落计数。

6. 结果的表述

（1）菌落总数的计算方法

①若只有一个稀释度平板上的菌落数在适宜计数范围内，计算两个平板菌落数的平均值，再将平均值乘以相应稀释倍数，作为每克（或毫升）中菌落总数结果。

②若有两个连续稀释度的平板菌落数在适宜计数范围内，按下式计算：

$$N = \sum n / [(n_1 + 0.1 n_2) d]$$

式中　N——样品中菌落

$\sum n$——平板（含适宜范围菌落数的平板）菌落数之和

n_1——第一个适宜稀释度平板上的菌落数

n_2——第二个适宜稀释度平板上的菌落数

d——稀释因子（第一稀释度）

③若所有稀释度的平板上菌落数均大于 300，则对稀释度最高的平板进行计数，其他平板可记录为多不可计，结果按平均菌落数乘以最高稀释倍数计算。

④若所有稀释度的平均菌落数均小于 30，则应按稀释度最低的平均菌落数乘以稀释倍数计算。

⑤若所有稀释度（包括样品原液）平板均无菌落生长，则以小于 1 乘以最低稀释倍数计算。

⑥所有稀释度的平板菌落数均不在 30 ~ 300，其中一部分小于 30 或大于 300，则以最接近 30 或 300 的平均菌落数乘以稀释倍数计算。

（2）菌落总数的报告

①菌落数在100以内时，按“四舍五入”原则修约，采用两位有效数字报告。

②大于或等于100时，第三位数字采用“四舍五入”方法修约后，取前两位数字，后面用0代替位数；也可用10的指数形式来表示，按“四舍五入”原则修约后，采用两位有效数字报告。

③若所有平板上为蔓延菌落而无法计数，则报告菌落蔓延。

④若空白对照上有菌落生长，则此次检测无效。

⑤体积取样以cfu/mL为单位报告。

实训十二 黄酒成品大肠菌群总数的检测

1. 实训目的

学习与掌握黄酒成品微生物检测方法。

2. 实训原理

大肠菌群即一群在36℃条件下培养48h能发酵乳糖、产酸产气的需氧和兼性厌氧的革兰阴性无芽孢杆菌。该菌主要来源于人畜粪便，故以此作为粪便污染指标来评价食品的卫生状况，推断食品中肠道致病菌污染的可能。

3. 培养基和试剂

（1）月桂基硫酸盐胰蛋白胨（LST）肉汤。

（2）煌绿乳糖胆盐（BGLB）肉汤。

（3）磷酸盐缓冲液。

（4）无菌生理盐水　称取8.5g氯化钠溶于1000mL蒸馏水中，121℃高压灭菌15min。

（5）1mol/L氢氧化钠（NaOH）　称取40g氢氧化钠溶于1000mL蒸馏水中。

（6）1mol/L盐酸（HCl）　移取浓盐酸90mL，用蒸馏水稀释至1000mL。

4. 操作步骤

（1）检测样稀释

①以无菌吸管吸取检测样25mL，放于含有225mL灭菌生理盐水或磷酸盐缓冲液的灭菌锥形瓶内（瓶内预置适当数量的玻璃珠），经充分混匀，制成1∶10的样品稀释液。

②样品均匀液的pH应在6.5～7.5，必要时分别用1mol/L氢氧化钠（NaOH）或1mol/L盐酸（HCl）调节。

③用1mL灭菌吸管吸取1∶10样品均匀液1mL，沿管壁缓缓注入含有9mL灭菌生理盐水或磷酸盐缓冲液的试管内（注意吸管尖端不要触及稀释液面），振摇试管或换用1支1mL无菌吸管反复吹打，使其混合均匀，做成1∶100的样品

匀液。

④根据对检测样品污染情况的估计，按上述操作，依次制成10倍递增系列稀释样品匀液。每递增稀释1次，换用1支1mL无菌吸管。从制备样品匀液到样品接种完毕，全过程不得超过15min。

（2）初发酵试验　每个样品，选择3个适宜的连续稀释度的样品匀液（液体样品可以选择原液），每个稀释度连续接种3管月桂基硫酸盐胰蛋白胨（LST）肉汤，每管接种1mL（如接种量超过1mL，则用双料LST肉汤），(36±1)℃培养（24±2）h，观察倒管内是否有气泡产生，如未产气则继续培养至（48±2）h。记录在24h和48h内产气的LST肉汤管数。未产气者为大肠菌群阴性，产气者则进行复发酵试验。

（3）复发酵试验　用接种环从所有（48±2）h内发酵产气的LST肉汤管中分别取培养物一环，移种于煌绿乳糖胆盐（BGLB）肉汤管中，(36±1)℃培养(48±2) h，观察产气情况。产气者，计为大肠菌群阳性管。

5. 大肠菌群最可能数（MPN）的报告

根据大肠菌群阳性的管数，查MPN检索表，报告每克（或毫升）样品中大肠菌群的MPN值。

成品黄酒在正常的情况下，卫生指标检测是不用稀释的，直接吸入1mL检测的酒样放到培养基中的，另外同上。黄酒卫生指标要求：细菌总数（cfu/mL）＜50，大肠菌群（MPN/mL）不得检出，沙门氏菌、金黄色葡萄球菌不得检出。

实训十三　β-苯乙醇的检测

1. 实训目的

学习与掌握黄酒中β-苯乙醇的测定方法。

2. 实训原理

酒样被汽化后，随同载气进入色谱柱。利用被测各组分在气、液两相中具有不同的分配系数，在柱内形成迁移速度的差异而得到分离。分离后的组分先后流出色谱柱，进入氢火焰离子化检测器中被检测，依据色谱图各组分的保留值与标样做对照定性，利用峰面积，按内标法定量。

3. 实训试剂与仪器

（1）15%（体积分数）乙醇溶液　吸取15mL乙醇（色谱纯），加水稀释至100mL。

（2）2%（体积分数）β-苯乙醇标准溶液　吸取2mLβ-苯乙醇（色谱纯），用15%（体积分数）乙醇溶液定容至100mL。

（3）2%（体积分数）2-乙基正丁酸内标溶液　吸取2mL 2-乙基正丁酸（色谱纯），用15%（体积分数）乙醇溶液定容至100mL。

（4）气相色谱仪　配有氢火焰离子化检测器（FID）。

（5）微量注射器　2μL。

（6）毛细管色谱柱　PEG20M，柱长25～30m，内径0.32mm。或同等分析效果的其他色谱柱。

（7）色谱条件如下：

①载气：高纯氮。

②汽化室温度：230℃。

③检测器温度：250℃。

④柱温（PEG20M毛细管色谱柱）：在50℃恒温2min后，以5℃/min的速度升温至200℃，继续恒温10min。

⑤载气、氢气、空气的流速：因仪器而异，应通过试验选择最佳操作流程，使β－苯乙醇、内标峰与酒样中其他组分峰获得完全分离。

4. 操作步骤

（1）标样f值的测定　吸取1mL 2%（体积分数）的β－苯乙醇标准溶液，移入100mL容量瓶中，加入1mL 2%（体积分数）的2－乙基正丁酸内标溶液，用15%（体积分数）乙醇溶液定容。此溶液中β－苯乙醇和内标的浓度均为0.02%（体积分数）。开启仪器，待色谱仪基线稳定后，用微量注射器进样（进样量视仪器的灵敏度而定），进行分析，记录β－苯乙醇峰和内标峰的保留时间及其峰面积。

β－苯乙醇的相对校正因子f值计算：

$$f=\frac{A_1}{A_2}\times\frac{d_2}{d_1}$$

式中　f——β－苯乙醇在相对校正因子

A_1——测定标样f值时内标的峰面积

A_2——测定标样f值时β－苯乙醇的峰面积

d_2——β－苯乙醇的相对密度

d_1——内标物的相对密度

（2）酒样的测定　吸取酒样8mL于10mL容量瓶中，加入0.1mL 2%（体积分数）的内标溶液，用酒样定容。混匀后，与测定f值相同的条件下进样，依据保留时间确定β－苯乙醇和内标色谱峰的位置，并测定峰面积，计算出酒样中β－苯乙醇的含量。

5. 计算

$$β－苯乙醇含量（mg/L）=\frac{A_3}{A_4}\times f\times c$$

式中　f——β－苯乙醇相对校正因子

A_3——酒样中β－苯乙醇的峰面积

A_4——添加于酒样中内标的峰面积

c——酒样中添加内标的浓度，mg/L

所得结果保留一位小数。

实训十四 废水中化学耗氧量（COD）的检测

1. 实训目的

学习与掌握废水中化学耗氧量（COD）的测定方法。

2. 实训原理

在强酸性溶液中，准确加入过量的重铬酸钾标准溶液，加热回流，将水样中还原性物质（主要是有机物）氧化，过量的重铬酸钾用试亚铁灵作指示剂，用硫酸亚铁铵标准溶液回滴，根据所消耗的重铬酸钾标准溶液量来计算水样化学需氧量。

3. 实训试剂与仪器

（1）重铬酸钾标准溶液［c（$1/6k_2Cr_2O_7$）$=0.25$mol/L］ 称取预先在120℃烘干2h的基准或优质纯重铬酸钾12.258g溶于水中，移入1000mL容量瓶，稀释至标线，摇匀。

（2）试亚铁灵指示液 称取1.485g邻菲罗啉（$C_{12}H_8N_2 \cdot H_2O$）0.695g，硫酸亚铁（$FeSO_4 \cdot 7H_2O$）溶于水中，稀释至100mL，贮于棕色瓶中。

（3）硫酸亚铁铵标准溶液［c（NH_4）$Fe(SO_4)_2 \cdot 6H_2O \approx 0.1$mol/L］ 称取39.5g硫酸亚铁铵溶于水中，边搅拌边缓慢加入20mL浓硫酸，冷却后移入1000mL容量瓶中，加水稀释至标线，摇匀。临用前，用重铬酸钾标准溶液标定。

标定方法：准确吸取10mL重铬酸钾标准溶液于500mL锥形瓶中，加水稀释至110mL左右，缓慢加入30mL浓硫酸，摇匀。冷却后，加入3滴试亚铁灵指示液（约0.15mL），用硫酸亚铁铵溶液滴定，溶液的颜色由黄色经过蓝绿色至红褐色即为终点。记录硫酸亚铁铵的消耗量V（mL）。

$$c=\frac{0.25\times 10}{V}$$

式中 c——硫酸亚铁铵标准溶液浓度，mol/L

V——硫酸亚铁铵标准溶液的用量，mL

（4）硫酸－硫酸银溶液 于500mL浓硫酸中加入5g硫酸银放置1~2d，不时摇动使其溶解。

（5）硫酸汞 结晶或粉末。

（6）500mL全玻璃回流装置。

（7）加热装置（电炉）。

（8）25mL或50mL酸式滴定管、锥形瓶、移液管、容量瓶等。

4. 操作步骤

（1）先加硫酸汞少许于250mL磨口的回流锥形瓶中，再加入20mL混合均匀

的水样（或适量水样稀释至20mL）摇匀，准确加入10mL重铬酸钾标准溶液及数粒小玻璃珠或沸石，连接磨口回流冷凝管，从冷凝管上口慢慢地加入30mL硫酸-硫酸银溶液，轻轻摇动锥形瓶使溶液混匀，加热回流2h（自开始沸腾计时）。

对于化学需氧量高的废水样，可先取上述操作所需体积的1/10的废水样和试剂于15mm×150mm硬质玻璃试管中，摇匀，加热后观察是否呈绿色。如果溶液呈绿色，再适当减少废水取样量，直至溶液不变绿色为止，从而确定废水样分析时应取用的体积。稀释时，吸取废水样量不得少于5mL，如果化学需氧量很高，则废水样品应该多次稀释。废水中氯离子含量超过30mg/L时，应先把0.4g硫酸汞加入到回流锥形瓶中，再加入20mL废水（或适量废水稀释至20mL），摇匀。

（2）冷却后，用90mL水冲洗冷凝管壁，取下锥形瓶。溶液总体积不得少于140mL，否则因酸度太大，滴定终点不明显。

（3）溶液再度冷却后，加3滴试亚铁灵指示液，用硫酸亚铁铵标准溶液滴定，溶液的颜色由黄色经蓝绿色至红褐色即为终点，记录消耗硫酸亚铁铵标准溶液的用量为V_1。

（4）测定水样的同时，取20mL重蒸馏水，按同样操作步骤做空白实验。记录滴定空白时消耗硫酸亚铁铵标准溶液的用量为V_0。

5. 计算

$$COD_{cr}\ (O_2,\ mg/L) = \frac{(V_0 - V_1) \times c \times 8 \times 1000}{V}$$

式中　c——硫酸亚铁铵标准溶液的浓度，mol/L

V_0——滴定空白时硫酸亚铁铵标准溶液的用量，mL

V_1——滴定水样时硫酸亚铁铵标准溶液的用量，mL

V——水样的体积，mL

8——氧（1/2O）的摩尔质量，g/mol

所得结果保留一位小数。

注意：0.2500mol/L重铬酸钾标准溶液可测定大于50mg/L的COD_{cr}值。用0.025mol/L浓度的重铬酸钾可测定5~50mg/L的COD_{cr}值，但准确度较差。

实训十五　黄酒酒精度的检测（酒精仪）

1. 实训目的

（1）学习与掌握酒精仪的使用操作方法。

（2）学习与掌握酒精仪测定黄酒酒精度方法。

2. 实训原理

根据酒样中乙醇对特定近红外波长的吸收，直接测量黄酒的酒精含量，有效避免酒中其他组分的干扰，确保酒精度测定的准确性。

3. 实训试剂与仪器

10%～12%体积分数的酒精，安东帕酒精分析仪。

4. 操作步骤

（1）检测准备

①在测量开始前开机预热60min。

②检查程序：检查仪器的零点，将（20±3）℃的无气泡重蒸水加到进样瓶，点击开始键开始检测。等待进样完成，检查酒精显示值，如果显示0%±0.03%（体积分数），则可以进行测量。如果超过0%±0.03%（体积分数），清洗后再次检查。如果依然超过0%±0.03%（体积分数），则进行酒精仪零点校正。

③校正程序

a. 用重蒸水校正仪器的零点：选择“菜单→检查/校正→其他校正→酒精密度分析模块→酒精零点校正”。将（20±3）℃的无气泡重蒸水加入到进样瓶中，进样针插入样品瓶，按“OK”键开始。等待进样完成，调整自动进行，完成后显示如下信息：

旧的酒精度值（%体积分数）

新的酒精度值（%体积分数）

和出厂值的比较（%体积分数）

如果此值在80%～120%范围外，则需进行清洗，如果清洗后此值还在范围外，则需要与安东帕公司联系进行修理。

如果此值在80%～120%范围内，根据实际情况，选择点击“重做”、“拒绝”、“打印或输出”（仅在连接有打印机时显示）或“应用”。

b. 用已知浓度的酒精溶液校正：彻底清洁测量池后，准备好浓度为8%～12%（体积分数）的酒精溶液，调节溶液温度到（20±3）℃。选择“菜单→检查/校正→其他校正→酒精密度分析模块→酒精浓度校正”。

进样针插入样品瓶，按“OK”键开始。“Enter the concentration of the reference medium”要求输入所配制酒精溶液浓度值，按“OK”键继续，进样完成，温度平衡后，显示信息：

旧的酒精度值（%体积分数）

新的酒精度值（%体积分数）

根据情况选择“重做”、“拒绝”、“打印或输出”（仅在连接有打印机时显示）或“应用”。

（2）检测酒样　把酒样放入样品瓶中，插入进校针，按“OK”键进行自动检测。检测结束显示信息。

5. 检测结果

$$酒样酒精度（\%，体积分数）=酒样检测时屏幕显示的读数$$

6. 酒精仪维护

（1）每周至少一次，用已知浓度的重蒸水/酒精溶液检查。准备重蒸水/乙醇浓度为10%～12%（体积分数）的酒精溶液（精密天平称量酒精及重蒸水质量后计算体积比：20℃无水乙醇密度0.78924，水密度0.9982），调节溶液温度到（20±3）℃，加入到样品瓶中，进样针插入样品瓶，点击开始键开始进样。等待进样完成，检查Alcolyzer酒精显示值，如果显示值与所配溶液酒精度差值在±0.03%（体积分数），并且保持稳定，则可以进行测量。

（2）清洗规程　测量结束后必须立即清洗测量池，以免被测样品残留在测量池内。

①一天中不同批次样品测量间的清洗：在最后一个样品后面进一针重蒸水用于清洗。重蒸水可保留在测量池中，直至下一次测量。

②一天测量结束时的清洗：依次用酒精分析仪专用清洗液和四次重蒸水清洗。重蒸水可保留在测量池中，直至下一次测量（长时间不使用建议用无水酒精冲洗后吹干测量池）。

③每周一次的清洗：每周一次，用含有次氯酸钠与氢氧化钠的溶液清洗测量池。务必注意清洗的浓度，稀释后的总浓度和不高于1%（各0.5%的溶液浓度）。清洗液在测量池中滞留时间不要超过3min。然后依次用自制清洗液和4次重蒸水清洗。

④再次测量前先用一针浓度为10%的酒精溶液（可以用校正所用乙醇溶液）清洗，以减小测量池表面张力，避免在进样的过程中产生气泡。

附录一　酒精计示值换算成20℃时的酒精浓度（酒精度）

酒精度 溶液温度/℃	酒精计示值										
	0	0.5	1.0	1.5	2.0	2.5	3.0	3.5	4.0	4.5	5.0
	温度20℃时用体积分数表示的酒精浓度/%体积分数										
0	0.8	1.3	1.8	2.3	2.8	3.3	3.9	4.4	4.9	5.5	6.0
1	0.8	1.3	1.8	2.4	2.9	3.4	3.9	4.4	5.0	5.5	6.1
2	0.8	1.4	1.9	2.4	2.9	3.4	4.0	4.5	5.0	5.6	6.1
3	0.9	1.4	1.9	2.4	3.0	3.5	4.0	4.5	5.0	5.6	6.1
4	0.9	1.4	1.9	2.4	3.0	3.5	4.0	4.5	5.1	5.6	6.2
5	0.9	1.4	2.0	2.5	3.0	3.5	4.0	4.6	5.1	5.6	6.2
6	0.9	1.4	2.0	2.5	3.0	3.5	4.0	4.6	5.1	5.6	6.2
7	0.9	1.4	1.9	2.4	3.0	3.5	4.0	4.5	5.1	5.6	6.1
8	0.9	1.4	1.9	2.4	2.9	3.4	4.0	4.5	5.0	5.6	6.1
9	0.9	1.4	1.9	2.4	2.9	3.4	4.0	4.5	5.0	5.5	6.0
10	0.8	1.3	1.8	2.4	2.9	3.4	3.9	4.4	5.0	5.5	6.0
11	0.8	1.3	1.8	2.3	2.8	3.3	3.9	4.4	4.9	5.4	6.0
12	0.7	1.2	1.7	2.2	2.8	3.3	3.8	4.3	4.8	5.4	5.9
13	0.7	1.2	1.7	2.2	2.7	3.2	3.7	4.2	4.8	5.3	5.8
14	0.6	1.1	1.6	2.1	2.6	3.1	3.6	4.2	4.7	5.2	5.7
15	0.5	1.0	1.5	2.0	2.5	3.0	3.6	4.1	4.6	5.1	5.6
16	0.4	0.9	1.4	1.9	2.4	2.9	3.4	4.0	4.5	5.0	5.5
17	0.3	0.8	1.3	1.8	2.3	2.8	3.4	3.9	4.4	4.9	5.4
18	0.2	0.7	1.2	1.7	2.2	2.7	3.2	3.7	4.2	4.8	5.3
19	0.1	0.6	1.1	1.6	2.1	2.6	3.1	3.6	4.1	4.6	5.1
20	0.0	0.5	1.0	1.5	2.0	2.5	3.0	3.5	4.0	4.5	5.0
21	—	0.4	0.9	1.4	1.9	2.4	2.9	3.4	3.9	4.4	4.8
22	—	0.2	0.7	1.2	1.7	2.2	2.7	3.2	3.7	4.2	4.7
23	—	0.1	0.6	1.1	1.6	2.1	2.6	3.1	3.6	4.1	4.6
24	—	0.0	0.4	0.9	1.4	1.9	2.4	2.9	3.4	3.9	4.4
25	—	—	0.3	0.8	1.3	1.8	2.3	2.8	3.2	3.7	4.2
26	—	—	0.1	0.6	1.1	1.6	2.1	2.6	3.1	3.6	4.0
27	—	—	0.0	0.4	1.0	1.4	1.9	2.4	2.9	3.4	3.9
28	—	—	—	0.3	0.8	1.3	1.8	2.2	2.7	3.2	3.7
29	—	—	—	0.2	0.6	1.1	1.6	2.1	2.5	3.0	3.5
30	—	—	—	0.1	0.4	0.9	1.4	1.9	2.4	2.8	3.3

续表

溶液温度/℃ \ 酒精度	酒精计示值									
	5.5	6.0	6.5	7.0	7.5	8.0	8.5	9.0	9.5	10.0
	温度20℃时用体积分数表示的酒精浓度/%体积分数									
0	6.6	7.3	7.8	8.4	9.0	9.6	10.2	10.8	11.4	12.0
1	6.6	7.3	7.8	8.4	9.0	9.6	10.2	10.8	11.4	12.0
2	6.7	7.3	7.8	8.4	9.0	9.6	10.2	10.8	11.4	12.0
3	6.7	7.3	7.8	8.4	9.0	9.6	10.2	10.8	11.4	12.0
4	6.7	7.3	7.8	8.4	9.0	9.6	10.2	10.7	11.3	11.9
5	6.7	7.3	7.8	8.4	9.0	9.6	10.1	10.7	11.3	11.8
6	6.7	7.3	7.8	8.4	8.9	9.5	10.1	10.6	11.2	11.8
7	6.7	7.2	7.8	8.4	8.9	9.5	10.0	10.6	11.2	11.7
8	6.6	7.2	7.7	8.3	8.8	9.4	10.0	10.5	11.1	11.6
9	6.6	7.1	7.7	8.2	8.8	9.3	9.9	10.4	11.0	11.5
10	6.5	7.1	7.6	8.2	8.7	9.3	9.8	10.3	10.9	11.4
11	6.5	7.0	7.6	8.1	8.6	9.2	9.7	10.2	10.8	11.3
12	6.4	6.9	7.5	8.0	8.5	9.1	9.6	10.1	10.7	11.2
13	6.3	6.8	7.4	7.9	8.4	9.0	9.5	10.0	10.6	11.1
14	6.2	6.7	7.3	7.8	8.3	8.9	9.4	9.9	10.4	11.0
15	6.1	6.6	7.2	7.7	8.2	8.8	9.3	9.8	10.3	10.8
16	6.0	6.5	7.0	7.6	8.1	8.6	9.1	9.6	10.2	10.7
17	5.9	6.4	6.9	7.4	8.0	8.5	9.0	9.5	10.0	10.5
18	5.8	6.3	6.8	7.3	7.8	8.3	8.8	9.3	9.8	10.4
19	5.6	6.1	6.6	7.2	7.6	8.2	8.7	9.2	9.7	10.2
20	5.5	6.0	6.5	7.0	7.5	8.0	8.5	9.0	9.5	10.0
21	5.4	5.8	6.3	6.8	7.3	7.8	8.3	8.8	9.3	9.8
22	5.2	5.7	6.2	6.7	7.2	7.7	8.2	8.6	9.1	9.6
23	5.0	5.5	6.0	6.5	7.0	7.5	8.0	8.4	8.9	9.4
24	4.9	5.4	5.8	6.3	6.8	7.3	7.8	8.3	8.8	9.2
25	4.7	5.2	5.7	6.2	6.6	7.1	7.6	8.1	8.6	9.0
26	4.5	5.0	5.5	6.0	6.4	6.9	7.4	7.9	8.3	8.8
27	4.3	4.8	5.3	5.8	6.3	6.7	7.2	7.7	8.1	8.6
28	4.2	4.6	5.1	5.6	6.1	6.5	7.0	7.5	7.9	8.4
29	4.0	4.4	4.9	5.4	5.8	6.3	6.8	7.2	7.7	8.2
30	3.8	4.2	4.7	5.2	5.6	6.1	6.6	7.0	7.5	7.9

续表

溶液温度/℃ \ 酒精度	酒精计示值									
	10.5	11.0	11.5	12.0	12.5	13.0	13.5	14.0	14.5	15.0
	温度20℃时用体积分数表示的酒精浓度/%体积分数									
0	12.7	13.3	14.0	14.6	15.3	16.0	16.7	17.5	18.2	19.0
1	12.6	13.3	13.9	14.6	15.3	15.9	16.6	17.3	18.1	18.8
2	12.6	13.2	13.9	14.5	15.2	15.9	16.6	17.2	17.9	18.6
3	12.6	13.2	13.8	14.5	15.1	15.8	16.4	17.1	17.8	18.5
4	12.5	13.1	13.8	14.4	15.0	15.7	16.3	17.0	17.7	18.3
5	12.4	13.0	13.7	14.3	14.9	15.6	16.2	16.8	17.5	18.2
6	12.4	13.0	13.6	14.2	14.8	15.4	16.1	16.7	17.3	18.0
7	12.3	12.9	13.5	14.1	14.7	15.3	15.9	16.5	17.2	17.8
8	12.2	12.8	13.4	14.0	14.6	15.2	15.8	16.4	17.0	17.6
9	12.1	12.7	13.2	13.8	14.4	15.0	15.6	16.2	16.8	17.4
10	12.0	12.6	13.1	13.7	14.3	14.9	15.4	16.0	16.6	17.2
11	11.9	12.4	13.0	13.6	14.1	14.7	15.3	15.8	16.4	17.0
12	11.8	12.3	12.8	13.4	14.0	14.5	15.1	15.7	16.2	16.8
13	11.6	12.2	12.7	13.2	13.8	14.4	14.9	15.5	16.0	16.6
14	11.5	12.0	12.5	13.1	13.6	14.2	14.7	15.3	15.8	16.4
15	11.3	11.9	12.4	12.9	13.5	14.0	14.5	15.1	15.6	16.2
16	11.2	11.7	12.2	12.8	13.3	13.8	14.3	14.9	15.4	15.9
17	11.0	11.5	12.1	12.6	13.1	13.6	14.1	14.7	15.2	15.7
18	10.9	11.4	11.9	12.4	12.9	13.4	13.9	14.4	15.0	15.5
19	10.7	11.2	11.7	12.2	12.7	13.2	13.7	14.2	14.7	15.2
20	10.5	11.0	11.5	12.0	12.5	13.0	13.5	14.0	14.5	15.0
21	10.3	10.8	11.3	11.8	12.3	12.8	13.3	13.8	14.3	14.8
22	10.1	10.6	11.1	11.6	12.1	12.6	13.1	13.6	14.0	14.5
23	9.9	10.4	10.9	11.4	11.8	12.3	12.8	13.3	13.8	14.3
24	9.7	10.2	10.7	11.2	11.6	12.1	12.6	13.1	13.5	14.0
25	9.5	10.0	10.4	10.9	11.4	11.9	12.4	12.8	13.3	13.8
26	9.3	9.8	10.2	10.7	11.2	11.7	12.1	12.6	13.0	13.5
27	9.1	9.5	10.0	10.5	10.9	11.4	11.9	12.3	12.8	13.2
28	8.9	9.3	9.8	10.3	10.7	11.2	11.6	12.1	12.6	13.0
29	8.6	9.1	9.5	10.0	10.5	10.9	11.4	11.8	12.3	12.7
30	8.4	8.9	9.3	9.8	10.2	10.7	11.1	11.6	12.0	12.5

续表

溶液温度/℃ \ 酒精度	酒精计示值									
	15.5	16.0	16.5	17.0	17.5	18.0	18.5	19.0	19.5	20.0
	温度20℃时用体积分数表示的酒精浓度/%体积分数									
0	19.7	20.5	21.3	22.0	22.8	23.6	24.3	25.1	25.8	26.5
1	19.6	20.3	21.1	21.8	22.6	23.3	24.0	24.7	25.4	26.1
2	19.4	20.1	20.8	21.6	22.3	23.0	23.7	24.4	25.1	25.8
3	19.2	19.9	20.6	21.4	22.0	22.7	23.4	24.1	24.8	25.5
4	19.0	19.7	20.4	21.1	21.8	22.5	23.1	23.8	24.4	25.1
5	18.8	19.5	20.2	20.9	21.5	22.2	22.8	23.4	24.1	24.7
6	18.6	19.3	19.9	20.6	21.2	21.9	22.5	23.2	23.8	24.4
7	18.4	19.1	19.7	20.4	21.0	21.6	22.2	22.8	23.4	24.1
8	18.2	18.9	19.5	20.1	20.7	21.3	21.9	22.6	23.2	23.8
9	18.0	18.6	19.2	19.9	20.5	21.1	21.7	22.3	22.8	23.4
10	17.8	18.4	19.0	19.6	20.2	20.8	21.4	22.0	22.5	23.1
11	17.6	18.2	18.8	19.4	20.0	20.5	21.1	21.7	22.2	22.8
12	17.4	18.0	18.5	19.1	19.7	20.2	20.8	21.4	21.9	22.5
13	17.2	17.7	18.3	18.8	19.4	20.0	20.5	21.1	21.6	22.2
14	16.9	17.5	18.0	18.6	19.1	19.7	20.2	20.8	21.3	21.9
15	16.7	17.2	17.8	18.3	18.9	19.4	20.0	20.5	21.0	21.2
16	16.5	17.0	17.5	18.1	18.6	19.2	19.7	20.2	20.7	21.6
17	16.2	16.8	17.3	17.8	18.3	18.9	19.4	19.8	20.4	20.9
18	16.0	16.5	17.0	17.6	18.1	18.6	19.1	19.6	20.1	20.6
19	15.8	16.3	16.8	17.3	17.8	18.3	18.8	19.3	19.8	20.3
20	15.5	16.0	16.5	17.0	17.5	18.0	18.5	19.0	19.5	20.0
21	15.2	15.7	16.2	16.7	17.2	17.7	18.2	18.7	19.2	19.7
22	15.0	15.5	16.0	16.5	17.0	17.4	17.9	18.4	18.9	19.4
23	14.7	15.2	15.7	16.2	16.6	17.1	17.6	18.1	18.6	19.0
24	14.5	15.0	15.4	15.9	16.4	16.9	17.3	17.8	18.3	18.7
25	14.2	14.7	15.2	15.6	16.1	16.6	17.0	17.5	18.0	18.4
26	14.0	14.4	14.9	15.4	15.8	16.3	16.7	17.2	17.6	18.1
27	13.7	14.2	14.6	15.1	15.5	16.0	16.4	16.9	17.3	17.8
28	13.4	13.9	14.4	14.8	15.2	15.7	16.1	16.6	17.0	17.5
29	13.2	13.6	14.1	14.5	15.0	15.4	15.8	16.3	16.7	17.2
30	12.9	13.4	13.8	14.2	14.7	15.1	15.5	16.0	16.4	16.8

续表

酒精度 溶液温度/℃	酒精计示值									
	20.5	21.0	21.5	22.0	22.5	23.0	23.5	24.0	24.5	25.0
	温度20℃时用体积分数表示的酒精浓度/%体积分数									
0	27.2	27.9	28.6	29.2	29.9	30.6	31.2	31.8	32.4	33.0
1	26.8	27.5	28.2	28.8	29.5	30.1	30.7	31.4	32.0	32.6
2	26.4	27.1	27.8	28.4	29.0	29.7	30.3	30.9	31.5	32.2
3	26.1	26.8	27.4	28.0	28.6	29.3	29.9	30.5	31.1	21.7
4	25.7	26.4	27.0	27.6	28.2	28.9	29.5	30.1	30.7	31.3
5	25.4	26.0	26.6	27.2	27.8	28.5	29.1	29.7	30.5	30.8
6	25.0	25.6	26.2	26.9	27.5	28.1	28.7	29.3	29.8	30.4
7	24.7	25.3	25.9	26.5	27.1	27.7	28.3	28.9	29.4	30.0
8	24.3	24.9	25.5	26.1	26.7	27.3	27.9	28.5	29.0	29.6
9	24.0	24.6	25.2	25.8	26.3	26.9	27.5	28.1	28.6	29.2
10	23.7	24.3	24.8	25.4	26.0	26.6	27.1	27.7	28.2	28.8
11	23.4	23.9	24.5	25.0	25.6	26.2	26.7	27.3	27.8	28.4
12	23.0	23.6	24.2	24.7	25.3	25.8	26.4	26.9	27.4	28.0
13	22.7	23.3	23.8	24.4	24.9	25.4	26.0	26.5	27.1	27.6
14	22.4	23.0	23.5	24.0	24.6	25.1	25.6	26.2	26.7	27.2
15	22.1	22.6	23.1	23.7	24.2	24.7	25.3	25.8	26.3	26.8
16	21.8	22.3	22.8	23.3	23.8	24.4	24.9	25.4	25.9	26.5
17	21.4	22.0	22.5	23.0	23.5	24.0	24.5	25.1	25.6	26.1
18	21.1	21.6	22.1	22.6	23.2	23.7	24.2	24.7	25.2	25.7
19	20.8	21.3	21.8	22.3	22.8	23.3	23.8	24.4	24.8	25.4
20	20.5	21.0	21.5	22.0	22.5	23.0	23.5	24.0	24.5	25.0
21	20.2	20.7	21.2	21.7	22.2	22.6	23.1	23.6	24.1	24.6
22	19.0	20.4	20.8	21.3	21.8	22.3	22.8	23.3	23.8	24.3
23	19.5	20.0	20.5	21.0	21.5	22.0	22.4	22.9	23.4	23.9
24	19.2	19.7	20.2	20.7	21.1	21.6	22.1	22.6	23.1	23.5
25	18.9	19.4	19.8	20.3	20.8	21.3	21.8	22.2	22.7	23.2
26	18.6	19.0	19.5	20.0	20.5	20.9	21.4	21.9	22.4	22.8
27	18.2	18.7	19.2	19.6	20.1	20.6	21.0	21.5	22.0	22.5
28	17.9	18.4	18.8	19.3	19.8	20.2	20.7	21.2	21.6	22.1
29	17.6	18.0	18.5	19.0	19.4	19.9	20.4	20.8	21.3	21.8
30	17.3	17.7	18.2	18.6	19.1	19.6	20.0	20.5	20.9	21.4

续表

酒精度 / 溶液温度/℃	酒精计示值									
	25.5	26.0	26.5	27.0	27.5	28.0	28.5	29.0	29.5	30.0
	温度20℃时用体积分数表示的酒精浓度/%体积分数									
0	33.6	34.2	34.7	35.3	35.8	36.3	36.8	37.3	37.8	43.1
1	33.1	33.7	34.3	34.9	35.3	35.9	36.4	36.9	37.4	42.7
2	32.7	33.3	33.8	34.4	34.9	35.4	36.0	36.5	37.0	42.3
3	32.3	32.9	33.4	34.0	34.5	35.0	35.5	36.0	36.6	41.9
4	31.8	32.4	33.0	33.5	34.0	34.6	35.1	35.6	36.1	41.5
5	31.4	32.0	32.6	33.1	33.6	34.2	34.7	35.2	25.7	41.1
6	31.0	31.6	32.1	32.7	33.2	33.7	34.2	34.8	25.3	40.7
7	30.6	31.1	31.7	32.2	32.8	33.3	33.8	34.4	34.9	40.3
8	30.2	30.7	31.3	31.8	32.4	32.9	33.4	33.9	34.4	39.9
9	29.7	30.3	30.8	31.4	31.9	32.5	33.0	33.5	34.0	39.5
10	29.3	29.9	30.4	31.0	31.5	32.0	32.6	33.1	33.6	39.1
11	28.9	29.5	30.0	30.6	31.1	31.6	32.1	32.7	33.2	38.7
12	28.5	29.1	29.6	30.2	30.7	31.2	31.7	32.2	32.8	38.2
13	28.2	28.7	29.2	29.7	30.3	30.8	31.3	31.8	32.3	37.8
14	27.8	28.3	28.8	29.3	29.9	30.4	30.9	31.4	31.9	37.4
15	27.4	27.9	28.4	28.9	29.5	30.0	30.5	31.0	31.5	37.0
16	27.0	27.5	28.0	28.5	29.0	29.6	30.1	30.6	31.1	36.6
17	26.6	27.1	27.6	28.1	28.6	29.2	29.7	30.2	30.7	36.2
18	26.2	26.7	27.2	27.8	28.3	28.8	29.3	29.8	30.3	35.8
19	25.9	26.4	26.9	27.4	27.9	28.4	28.9	29.4	29.9	35.4
20	25.5	26.0	26.5	27.0	27.5	28.0	28.5	29.0	29.5	35.0
21	25.1	25.6	26.1	26.6	27.1	27.6	28.1	28.6	29.1	34.6
22	24.8	25.3	25.8	26.2	26.7	27.2	27.7	28.2	28.7	34.2
23	24.4	24.9	25.4	25.8	26.3	26.8	27.3	27.8	28.3	33.8
24	24.0	24.5	25.0	25.5	26.0	26.4	26.9	27.4	27.9	33.4
25	23.7	24.1	24.6	25.1	25.6	26.1	26.6	27.0	27.5	33.0
26	23.3	23.8	24.2	24.7	25.2	25.7	26.2	26.6	27.1	32.6
27	22.9	23.4	23.9	24.4	24.8	25.3	25.8	26.3	26.7	32.2
28	22.6	23.0	23.5	24.0	24.4	24.9	25.4	25.9	26.4	31.7
29	22.2	22.7	23.2	23.6	24.1	24.6	25.0	25.5	26.0	31.3
30	21.9	22.3	22.8	23.2	23.7	24.2	24.6	25.1	25.6	30.9

续表

溶液温度/℃ \ 酒精度	酒精计示值									
	30.5	31.0	31.5	32.0	32.5	33.0	33.5	34.0	34.5	35.0
	温度20℃时用体积分数表示的酒精浓度/%体积分数									
0	38.8	39.3	39.7	40.2	40.7	41.2	41.6	42.1	42.6	43.1
1	38.4	38.9	39.3	39.8	40.3	40.8	41.3	41.7	42.2	42.7
2	38.0	38.4	38.9	39.4	39.9	40.4	40.8	41.3	41.8	42.3
3	37.6	38.0	38.5	39.0	39.5	40.0	40.4	40.9	41.4	41.9
4	37.1	37.6	38.1	38.6	39.1	39.6	40.0	40.5	41.0	41.5
5	36.7	37.2	37.7	38.2	38.7	39.2	39.6	40.1	40.6	41.1
6	36.3	36.8	37.3	37.8	38.2	38.8	39.2	39.7	40.2	40.7
7	35.9	36.4	36.8	37.3	37.8	38.3	38.8	39.3	39.8	40.3
8	35.4	36.0	36.4	36.9	37.4	37.9	38.4	38.9	39.4	39.9
9	35.0	35.5	36.0	36.5	37.0	37.5	38.0	38.5	39.0	39.5
10	34.6	35.1	35.6	36.1	36.6	37.1	37.6	38.1	38.6	39.1
11	34.2	34.7	35.2	35.7	36.2	36.7	37.2	37.7	38.2	38.7
12	33.8	34.3	34.8	35.3	35.8	36.3	36.8	37.3	37.8	38.2
13	33.4	33.9	34.4	34.9	35.4	35.9	36.4	36.8	37.3	37.8
14	33.0	33.5	34.0	34.4	35.0	35.4	35.9	36.4	36.9	37.4
15	32.6	33.0	33.5	34.0	34.5	35.0	35.5	36.0	36.5	37.0
16	32.1	32.6	33.1	33.6	34.1	34.6	35.1	35.6	36.1	36.6
17	31.7	32.2	32.7	33.2	33.7	34.2	34.7	35.2	35.7	36.2
18	31.3	31.8	32.3	32.8	33.3	33.8	34.3	34.8	35.3	35.8
19	30.9	31.4	31.9	32.4	32.9	33.4	33.9	34.4	34.9	35.4
20	30.5	31.0	31.5	32.0	32.5	33.0	33.5	34.0	34.5	35.0
21	30.1	30.6	31.1	31.6	32.0	32.6	33.1	33.6	34.1	34.6
22	29.7	30.2	30.7	31.2	31.7	32.2	32.7	33.2	33.7	34.2
23	29.3	29.8	30.3	30.8	31.3	31.8	32.3	32.8	33.3	33.8
24	28.9	29.4	29.9	30.4	30.9	31.4	31.9	32.4	32.9	33.4
25	28.5	29.0	29.5	30.0	30.5	31.0	31.5	32.0	32.5	33.0
26	28.1	28.6	29.1	29.6	30.0	30.6	31.0	31.6	32.0	32.6
27	27.7	28.2	28.7	29.2	29.6	30.2	30.6	31.2	31.6	32.2
28	27.3	27.8	28.3	28.8	29.2	29.7	30.2	30.7	31.2	31.7
29	26.9	27.4	27.9	28.4	28.8	29.4	29.8	30.3	30.8	31.3
30	26.5	27.0	27.5	28.0	28.9	28.9	29.4	29.9	30.4	30.9

续表

溶液温度/℃ \ 酒精度	酒精计示值									
	35.5	36.0	36.5	37.0	37.5	38.0	38.5	39.0	39.5	40.0
	温度20℃时用体积分数表示的酒精浓度/%体积分数									
0	43.6	44.0	44.5	45.0	45.5	46.0	46.4	46.9	47.4	47.8
1	43.2	43.7	44.1	44.6	45.1	45.6	46.0	46.5	47.0	47.5
2	42.8	43.3	43.7	44.2	44.7	45.2	45.7	46.1	46.6	47.1
3	42.2	42.9	43.4	43.8	44.3	44.8	45.3	45.8	46.2	46.7
4	42.4	42.5	43.0	43.4	43.9	44.4	44.9	45.4	45.9	46.3
5	42.0	42.1	42.6	43.1	43.6	44.0	44.5	45.0	45.5	46.0
6	41.6	41.7	42.2	42.7	43.2	43.6	44.1	44.6	45.1	45.6
7	41.2	41.3	41.8	42.3	42.8	43.2	43.7	44.2	44.7	45.2
8	40.8	40.9	41.4	41.9	42.4	42.8	43.3	43.8	44.3	44.8
9	40.4	40.5	41.0	41.5	42.0	42.4	42.9	43.4	43.9	44.4
10	40.0	40.1	40.6	41.0	41.6	42.0	42.5	43.0	43.5	44.0
11	39.6	39.6	40.2	40.6	41.1	41.6	42.1	42.6	43.1	43.6
12	39.2	39.2	39.7	40.2	40.7	41.2	41.7	42.2	42.7	43.2
13	38.7	38.8	39.3	39.8	40.3	40.8	41.3	41.8	42.3	42.8
14	38.3	38.4	38.9	39.4	39.9	40.4	40.9	41.4	41.9	42.4
15	37.9	38.0	38.5	39.0	39.5	40.0	40.5	41.0	41.5	42.0
16	37.5	37.6	38.1	38.6	39.1	39.6	40.1	40.6	41.1	41.6
17	37.1	37.2	37.7	38.2	38.7	39.2	39.7	40.2	40.7	41.2
18	36.7	36.8	37.3	37.8	38.3	38.8	39.3	39.8	40.3	40.8
19	36.3	36.4	36.9	37.4	37.9	38.4	38.9	39.4	39.9	40.4
20	35.9	36.0	36.5	37.0	37.5	38.0	38.5	39.0	39.5	40.0
21	35.1	35.6	36.1	36.6	37.1	37.6	38.1	38.6	39.1	39.6
22	34.7	35.2	35.7	36.2	36.7	37.2	37.7	38.2	38.7	39.2
23	34.3	34.8	35.3	35.8	36.3	36.8	37.3	37.8	38.3	38.8
24	33.9	34.4	34.9	35.4	35.9	36.4	36.9	37.4	37.9	38.4
25	33.5	34.0	34.5	35.0	35.5	36.0	36.5	37.0	37.5	38.0
26	33.1	33.6	34.1	34.6	35.1	35.6	36.1	36.6	37.1	37.6
27	32.7	33.2	33.7	34.2	34.7	35.2	35.7	36.2	36.7	37.2
28	32.2	32.8	33.2	33.8	34.3	34.8	35.3	35.8	36.3	36.8
29	31.8	32.3	32.8	33.4	33.9	34.4	34.9	35.4	35.9	36.4
30	31.4	32.0	32.4	33.0	33.5	34.0	34.5	35.0	35.5	36.0

续表

酒精度 / 溶液温度/℃	酒精计示值									
	40.5	41.0	41.5	42.0	42.5	43.0	43.5	44.0	44.5	45.0
	温度20℃时用体积分数表示的酒精浓度/%体积分数									
0	48.3	48.8	49.3	49.7	50.2	50.7	51.1	51.6	52.1	52.6
1	47.9	48.4	48.9	49.4	49.8	50.3	50.8	51.3	51.7	52.2
2	47.6	48.0	48.5	49.0	49.5	49.9	50.4	50.9	51.4	51.8
3	47.2	47.7	48.1	48.6	49.1	49.6	50.0	50.5	51.0	51.5
4	46.8	47.3	47.8	48.2	48.7	49.2	49.7	50.2	50.6	51.1
5	46.4	46.9	47.4	47.9	48.3	48.8	49.3	49.8	50.3	50.8
6	46.0	46.5	47.0	47.5	48.0	48.4	48.9	49.4	49.9	50.4
7	45.7	46.2	46.6	47.1	47.6	48.1	48.5	49.0	49.5	50.0
8	45.3	45.8	46.2	46.7	47.2	47.7	48.2	48.6	49.1	49.6
9	44.9	45.4	45.8	46.3	46.8	47.3	47.8	48.3	48.8	49.2
10	44.5	45.0	45.5	46.0	46.4	46.9	47.4	47.9	48.4	48.9
11	44.1	44.6	45.1	45.6	46.0	46.5	47.0	47.5	48.0	48.5
12	43.7	44.2	44.7	45.2	45.6	46.1	46.6	47.1	47.6	48.1
13	43.3	43.8	44.3	44.8	45.3	45.8	46.3	46.7	47.2	47.7
14	42.9	43.4	43.9	44.4	44.9	45.4	45.8	46.4	46.8	47.3
15	42.5	43.0	43.5	44.0	44.5	45.0	45.5	46.0	46.4	47.0
16	42.1	42.6	43.1	43.6	44.1	44.6	45.2	45.6	46.1	46.6
17	41.7	42.2	42.7	43.2	43.7	44.2	44.8	45.2	45.7	46.2
18	41.3	41.8	42.3	42.8	43.3	43.8	44.4	44.8	45.3	45.8
19	40.9	41.4	41.9	42.4	42.9	43.4	44.0	44.4	44.9	45.4
20	40.5	41.0	41.5	42.0	42.5	43.0	43.6	44.0	44.5	45.0
21	40.1	40.6	41.1	41.6	42.1	42.6	43.1	43.6	44.1	44.6
22	39.7	40.2	40.7	41.2	41.7	42.2	42.7	43.2	43.7	44.2
23	39.3	39.8	40.3	40.8	41.3	41.8	42.3	42.8	43.3	43.8
24	38.9	39.4	39.9	40.4	40.9	41.4	41.9	42.4	42.9	43.4
25	38.5	39.0	39.5	40.0	40.5	41.0	41.5	42.0	42.5	43.0
26	38.1	38.6	39.1	39.6	40.1	40.6	41.1	41.6	42.2	42.7
27	37.7	38.2	38.7	39.2	39.7	40.2	40.7	41.2	41.8	42.3
28	37.3	37.8	38.3	38.8	39.3	39.8	40.3	40.8	41.4	41.9
29	36.9	37.4	37.9	38.4	38.9	39.4	39.9	40.4	41.0	41.5
30	36.5	37.0	37.5	38.0	38.5	39.0	39.5	40.1	40.6	41.1

续表

溶液温度/℃ \ 酒精度	酒精计示值									
	45.5	46.0	46.5	47.0	47.5	48.0	48.5	49.0	49.5	50.0
	温度20℃时用体积分数表示的酒精浓度/%体积分数									
0	53.0	53.5	54.0	54.5	54.9	55.4	55.9	56.4	56.8	57.3
1	52.7	53.2	53.6	54.1	54.6	55.0	55.5	56.0	56.5	57.0
2	52.3	52.8	53.3	53.8	54.2	54.7	55.2	55.6	56.1	56.6
3	52.0	52.4	52.9	53.4	53.9	54.3	54.8	55.3	55.8	56.2
4	51.6	52.1	52.6	53.0	53.5	54.0	54.4	54.9	55.4	55.9
5	51.2	51.7	52.2	52.7	53.1	53.6	54.1	54.6	55.0	55.5
6	50.8	51.3	51.8	52.3	52.8	53.2	53.7	54.2	54.7	55.2
7	50.5	51.0	51.4	51.9	52.4	52.9	53.4	53.9	54.3	54.8
8	50.1	50.6	51.1	51.6	52.0	52.5	53.0	53.5	54.0	54.5
9	49.7	50.2	50.7	51.2	51.7	52.2	52.6	53.1	53.6	54.1
10	49.4	49.8	50.3	50.8	51.3	51.8	52.3	52.8	53.2	53.7
11	49.0	48.5	50.0	50.4	50.9	51.4	51.9	52.4	52.9	53.4
12	48.6	49.1	49.6	50.1	50.6	51.0	51.6	52.0	52.5	53.0
13	48.2	48.7	49.2	49.7	50.2	50.7	51.2	51.6	52.1	52.6
14	47.9	48.3	48.8	49.3	49.8	50.3	50.8	51.3	51.8	52.2
15	47.4	47.9	48.4	48.9	48.4	49.9	50.4	50.9	51.4	51.9
16	47.1	47.6	48.0	48.6	49.0	49.5	50.0	50.5	51.0	51.5
17	46.7	47.2	47.7	48.2	48.7	49.2	49.6	50.1	50.6	51.1
18	46.3	46.8	47.3	47.8	48.3	48.8	49.3	49.8	50.2	50.7
19	45.9	46.4	46.9	47.4	47.9	48.4	48.9	49.4	49.9	50.4
20	45.4	46.0	46.5	47.0	47.5	48.0	48.5	49.0	49.5	50.0
21	45.1	45.6	46.1	46.6	47.1	47.6	48.1	48.6	49.1	49.6
22	44.7	45.2	45.7	46.2	46.7	47.2	47.7	48.2	48.7	49.2
23	44.3	44.8	45.3	45.8	46.3	46.8	47.3	47.8	48.4	48.9
24	43.9	44.4	44.9	45.4	46.0	46.4	47.0	47.5	48.0	48.5
25	43.6	44.1	44.6	45.1	45.6	46.1	46.6	47.1	47.6	48.1
26	43.2	43.7	44.2	44.7	45.2	45.7	46.2	46.7	47.2	47.7
27	42.8	43.3	43.8	44.3	44.8	45.3	45.8	46.3	46.8	47.3
28	42.4	42.9	43.4	43.9	44.4	44.9	45.4	45.9	46.4	47.0
29	42.0	42.5	43.0	43.5	44.0	44.5	45.0	45.6	46.1	46.6
30	41.6	42.1	42.6	43.1	43.6	44.2	44.7	45.2	45.7	46.2

续表

酒精度 溶液温度/℃	酒精计示值									
	50.5	51.0	51.5	52.0	52.5	53.0	53.5	54.0	54.5	55.0
	温度20℃时用体积分数表示的酒精浓度/%体积分数									
0	57.8	58.2	58.7	59.2	59.7	60.1	60.6	61.1	61.6	62.0
1	57.4	57.9	58.4	58.8	59.3	59.8	60.3	60.7	61.2	61.7
2	57.1	57.5	58.0	58.5	59.0	59.4	59.9	60.4	60.9	61.4
3	56.7	57.2	57.7	58.2	58.6	59.1	59.6	60.1	60.5	61.0
4	56.4	56.8	57.3	57.8	58.3	58.8	59.2	59.7	60.2	60.7
5	56.0	56.5	57.0	57.4	57.9	58.4	58.9	59.4	59.8	60.3
6	55.6	56.1	56.6	57.1	57.6	58.1	58.5	59.0	59.5	60.0
7	55.3	55.8	56.3	56.8	57.2	57.7	58.2	58.7	59.2	59.6
8	54.9	55.4	55.9	56.4	56.9	57.4	57.8	58.3	58.8	59.3
9	54.6	55.1	55.6	56.0	56.5	57.0	57.5	58.0	58.4	58.9
10	54.2	54.7	55.2	55.7	56.2	56.6	57.1	57.6	58.1	58.6
11	53.8	54.3	54.8	55.3	55.8	56.3	56.8	57.2	57.7	58.2
12	53.5	54.0	54.5	55.0	55.4	55.9	56.4	56.9	57.4	57.9
13	53.1	53.6	54.1	54.6	55.1	55.6	56.0	56.5	57.0	57.5
14	52.7	53.2	53.7	54.2	54.8	55.2	55.7	56.2	56.7	57.2
15	52.4	52.9	53.4	53.9	54.4	54.8	55.3	55.8	56.3	56.8
16	52.0	52.5	53.0	53.5	54.0	54.5	55.0	55.5	56.0	56.4
17	51.6	52.1	52.6	53.1	53.6	54.1	54.6	55.1	55.6	56.1
18	51.2	51.7	52.2	52.7	53.2	53.7	54.2	54.7	55.2	55.7
19	50.9	51.4	51.9	52.4	52.9	53.4	53.9	54.4	54.9	55.4
20	50.5	51.0	51.5	52.0	52.5	53.0	53.5	54.0	54.5	55.0
21	50.1	50.6	51.1	51.6	52.1	52.6	53.1	53.6	54.1	54.6
22	49.7	50.2	50.7	51.2	51.8	52.2	52.8	53.3	53.8	54.3
23	49.4	49.9	50.4	50.9	51.4	51.9	52.4	52.9	53.4	53.9
24	49.0	49.5	50.0	50.5	51.0	51.5	52.0	52.5	53.0	53.5
25	48.6	49.1	49.6	50.1	50.6	51.1	51.6	52.2	52.6	53.2
26	48.2	48.7	49.2	49.7	50.2	50.8	51.3	51.8	52.3	52.8
27	47.8	48.3	48.8	49.4	49.9	50.4	50.9	51.4	51.9	52.4
28	47.5	48.0	48.5	49.0	49.5	50.0	50.5	51.0	51.5	52.1
29	47.1	47.6	48.1	48.6	49.1	49.6	50.2	50.7	51.2	51.7
30	46.7	47.2	47.7	48.2	48.8	49.3	49.8	50.3	50.8	51.3

续表

酒精度 / 溶液温度/℃	酒精计示值									
	55.5	56.0	56.5	57.0	57.5	58.0	58.5	59.0	59.5	60.0
	温度20℃时用体积分数表示的酒精浓度/%体积分数									
0	62.5	63.0	63.4	63.9	64.4	64.9	65.4	65.8	66.3	66.8
1	62.2	62.6	63.1	63.6	64.1	64.6	65.0	65.5	66.0	66.4
2	61.8	62.3	62.8	63.3	63.7	64.2	64.7	65.2	65.6	66.1
3	61.5	62.0	62.4	62.9	63.4	63.9	64.4	64.8	65.3	65.8
4	61.2	61.6	62.1	62.6	63.1	63.6	64.0	64.5	65.0	65.5
5	60.8	61.3	61.8	62.3	62.7	63.2	63.7	64.2	64.7	65.1
6	60.5	61.0	61.4	61.9	62.4	62.9	63.4	63.8	64.3	64.8
7	60.1	60.6	61.1	61.6	62.1	62.9	63.0	63.5	64.0	64.5
8	59.8	60.3	60.8	61.2	61.7	62.2	62.7	63.2	63.9	64.1
9	59.4	59.9	60.4	60.9	61.4	61.9	62.3	62.8	63.3	63.8
10	59.1	59.6	60.0	60.5	61.0	61.5	62.0	62.5	63.0	63.5
11	58.7	59.2	59.7	60.2	60.7	61.2	61.6	62.1	62.6	63.1
12	58.4	58.9	59.4	59.8	60.3	60.8	61.3	61.8	62.3	62.8
13	58.0	58.5	59.0	59.5	60.0	60.5	61.0	61.4	61.9	62.4
14	57.7	58.2	58.6	59.1	59.6	60.1	60.6	61.1	61.6	62.1
15	57.3	57.8	58.3	58.8	59.3	59.8	60.2	60.8	61.2	61.7
16	56.9	57.4	57.9	58.4	58.9	59.4	59.9	60.4	60.9	61.4
17	56.6	57.1	57.6	58.1	58.6	59.1	59.6	60.0	60.5	61.0
18	56.2	56.7	57.2	57.7	58.2	58.7	59.2	59.7	60.2	60.7
19	55.9	56.4	56.9	57.4	57.8	58.4	58.8	59.4	59.8	60.4
20	55.5	56.0	56.5	57.0	57.5	58.0	58.5	59.0	59.5	60.0
21	55.1	55.6	56.1	56.6	57.1	57.6	58.1	58.6	59.1	59.6
22	54.8	55.3	55.8	56.3	56.8	57.3	57.8	58.3	58.8	59.3
23	54.4	54.9	55.4	55.9	56.4	56.9	57.4	57.9	58.4	58.9
24	54.0	54.5	55.0	55.6	56.1	56.6	57.1	57.6	58.1	58.6
25	53.7	54.2	54.7	55.2	55.7	56.2	56.7	57.2	57.7	58.2
26	53.3	53.8	54.3	54.8	55.3	55.8	56.4	26.9	57.4	57.9
27	52.9	53.4	54.0	54.5	55.0	55.5	56.0	56.5	57.0	57.5
28	52.6	53.1	53.6	54.1	54.6	55.1	55.6	56.1	56.6	57.2
29	52.2	52.7	53.2	53.7	54.2	54.8	55.3	55.8	56.3	56.8
30	51.8	52.3	52.9	53.4	53.9	54.4	54.9	55.4	55.9	56.4

续表

溶液温度/℃ \ 酒精度	酒精计示值									
	60.5	61.0	61.5	62.0	62.5	63.0	63.5	64.0	64.5	65.0
	温度20℃时用体积分数表示的酒精浓度/%体积分数									
0	67.2	67.7	68.2	68.7	69.2	69.6	70.1	70.6	71.1	71.5
1	66.9	67.4	67.9	68.4	68.8	69.3	69.8	70.3	70.8	71.2
2	66.6	67.1	67.6	68.0	68.5	69.0	69.5	70.0	70.4	70.9
3	66.3	66.8	67.2	67.7	68.2	68.7	69.2	69.6	70.1	70.6
4	65.9	66.4	66.9	67.4	67.9	68.4	68.8	69.3	69.8	70.3
5	65.6	66.1	66.6	67.1	67.5	68.0	68.5	69.0	69.5	70.0
6	65.3	65.8	66.2	66.7	67.2	67.7	68.2	68.7	69.2	69.6
7	65.0	65.4	65.9	66.4	66.9	67.4	67.9	68.4	68.8	69.3
8	64.6	65.1	65.6	66.1	66.6	67.0	67.5	68.0	68.5	69.0
9	64.3	64.8	65.2	65.7	66.2	66.7	67.2	67.7	68.2	68.7
10	63.9	64.4	64.9	65.4	65.9	66.4	66.9	67.4	67.8	68.3
11	63.6	64.1	64.6	65.1	65.6	66.0	66.5	67.0	67.5	68.0
12	63.3	63.8	64.2	64.7	65.2	65.7	66.2	66.7	67.2	67.7
13	62.9	63.4	63.9	64.4	64.9	65.4	65.9	66.4	66.8	67.4
14	62.6	63.1	63.6	64.1	64.6	65.0	65.5	66.0	66.5	67.0
15	62.2	62.7	63.2	63.7	64.2	64.7	65.2	65.7	66.2	66.7
16	61.9	62.4	62.9	63.4	63.9	64.4	64.8	65.4	65.8	66.3
17	61.5	62.0	62.5	63.0	63.5	64.0	64.5	65.0	65.5	66.0
18	61.2	61.7	62.2	62.7	63.2	63.7	64.2	64.7	65.2	65.7
19	60.8	61.3	61.8	62.3	62.8	63.3	63.8	64.3	64.8	65.3
20	60.5	61.0	61.5	62.0	62.5	63.0	63.5	64.0	64.5	65.0
21	60.1	60.6	61.2	61.6	62.2	62.6	63.2	63.6	64.2	64.6
22	59.8	60.3	60.8	61.3	61.8	62.3	62.8	63.3	63.8	64.3
23	59.4	60.0	60.4	61.0	61.5	62.0	62.5	63.0	63.5	64.0
24	59.1	59.6	60.1	60.6	61.1	61.6	62.1	62.6	63.1	63.6
25	58.7	59.2	59.8	60.3	60.8	61.3	61.8	62.3	62.8	63.3
26	58.4	58.9	59.4	59.9	60.4	60.9	61.4	61.9	62.4	63.0
27	58.0	58.5	59.0	59.6	60.1	60.6	61.1	61.6	62.1	62.6
28	57.7	58.2	58.7	59.2	59.7	60.2	60.7	61.2	61.8	62.3
29	57.3	57.8	58.3	58.8	59.4	59.9	60.4	60.9	61.4	61.9
30	57.0	57.5	58.0	58.5	59.0	59.5	60.0	60.6	61.1	61.6

续表

酒精度 溶液温度/℃	酒精计示值									
	65.5	66.0	66.5	67.0	67.5	68.0	68.5	69.0	69.5	70.0
	温度20℃时用体积分数表示的酒精浓度/%体积分数									
0	72.0	72.5	73.0	73.4	73.9	74.4	74.9	75.4	75.8	76.3
1	71.7	72.2	72.7	73.1	73.6	74.1	74.6	75.0	75.5	76.0
2	71.4	71.9	72.4	72.8	73.3	73.8	74.3	74.7	75.2	75.7
3	71.1	71.6	72.0	72.5	73.0	73.5	74.0	74.4	74.9	75.4
4	70.8	71.2	71.7	75.2	72.7	73.2	73.6	74.1	74.6	75.1
5	70.4	70.9	71.4	71.9	72.4	72.9	73.3	73.8	74.3	74.8
6	70.1	70.6	71.1	71.6	72.1	72.5	73.0	73.5	74.0	74.5
7	69.8	70.3	70.8	71.3	71.8	72.2	72.7	73.2	73.7	74.2
8	69.5	70.0	70.4	70.9	71.4	71.9	72.4	72.9	73.4	73.8
9	69.2	69.6	70.1	70.6	71.1	71.6	72.1	72.6	73.0	73.5
10	68.8	69.3	69.8	70.3	70.8	71.3	71.8	72.2	72.7	73.2
11	68.5	69.0	69.5	70.0	70.5	71.0	71.4	71.9	72.4	72.9
12	68.2	68.7	69.2	69.6	70.1	70.6	71.1	71.6	72.1	72.6
13	67.8	68.3	68.8	69.3	69.8	70.3	70.8	71.3	71.8	72.3
14	67.5	68.0	68.5	69.0	69.5	70.0	70.5	71.0	71.4	72.0
15	67.2	67.7	68.2	68.6	69.1	69.6	70.1	70.6	71.1	71.6
16	66.8	67.3	67.8	68.3	68.8	69.3	69.8	70.3	70.8	71.3
17	66.5	67.0	67.5	68.0	68.5	69.0	69.5	70.0	70.5	71.0
18	66.2	66.7	67.2	67.7	68.2	68.7	69.2	69.6	70.2	70.6
19	65.8	66.3	66.8	67.3	67.8	68.3	68.8	69.3	69.8	70.3
20	65.5	66.0	66.5	67.0	67.5	68.0	68.5	69.0	69.5	70.0
21	65.2	65.7	66.2	66.7	67.2	67.7	68.2	68.7	69.2	69.7
22	64.8	65.3	65.8	66.3	66.8	67.3	67.9	68.3	68.8	69.3
23	64.5	65.0	65.5	66.0	66.5	67.0	67.5	68.0	68.5	69.0
24	64.1	64.6	65.1	65.6	66.2	66.7	67.2	67.7	68.2	68.7
25	63.8	64.3	64.8	65.3	65.8	66.3	66.8	67.3	67.8	68.4
26	63.5	64.0	64.5	65.0	65.5	66.0	66.5	67.0	67.5	68.0
27	63.1	63.6	64.1	64.6	65.2	65.7	66.2	66.7	67.2	67.7
28	62.8	63.3	63.8	64.3	64.8	65.3	65.8	66.3	66.8	67.4
29	62.4	62.9	63.4	64.0	64.5	65.0	65.5	66.0	66.5	67.0
30	62.1	62.6	63.1	63.6	64.1	64.6	65.2	65.7	66.2	66.7

续表

酒精度 溶液温度/℃	酒精计示值									
	70.5	71.0	71.5	72.0	72.5	73.0	73.5	74.0	74.5	75.0
	温度20℃时用体积分数表示的酒精浓度/%体积分数									
0	76.8	77.3	77.7	78.2	78.7	79.1	79.6	80.1	80.5	81.0
1	76.5	77.0	77.4	77.9	78.4	78.8	79.3	79.8	80.3	80.7
2	76.1	76.6	77.1	77.6	78.1	78.6	79.0	79.5	80.0	80.4
3	75.9	76.4	76.8	77.3	77.8	78.3	78.7	79.2	79.7	80.2
4	75.6	76.0	76.5	77.0	77.5	78.0	78.4	78.9	79.4	79.9
5	75.3	75.8	76.2	76.7	77.2	77.7	78.2	78.6	79.1	79.6
6	75.0	75.4	75.9	76.4	76.9	77.4	77.8	78.3	78.8	79.3
7	74.6	75.1	75.6	76.1	76.6	77.2	77.6	78.0	78.5	79.0
8	74.3	74.8	75.3	75.8	76.3	76.8	77.2	77.7	78.2	78.7
9	74.0	74.5	75.0	75.5	76.0	76.5	76.9	77.4	77.9	78.4
10	73.7	74.2	74.7	75..2	75.7	76.2	76.6	77.1	77.6	78.1
11	73.4	73.9	74.4	74.9	75.4	75.8	76.3	76.8	77.3	77.8
12	73.1	73.6	74.1	74.5	75.0	75.5	76.0	76.5	77.0	77.5
13	72.8	73.2	73.7	74.2	74.7	75.2	75.7	76.2	76.7	77.2
14	72.4	72.9	73.4	73.9	74.4	74.9	75.4	75.9	76.4	76.9
15	72.1	72.6	73.1	73.6	74.1	74.6	75.0	75.6	76.1	76.6
16	71.8	72.3	72.8	73.3	73.8	74.3	74.7	75.3	75.8	76.2
17	71.5	72.0	72.5	73.0	73.4	74.0	74.7	74.9	75.4	75.9
18	71.2	71.6	72.1	72.6	73.1	73.6	74.1	74.6	75.1	75.6
19	70.8	71.3	71.8	72.3	72.8	73.3	73.8	74.3	74.8	75.3
20	70.5	71.0	71.5	72.0	72.5	73.0	73.5	74.0	74.5	75.0
21	70.2	70.7	71.2	71.7	72.2	72.7	73.2	73.7	74.2	74.7
22	69.8	70.3	70.8	71.4	71.9	72.4	72.9	73.4	73.9	74.4
23	69.5	70.0	70.5	71.0	71.5	72.0	72.5	73.0	73.6	74.1
24	69.2	69.7	70.2	70.7	71.2	71.7	72.2	72.7	73.2	73.7
25	68.9	69.4	69.9	70.4	70.9	71.4	71.9	72.4	72.9	73.4
26	68.5	69.0	69.5	70.0	70.5	71.1	71.6	72.1	72.6	73.1
27	68.2	68.7	69.2	69.7	70.2	70.7	71.2	71.8	72.3	72.8
28	67.9	68.4	68.9	69.4	69.9	70.4	70.9	71.4	71.9	72.4
29	67.5	68.0	68.6	69.1	69.6	70.1	70.6	71.1	71.6	72.1
30	67.2	67.7	68.6	68.7	69.2	69.8	70.3	70.8	71.3	71.8

续表

酒精度 溶液温度/℃	酒精计示值							
	91.0	92.0	93.0	94.0	95.0	96.0	97.0	98.0
	温度20℃时用体积分数表示的酒精浓度/%体积分数							
0	95.5	96.4	97.2	98.1	98.9	99.7	—	—
1	95.3	96.2	97.0	97.9	98.7	99.5	—	—
2	95.1	96.0	96.9	97.7	98.5	99.4	—	—
3	94.9	95.8	96.7	97.5	98.4	99.2	—	—
4	94.7	95.6	96.5	97.3	98.2	99.0	—	—
5	94.5	95.4	96.3	97.1	98.0	98.9	99.7	—
6	94.3	95.2	96.1	97.0	97.8	98.7	99.5	—
7	94.1	95.0	95.9	96.8	97.6	98.5	99.4	—
8	93.9	94.8	95.7	96.6	97.5	98.3	99.2	—
9	93.6	94.5	95.5	96.4	97.3	98.2	99.0	99.9
10	93.4	94.3	95.2	96.2	97.1	98.0	98.9	99.7
11	93.2	94.1	95.0	96.0	96.9	97.8	98.7	99.6
12	92.9	93.9	94.8	95.7	96.7	97.6	98.5	99.4
13	92.7	93.6	94.6	95.5	96.5	97.4	98.3	99.2
14	92.5	93.4	94.4	95.3	96.3	97.2	98.1	99.1
15	92.2	93.2	94.2	95.1	96.1	97.0	98.0	98.9
16	92.0	93.0	93.9	94.9	95.9	96.8	97.8	98.7
17	91.7	92.7	93.7	94.7	95.6	96.6	97.6	98.6
18	91.5	92.5	93.5	94.4	95.4	96.4	97.4	98.4
19	91.2	92.2	93.2	94.2	95.2	96.2	97.2	98.2
20	91.0	92.0	93.0	94.0	95.0	96.0	97.0	98.0
21	90.7	91.8	92.8	93.8	94.8	95.8	96.8	97.8
22	90.5	91.5	92.5	93.5	94.6	95.6	96.6	97.6
23	90.2	91.3	92.3	93.3	94.3	95.4	96.4	97.4
24	90.0	91.0	92.0	93.1	94.1	95.1	96.2	97.2
25	89.7	90.7	91.8	92.8	93.9	94.9	96.0	97.0
26	89.4	90.5	91.5	92.6	93.6	94.7	95.8	96.8
27	89.2	90.2	91.3	92.3	93.4	94.5	95.5	96.6
28	88.9	90.0	91.0	92.1	93.1	94.2	95.3	96.4
29	88.6	89.7	90.8	91.8	92.9	94.0	95.1	96.2
30	88.4	89.4	90.5	91.6	92.7	93.8	94.8	96.0

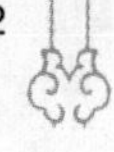

附录二　料酒中氯化钠的测定

本项目根据 GB/T 12457—2008《食品中氯化钠的测定》。

1. 原理

样品经处理、酸化后，加入过量的硝酸银溶液，以硫酸铁铵为指示剂，用硫氰酸钾标准溶液滴定过量硝酸银。根据硫氰酸钾标准溶液滴定的消耗量，计算料酒中氯化钠含量。

2. 试剂

硝酸溶液（1∶3），0.1mol/L 硝酸银标准滴定溶液，0.1mol/L 硫氰酸钾标准滴定溶液，硫酸铁铵饱和溶液。

3. 分析步骤

（1）酒样处理　吸取酒样 50mL 于 150mL 三角瓶中，加入活性炭粉末 3g，搅拌 5min，静止后用滤纸过滤，收集滤液。

（2）沉淀氯化物　吸取经处理后的酒样滤液 V（一般为 5mL），使之含 50～100 mg 氯化钠，于 100mL 容量瓶中，加入 5mL 硝酸溶液（1∶3）。边剧烈摇动，边加入 20mL 0.1mol/L 硝酸银标准滴定溶液，用水稀释至刻度，在避光处放置 5min。用快速定量滤纸过滤，弃去最初滤液 10mL。

（3）滴定　取 50mL 滤液于 250mL 锥形瓶中，加入 2mL 硫酸铁铵饱和溶液，一边剧烈摇动，一边用 0.1mol/L 硫氰酸钾滴定溶液滴定至出现淡棕红色，保持 1min 不褪色。记录消耗硫氰酸钾标准滴定溶液的量（V_2）。

（4）空白试验　用 50mL 水代替 50mL 滤液，加入 10mL 0.1mol/L 硝酸银标准滴定溶液和 5mL 硝酸溶液，再加入 2mL 硫酸铁铵饱和溶液，一边剧烈摇动一边用 0.1mol/L 硫氰酸钾标准溶液滴定至出现淡棕红色，保持 1min 不褪色。记录空白试验消耗 0.1mol/L 硫氰酸钾标准溶液滴定的量（V_1）。

4. 计算

$$\text{料酒中氯化钠的含量（g/L）} = \frac{0.05844 \times c \times (V_1 - V_2) \times n}{V} \times 1000$$

式中　0.05844——与 1mL 硝酸银标准滴定溶液［$c(AgNO_3) = 1mol/L$］相当的氯化钠的质量数值，g

c——硫氰酸钾标准滴定溶液的浓度，mol/L

V_1——空白试验时消耗 0.1mol/L 硫氰酸钾标准滴定溶液的体积，mL

V_2——滴定酒样时消耗 0.1mol/L 硫氰酸钾标准滴定溶液的体积，mL

V——吸取酒样的体积，mL

n——稀释倍数

计算结果保留三位有效数字。

5. 允许差

同一样品的两次平行测定结果之差，每 1000mL 酒样不超过 2g。

附录三　焦糖色的感官及吸光度的测定

本法采用 GB 8817—2001《食品增加剂　焦糖色》进行测定。

1. 取样

以供应部送检单注明的数量为一批次，随机开桶抽样。

2. 感官检验

（1）色泽和外观形态　将样品倒入无色玻璃杯中，观察其色泽和外观形状。

（2）气味　将样品稀释成 5 ~ 20g/L 的水溶液，嗅其气味。

（3）澄明度　将样品稀释成 2 ~ 4g/L 的水溶液，置入 50mL 比色管中，在明亮处由上到下观察。

3. 吸光度的测定　称取样品 0.5g（精确至 0.002g），用水定容于 500mL 容量瓶中，用 1 cm 比色皿，在 610 nm 处用分光光度计测定其吸光度。

4. 干燥失重的测定

（1）测定方法　用恒重的称量瓶称取样品 2g（精确至 0.0002g），于 105℃ 干燥 2h，冷却，称重。

（2）计算

$$X_1 = \frac{m_1 - m_2}{m} \times 100$$

式中　X_1——酒样的干燥失重,%

m_1——酒样烘干前称量瓶和样品的质量，g

m_2——酒样烘干后称量瓶和样品的质量，g

m——样品质量，g

附录四　20℃酒精比重与百分含量对照表

液体比重 20℃/4℃	酒精			液体比重 20℃/4℃	酒精		
	%容量20℃	%质量	100mL中g		%容量20℃	%质量	100mL中g
0.99528	2.00	1.59	1.58	0.98214	12.20	9.80	9.63
0.99243	4.00	3.18	3.16	0.98203	12.30	9.89	9.71
0.98973	6.00	4.78	4.74	0.98191	12.40	9.97	9.79
0.98718	8.00	6.40	6.32	0.98180	12.50	10.05	9.87
0.98476	10.00	8.02	7.89	0.98168	12.60	10.13	9.95
0.98463	10.10	8.10	7.97	0.98156	12.70	10.21	10.03
0.98452	10.20	8.18	8.05	0.98145	12.80	10.29	10.10
0.98441	10.30	8.26	8.13	0.98132	12.90	10.38	10.18
0.98428	10.40	8.34	8.21	0.98122	13.00	10.46	10.26
0.98416	10.50	8.42	8.29	0.98111	13.10	10.54	10.34
0.98404	10.60	8.50	8.37	0.98100	13.20	10.62	10.42
0.98391	10.70	8.58	8.45	0.98089	13.30	10.70	10.50
0.98379	10.80	8.66	8.52	0.98077	13.40	10.78	10.58
0.98368	10.90	8.75	8.60	0.98054	13.60	10.95	10.74
0.98356	11.00	8.83	8.68	0.98043	13.70	11.03	10.81
0.98344	11.10	8.91	8.76	0.98031	13.80	11.11	10.89
0.98332	11.20	8.99	8.84	0.98020	13.90	11.19	10.97
0.98320	11.30	9.07	8.92	0.98009	14.00	11.28	11.05
0.98308	11.40	9.15	9.00	0.97998	14.10	11.36	11.13
0.98296	11.50	9.23	9.08	0.97986	14.20	11.44	11.21
0.98285	11.60	9.32	9.16	0.97975	14.30	11.52	11.29
0.98273	11.70	9.40	9.24	0.97964	14.40	11.60	11.37
0.98261	11.80	9.48	9.31	0.97953	14.50	11.68	11.44
0.98250	11.90	9.56	9.39	0.97942	14.60	11.77	11.52
0.98238	12.00	9.64	9.47	0.97930	14.70	11.85	11.60
0.98226	12.10	9.72	9.55	0.97919	14.80	11.93	11.68

续表

液体比重 20℃/4℃	酒精			液体比重 20℃/4℃	酒精		
	%容量 20℃	%质量	100mL 中 g		%容量 20℃	%质量	100mL 中 g
0.97908	14.90	12.01	11.76	0.93404	48.00	40.56	37.89
0.97897	15.00	12.09	11.84	0.93017	50.00	42.43	39.47
0.97885	15.10	12.18	11.92	0.92617	52.00	44.31	41.05
0.97874	15.20	12.26	12.00	0.92209	54.00	46.23	42.62
0.97863	15.30	12.34	12.08	0.91789	56.00	48.16	44.20
0.97852	15.40	12.42	12.16	0.91359	58.00	50.11	45.78
0.97841	15.50	12.50	12.23	0.90915	60.00	52.09	47.36
0.97830	15.60	12.59	12.31	0.90463	62.00	54.10	48.94
0.97819	15.70	12.67	12.39	0.90001	64.00	56.13	50.52
0.97808	15.80	12.75	12.47	0.89531	66.00	58.19	52.10
0.97797	15.90	12.83	12.55	0.89050	68.00	60.28	53.68
0.97786	16.00	12.92	12.68	0.88558	70.00	62.39	55.25
0.97570	18.00	14.56	14.21	0.88056	72.00	64.54	56.83
0.97359	20.00	16.21	15.77	0.87542	74.00	66.72	58.41
0.97145	22.00	17.88	17.37	0.87019	76.00	68.94	59.99
0.96925	24.00	19.554	18.9	0.86480	78.00	71.19	61.57
0.96699	26.00	21.22	20.52	0.85928	80.00	73.49	63.15
0.96456	28.00	22.91	22.10	0.85364	82.00	75.82	64.73
0.96224	30.00	24.61	23.68	0.84786	84.00	78.20	66.30
0.95972	32.00	26.32	25.26	0.84188	86.00	80.63	67.88
0.95703	34.00	28.04	26.84	0.83569	88 .00	83.12	69.46
0.95419	36.00	29.78	28.42	0.82925	90.00	85.67	71.04
0.95120	38.00	31.53	29.99	0.82246	92.00	88.29	72.62
0.94805	40.00	33.30	31.57	0.81526	94.00	91.01	74.20
0.94477	42.00	35.09	33.15	0.80749	96.00	93.84	75.78
0.94135	44.00	36.89	34.73	0.79900	98.00	96.82	77.36
0.93776	46.00	38.72	36.31	0.78934	100.00	100.00	78.93

附录五　20℃酒精相对密度（比重）与百分含量对照表

相对密度 20℃/20℃	酒精度			相对密度 20℃/20℃	酒 精		
	g/100g	mL /100mL	g/100mL		g/100g	mL /100mL	g/100mL
0.9999	0.05	0.07	0.05	0.9970	1.61	2.03	1.60
0.9998	0.11	0.13	0.10	0.9969	1.67	2.10	1.66
0.9997	0.16	0.20	0.16	0.9968	1.72	2.17	1.71
0.9996	0.21	0.27	0.21	0.9967	1.78	2.24	1.77
0.9995	0.27	0.34	0.26	0.9966	1.83	2.31	1.82
0.9994	0.32	0.40	0.32	0.9965	1.88	2.38	1.88
0.9993	0.37	0.47	0.37	0.9964	1.94	2.44	1.93
0.9992	0.43	0.54	0.42	0.9963	1.99	2.51	1.98
0.9991	0.48	0.61	0.48	0.9962	2.05	2.58	2.04
0.9990	0.53	0.67	0.53	0.9961	2.11	2.65	2.09
0.9989	0.59	0.74	0.59	0.9960	2.16	2.72	2.15
0.9988	0.64	0.81	0.64	0.9959	2.22	2.79	2.20
0.9987	0.70	0.88	0.69	0.9958	2.28	2.86	2.26
0.9986	0.75	0.94	0.74	0.9957	2.33	2.93	2.32
0.9985	0.80	1.01	0.80	0.9956	2.39	3.00	2.37
0.9984	0.86	1.08	0.85	0.9955	2.44	3.08	2.43
0.9983	0.91	1.15	0.90	0.9954	2.50	3.15	2.48
0.9982	0.96	1.21	0.96	0.9953	2.56	3.22	2.54
0.9981	1.02	1.28	1.01	0.9952	2.61	3.29	2.59
0.9980	1.07	1.35	1.06	0.9951	2.67	3.36	2.65
0.9979	1.12	1.42	1.12	0.9950	2.72	3.43	2.70
0.9978	1.18	1.49	1.17	0.9949	2.78	3.50	2.76
0.9977	1.23	1.56	1.23	0.9948	2.84	3.57	2.82
0.9976	1.29	1.62	1.29	0.9947	2.89	3.64	2.87
0.9975	1.34	1.69	1.34	0.9946	2.95	3.71	2.93
0.9974	1.40	1.76	1.39	0.9945	3.00	3.78	2.98
0.9973	1.45	1.83	1.44	0.9944	3.06	3.85	3.04
0.9972	1.50	1.90	1.50	0.9943	3.12	3.92	3.10
0.9971	1.56	1.97	1.55	0.9942	3.18	4.00	3.16

续表

相对密度 20℃/20℃	酒精度			相对密度 20℃/20℃	酒 精		
	g/100g	mL /100mL	g/100mL		g/100g	mL /100mL	g/100mL
0. 9941	3. 24	4. 07	3. 21	0. 9908	5. 21	6. 53	5. 16
0. 9940	3. 30	4. 14	3. 27	0. 9907	5. 28	6. 61	5. 22
0. 9939	3. 35	4. 22	3. 33	0. 9906	5. 34	6. 69	5. 28
0. 9938	3. 41	4. 29	3. 38	0. 9905	5. 40	6. 77	5. 34
0. 9937	3. 47	4. 36	3. 44	0. 9904	5. 46	6. 84	5. 40
0. 9936	3. 53	4. 43	3. 50	0. 9903	5. 53	6. 92	5. 46
0. 9935	3. 59	4. 51	3. 56	0. 9902	5. 59	7. 00	5. 52
0. 9934	3. 64	4. 58	3. 61	0. 9901	5. 65	7. 08	5. 59
0. 9933	3. 70	4. 65	3. 67	0. 9900	5. 72	7. 16	5. 65
0. 9932	3. 76	4. 72	3. 73	0. 9899	5. 78	7. 24	5. 71
0. 9931	3. 82	4. 80	3. 78	0. 9898	5. 84	7. 31	5. 77
0. 9930	3. 88	4. 87	3. 84	0. 9897	5. 90	7. 39	5. 83
0. 9929	3. 94	4. 94	3. 90	0. 9896	5. 97	7. 47	5. 90
0. 9928	3. 99	5. 01	3. 96	0. 9895	6. 03	7. 55	5. 96
0. 9927	4. 05	5. 09	4. 02	0. 9894	6. 10	7. 63	6. 02
0. 9926	4. 12	5. 16	4. 08	0. 9893	6. 16	7. 71	6. 09
0. 9925	4. 18	5. 24	4. 14	0. 9892	6. 23	7. 79	6. 15
0. 9924	4. 24	5. 32	4. 20	0. 9891	6. 29	7. 87	6. 21
0. 9923	4. 30	5. 39	4. 26	0. 9890	6. 36	7. 95	6. 28
0. 9922	4. 36	5. 47	4. 31	0. 9889	6. 42	8. 03	6. 34
0. 9921	4. 42	5. 54	4. 37	0. 9888	6. 49	8. 12	6. 40
0. 9920	4. 48	5. 62	4. 43	0. 9887	6. 55	8. 20	6. 47
0. 9919	4. 54	5. 69	4. 49	0. 9886	6. 62	8. 28	6. 53
0. 9918	4. 60	5. 77	4. 55	0. 9885	6. 69	8. 36	6. 60
0. 9917	4. 66	5. 84	4. 61	0. 9884	6. 75	8. 44	6. 66
0. 9916	4. 72	5. 92	4. 67	0. 9883	6. 82	8. 52	6. 72
0. 9915	4. 78	6. 00	4. 73	0. 9882	6. 88	8. 60	6. 79
0. 9914	4. 84	6. 07	4. 79	0. 9881	6. 95	8. 68	6. 85
0. 9913	4. 90	6. 15	4. 85	0. 9880	7. 01	8. 76	6. 92
0. 9912	4. 96	6. 22	4. 91	0. 9879	7. 08	8. 85	6. 98
0. 9911	5. 02	6. 30	4. 97	0. 9878	7. 15	8. 93	7. 05
0. 9910	5. 09	6. 38	5. 03	0. 9877	7. 21	9. 01	7. 11
0. 9909	5. 15	6. 45	5. 09	0. 9876	7. 28	9. 10	7. 18

续表

相对密度 20℃/20℃	酒精度			相对密度 20℃/20℃	酒 精		
	g/100g	mL /100mL	g/100mL		g/100g	mL /100mL	g/100mL
0. 9875	7. 35	9. 18	7. 24	0. 9857	8. 56	10. 67	8. 42
0. 9874	7. 42	9. 26	7. 31	0. 9856	8. 63	10. 76	8. 49
0. 9873	7. 48	9. 34	7. 37	0. 9855	8. 70	10. 84	8. 55
0. 9872	7. 55	9. 42	7. 44	0. 9854	8. 76	10. 92	8. 62
0. 9871	7. 62	9. 51	7. 50	0. 9853	8. 83	11. 00	8. 68
0. 9870	7. 68	9. 59	7. 57	0. 9852	8. 90	11. 09	8. 75
0. 9869	7. 75	9. 68	7. 64	0. 9851	8. 97	11. 17	8. 82
0. 9868	7. 82	9. 76	7. 70	0. 9850	9. 03	11. 26	8. 88
0. 9867	7. 88	9. 84	7. 77	0. 9849	9. 10	11. 34	8. 95
0. 9866	7. 95	9. 92	7. 83	0. 9848	9. 17	11. 48	9. 02
0. 9865	8. 02	10. 01	7. 90	0. 9847	9. 24	11. 51	9. 08
0. 9864	8. 09	10. 09	7. 96	0. 9846	9. 31	11. 60	9. 15
0. 9863	8. 16	10. 17	8. 03	0. 9845	9. 38	11. 68	9. 22
0. 9862	8. 22	10. 26	8. 09	0. 9844	9. 45	11. 77	9. 29
0. 9861	8. 29	10. 34	8. 14	0. 9843	9. 52	11. 85	9. 35
0. 9860	8. 36	10. 42	8. 22	0. 9842	9. 59	11. 94	9. 42
0. 9859	8. 42	10. 51	8. 29	0. 9841	9. 66	12. 02	9. 49
0. 9858	8. 49	10. 59	8. 36	0. 9840	9. 73	12. 11	9. 56

附录六 20℃酒精相对密度与酒精度（%，体积分数）对照表

20℃ 相对密度	20℃ 酒精度/%， 体积分数	20℃ 相对密度	20℃ 酒精度/%， 体积分数	20℃ 相对密度	20℃ 酒精度/%， 体积分数	20℃ 相对密度	20℃ 酒精度/%， 体积分数
0.9790	16.46	0.9764	18.88	0.9738	21.32	0.9712	23.69
0.9789	16.55	0.9763	18.97	0.9737	21.41	0.9711	23.78
0.9788	16.64	0.9762	19.07	0.9736	21.50	0.9710	23.87
0.9787	16.73	0.9761	19.16	0.9735	21.60	0.9709	23.95
0.9786	16.82	0.9760	19.26	0.9734	21.69	0.9708	24.04
0.9785	16.92	0.9759	19.35	0.9733	21.78	0.9707	24.13
0.9784	17.01	0.9758	19.45	0.9732	21.87	0.9706	24.22
0.9783	17.10	0.9757	19.54	0.9731	21.96	0.9705	24.31
0.9782	17.20	0.9756	19.64	0.9730	22.05	0.9704	24.40
0.9781	17.29	0.9755	19.73	0.9729	22.14	0.9703	24.49
0.9780	17.38	0.9754	19.83	0.9728	22.24	0.9702	24.58
0.9779	17.47	0.9753	19.92	0.9727	22.33	0.9701	24.66
0.9778	17.57	0.9752	20.02	0.9726	22.42	0.9700	24.75
0.9777	17.66	0.9751	20.11	0.9725	22.51	0.9699	24.84
0.9776	17.75	0.9750	20.20	0.9724	22.60	0.9698	24.93
0.9775	17.84	0.9749	20.30	0.9723	22.69	0.9697	25.01
0.9774	17.94	0.9748	20.39	0.9722	22.78	0.9696	25.10
0.9773	18.03	0.9747	20.48	0.9721	22.87	0.9695	25.19
0.9772	18.12	0.9746	20.58	0.9720	22.96	0.9694	25.28
0.9771	18.22	0.9745	20.67	0.9719	23.06	0.9693	25.36
0.9770	18.31	0.9744	20.76	0.9718	23.15	0.9692	25.45
0.9769	18.40	0.9743	20.86	0.9717	23.24	0.9691	25.54
0.9768	18.50	0.9742	20.95	0.9716	23.33	0.9690	25.62
0.9767	18.59	0.9741	21.04	0.9715	23.42	0.9689	25.71
0.9766	18.69	0.9740	21.14	0.9714	23.51	0.9688	25.80
0.9765	18.78	0.9739	21.23	0.9713	23.60	0.9687	25.89

续表

20℃ 相对密度	20℃ 酒精度/%， 体积分数	20℃ 相对密度	20℃ 酒精度/%， 体积分数	20℃ 相对密度	20℃ 酒精度/%， 体积分数	20℃ 相对密度	20℃ 酒精度/%， 体积分数
0.9686	25.98	0.9657	28.44	0.9628	30.82	0.9599	33.03
0.9685	26.06	0.9656	28.53	0.9627	30.89	0.9598	33.10
0.9684	26.15	0.9655	28.61	0.9626	30.97	0.9597	33.18
0.9683	26.24	0.9654	28.69	0.9625	31.05	0.9596	33.25
0.9682	26.33	0.9653	28.78	0.9624	31.13	0.9595	33.32
0.9681	26.41	0.9652	28.86	0.9623	31.20	0.9594	33.40
0.9680	26.50	0.9651	28.94	0.9622	31.28	0.9593	33.47
0.9679	26.59	0.9650	29.03	0.9621	31.36	0.9592	33.54
0.9678	26.67	0.9649	29.11	0.9620	31.44	0.9591	33.62
0.9677	26.76	0.9648	29.19	0.9619	31.52	0.9590	33.69
0.9676	26.84	0.9647	29.27	0.9618	31.59	0.9589	33.76
0.9675	26.93	0.9646	29.35	0.9617	31.67	0.9588	33.84
0.9674	27.01	0.9645	29.44	0.9616	31.75	0.9587	33.91
0.9673	27.10	0.9644	29.52	0.9615	31.82	0.9586	33.98
0.9672	27.19	0.9643	29.60	0.9614	31.90	0.9585	34.05
0.9671	27.27	0.9642	29.68	0.9613	31.98	0.9584	34.12
0.9670	27.36	0.9641	29.76	0.9612	32.05	0.9583	34.20
0.9669	27.44	0.9640	29.85	0.9611	32.13	0.9582	34.27
0.9668	27.52	0.9639	29.93	0.9610	32.21	0.9581	34.34
0.9667	27.61	0.9638	30.01	0.9609	32.28	0.9580	34.41
0.9666	27.69	0.9637	30.09	0.9608	32.36	0.9579	34.48
0.9665	27.77	0.9636	30.17	0.9607	32.43	0.9578	34.56
0.9664	27.86	0.9635	30.25	0.9606	32.51	0.9577	34.63
0.9663	27.94	0.9634	30.34	0.9605	32.58	0.9576	34.70
0.9662	28.02	0.9633	30.42	0.9604	32.66	0.9575	34.77
0.9661	28.11	0.9632	30.50	0.9603	32.73	0.9574	34.84
0.9660	28.19	0.9631	30.58	0.9602	32.81	0.9573	34.91
0.9659	28.28	0.9630	30.66	0.9601	32.88	0.9572	34.98
0.9658	28.36	0.9629	30.74	0.9600	32.96	0.9571	35.05

续表

20℃ 相对密度	20℃ 酒精度/%, 体积分数	20℃ 相对密度	20℃ 酒精度/%, 体积分数	20℃ 相对密度	20℃ 酒精度/%, 体积分数	20℃ 相对密度	20℃ 酒精度/%, 体积分数
0.9570	35.12	0.9541	37.09	0.9512	38.97	0.9483	40.78
0.9569	35.19	0.9540	37.16	0.9511	39.04	0.9482	40.84
0.9568	35.26	0.9539	37.23	0.9510	39.10	0.9481	40.90
0.9567	35.33	0.9538	37.29	0.9509	39.16	0.9480	40.96
0.9566	35.40	0.9537	37.36	0.9508	39.23	0.9479	41.02
0.9565	35.47	0.9536	37.42	0.9507	39.29	0.9478	41.08
0.9564	35.54	0.9535	37.49	0.9506	39.35	0.9477	41.14
0.9563	35.61	0.9534	37.56	0.9505	39.41	0.9476	41.20
0.9562	35.68	0.9533	37.62	0.9504	39.48	0.9475	41.26
0.9561	35.75	0.9532	37.69	0.9503	39.54	0.9474	41.32
0.9560	35.82	0.9531	37.75	0.9502	39.60	0.9473	41.38
0.9559	35.88	0.9530	37.82	0.9501	39.67	0.9472	41.44
0.9558	35.95	0.9529	37.88	0.9500	39.73	0.9471	41.50
0.9557	36.02	0.9528	37.95	0.9499	39.79	0.9470	41.56
0.9556	36.09	0.9527	38.01	0.9498	39.85	0.9469	41.62
0.9555	36.15	0.9526	38.07	0.9497	39.91	0.9468	41.68
0.9554	36.22	0.9525	38.14	0.9496	39.98	0.9467	41.74
0.9553	36.29	0.9524	38.20	0.9495	40.04	0.9466	41.80
0.9552	36.36	0.9523	38.27	0.9494	40.10	0.9465	41.86
0.9551	36.42	0.9522	38.33	0.9493	40.16	0.9464	41.92
0.9550	36.49	0.9521	38.39	0.9492	40.22	0.9463	41.98
0.9549	36.56	0.9520	38.46	0.9491	40.29	0.9462	42.04
0.9548	36.63	0.9519	38.52	0.9490	40.35	0.9461	42.09
0.9547	36.69	0.9518	38.59	0.9489	40.41	0.9460	42.15
0.9546	36.76	0.9517	38.65	0.9488	40.47	0.9459	42.21
0.9545	36.83	0.9516	38.72	0.9487	40.53	0.9458	42.27
0.9544	36.89	0.9515	38.78	0.9486	40.59	0.9457	42.33
0.9543	36.96	0.9514	38.84	0.9485	40.65	0.9456	42.39
0.9542	37.03	0.9513	38.91	0.9484	40.71	0.9455	42.45

续表

20℃ 相对密度	20℃ 酒精度/%， 体积分数	20℃ 相对密度	20℃ 酒精度/%， 体积分数	20℃ 相对密度	20℃ 酒精度/%， 体积分数	20℃ 相对密度	20℃ 酒精度/%， 体积分数
0.9454	42.51	0.9425	44.18	0.9396	45.80	0.9367	47.36
0.9453	42.57	0.9424	44.24	0.9395	45.85	0.9366	47.42
0.9452	42.63	0.9423	44.30	0.9394	45.91	0.9365	47.47
0.9451	42.69	0.9422	44.35	0.9393	45.96	0.9364	47.52
0.9450	42.74	0.9421	44.41	0.9392	46.01	0.9363	47.58
0.9449	42.80	0.9420	44.46	0.9391	46.07	0.9362	47.63
0.9448	42.86	0.9419	44.52	0.9390	46.12	0.9361	47.68
0.9447	42.92	0.9418	44.58	0.9389	46.18	0.9360	47.73
0.9446	42.98	0.9417	44.63	0.9388	46.23	0.9359	47.79
0.9445	43.04	0.9416	44.69	0.9387	46.29	0.9358	47.84
0.9444	43.09	0.9415	44.74	0.9386	46.34	0.9357	47.89
0.9443	43.15	0.9414	44.80	0.9385	46.39	0.9356	47.94
0.9442	43.21	0.9413	44.86	0.9384	46.45	0.9355	48.00
0.9441	43.27	0.9412	44.91	0.9383	46.50	0.9354	48.05
0.9440	43.33	0.9411	44.97	0.9382	46.56	0.9353	48.10
0.9439	43.39	0.9410	45.03	0.9381	46.61	0.9352	48.15
0.9438	43.44	0.9409	45.08	0.9380	46.67	0.9351	48.21
0.9437	43.50	0.9408	45.14	0.9379	46.72	0.9350	48.26
0.9436	43.56	0.9407	45.19	0.9378	46.77	0.9349	48.31
0.9435	43.62	0.9406	45.25	0.9377	46.83	0.9348	48.36
0.9434	43.67	0.9405	45.30	0.9376	46.88	0.9347	48.41
0.9433	43.73	0.9404	45.36	0.9375	46.94	0.9346	48.47
0.9432	43.78	0.9403	45.42	0.9374	46.99	0.9345	48.52
0.9431	43.85	0.9402	45.47	0.9373	47.04	0.9344	48.57
0.9430	43.90	0.9401	45.53	0.9372	47.10	0.9343	48.62
0.9429	43.96	0.9400	45.58	0.9371	47.15	0.9342	48.68
0.9428	44.02	0.9399	45.64	0.9370	47.20	0.9341	48.73
0.9427	44.07	0.9398	45.69	0.9369	47.26	0.9340	48.78
0.9426	44.13	0.9397	45.74	0.9368	47.31	0.9339	48.83

续表

20℃ 相对密度	20℃ 酒精度/%， 体积分数	20℃ 相对密度	20℃ 酒精度/%， 体积分数	20℃ 相对密度	20℃ 酒精度/%， 体积分数	20℃ 相对密度	20℃ 酒精度/%， 体积分数
0.9338	48.88	0.9309	50.36	0.9280	51.80	0.9251	53.22
0.9337	48.94	0.9308	50.41	0.9279	51.85	0.9250	53.27
0.9336	48.99	0.9307	50.46	0.9278	51.90	0.9249	53.32
0.9335	49.04	0.9306	50.51	0.9277	51.95	0.9248	53.37
0.9334	49.09	0.9305	50.56	0.9276	52.00	0.9247	53.42
0.9333	49.14	0.9304	50.61	0.9275	52.05	0.9246	53.47
0.9332	49.19	0.9303	50.66	0.9274	52.10	0.9245	53.52
0.9331	49.25	0.9302	50.71	0.9273	52.15	0.9244	53.56
0.9330	49.30	0.9301	50.76	0.9272	52.20	0.9243	53.61
0.9329	49.35	0.9300	50.81	0.9271	52.25	0.9242	53.66
0.9328	49.40	0.9299	50.86	0.9270	52.29	0.9241	53.71
0.9327	49.45	0.9298	50.91	0.9269	52.34	0.9240	53.76
0.9326	49.50	0.9297	50.96	0.9268	52.39	0.9239	53.81
0.9325	49.55	0.9296	51.01	0.9267	52.44	0.9238	53.85
0.9324	49.60	0.9295	51.06	0.9266	52.49	0.9237	53.90
0.9323	49.65	0.9294	51.11	0.9265	52.54	0.9236	53.95
0.9322	49.70	0.9293	51.16	0.9264	52.59	0.9235	54.00
0.9321	49.75	0.9292	51.21	0.9263	52.64	0.9234	54.05
0.9320	49.80	0.9291	51.26	0.9262	52.69	0.9233	54.09
0.9319	49.85	0.9290	51.31	0.9261	52.74	0.9232	54.14
0.9318	49.90	0.9289	51.36	0.9260	52.79	0.9231	54.19
0.9317	49.95	0.9288	51.41	0.9259	52.84	0.9230	54.24
0.9316	50.00	0.9287	51.46	0.9258	52.89	0.9229	54.29
0.9315	50.05	0.9286	51.50	0.9257	52.93	0.9228	54.33
0.9314	50.10	0.9285	51.55	0.9256	52.98	0.9227	54.38
0.9313	50.16	0.9284	51.60	0.9255	53.03	0.9226	54.43
0.9312	50.21	0.9283	51.65	0.9254	53.08	0.9225	54.48
0.9311	50.26	0.9282	51.70	0.9253	53.13	0.9224	54.53
0.9310	50.31	0.9281	51.75	0.9252	53.18	0.9223	54.57

续表

20℃ 相对密度	20℃ 酒精度/%， 体积分数	20℃ 相对密度	20℃ 酒精度/%， 体积分数	20℃ 相对密度	20℃ 酒精度/%， 体积分数	20℃ 相对密度	20℃ 酒精度/%， 体积分数
0.9222	54.62	0.9193	56.00	0.9164	57.35	0.9135	58.67
0.9221	54.67	0.9192	56.04	0.9163	57.39	0.9134	58.71
0.9220	54.72	0.9191	56.09	0.9162	57.44	0.9133	58.76
0.9219	54.77	0.9190	56.14	0.9161	57.48	0.9132	58.80
0.9218	54.81	0.9189	56.18	0.9160	57.53	0.9131	58.85
0.9217	54.86	0.9188	56.23	0.9159	57.58	0.9130	58.89
0.9216	54.91	0.9187	56.28	0.9158	57.62	0.9129	58.94
0.9215	54.96	0.9186	56.32	0.9157	57.67	0.9128	58.98
0.9214	55.00	0.9185	56.37	0.9156	57.71	0.9127	59.03
0.9213	55.05	0.9184	56.42	0.9155	57.76	0.9126	59.07
0.9212	55.10	0.9183	56.46	0.9154	57.81	0.9125	59.12
0.9211	55.15	0.9182	56.51	0.9153	57.85	0.9124	59.16
0.9210	55.19	0.9181	56.56	0.9152	57.90	0.9123	59.21
0.9209	55.24	0.9180	56.60	0.9151	57.94	0.9122	59.25
0.9208	55.29	0.9179	56.65	0.9150	57.99	0.9121	59.30
0.9207	55.34	0.9178	56.70	0.9149	58.03	0.9120	59.34
0.9206	55.38	0.9177	56.74	0.9148	58.08	0.9119	59.39
0.9205	55.43	0.9176	56.79	0.9147	58.13	0.9118	59.43
0.9204	55.48	0.9175	56.84	0.9146	58.17	0.9117	59.48
0.9203	55.53	0.9174	56.88	0.9145	58.22	0.9116	59.52
0.9202	55.57	0.9173	56.93	0.9144	58.26	0.9115	59.57
0.9201	55.62	0.9172	56.97	0.9143	58.31	0.9114	59.61
0.9200	55.67	0.9171	57.02	0.9142	58.35	0.9113	59.66
0.9199	55.71	0.9170	57.07	0.9141	58.40	0.9112	59.70
0.9198	55.76	0.9169	57.11	0.9140	58.44	0.9111	59.75
0.9197	55.81	0.9168	57.16	0.9139	58.49	0.9110	59.79
0.9196	55.86	0.9167	57.21	0.9138	58.53	0.9109	59.84
0.9195	55.90	0.9166	57.25	0.9137	58.58	0.9108	59.88
0.9194	55.95	0.9165	57.30	0.9136	58.62	0.9107	59.92

续表

20℃ 相对密度	20℃ 酒精度/%， 体积分数	20℃ 相对密度	20℃ 酒精度/%， 体积分数	20℃ 相对密度	20℃ 酒精度/%， 体积分数	20℃ 相对密度	20℃ 酒精度/%， 体积分数
0.9106	59.97	0.9077	61.25	0.9048	62.52	0.9019	63.77
0.9105	60.01	0.9076	61.30	0.9047	62.56	0.9018	63.82
0.9104	60.06	0.9075	61.34	0.9046	62.60	0.9017	63.86
0.9103	60.10	0.9074	61.39	0.9045	62.65	0.9016	63.90
0.9102	60.15	0.9073	61.43	0.9044	62.69	0.9015	63.94
0.9101	60.19	0.9072	61.47	0.9043	62.73	0.9014	63.99
0.9100	60.24	0.9071	61.52	0.9042	62.78	0.9013	64.03
0.9099	60.28	0.9070	61.56	0.9041	62.82	0.9012	64.07
0.9098	60.33	0.9069	61.60	0.9040	62.86	0.9011	64.11
0.9097	60.37	0.9068	61.65	0.9039	62.91	0.9010	64.16
0.9096	60.41	0.9067	61.69	0.9038	62.95	0.9009	64.20
0.9095	60.46	0.9066	61.74	0.9037	62.99	0.9008	64.24
0.9094	60.50	0.9065	61.78	0.9036	63.04	0.9007	64.28
0.9093	60.55	0.9064	61.82	0.9035	63.08	0.9006	64.33
0.9092	60.59	0.9063	61.87	0.9034	63.12	0.9005	64.37
0.9091	60.64	0.9062	61.91	0.9033	63.17	0.9004	64.41
0.9090	60.68	0.9061	61.96	0.9032	63.21	0.9003	64.45
0.9089	60.72	0.9060	62.00	0.9031	63.25	0.9002	64.50
0.9088	60.77	0.9059	62.04	0.9030	63.30	0.9001	64.54
0.9087	60.81	0.9058	62.09	0.9029	63.34	0.9000	64.58
0.9086	60.86	0.9057	62.13	0.9028	63.38	0.8999	64.62
0.9085	60.90	0.9056	62.17	0.9027	63.43	0.8998	64.67
0.9084	60.94	0.9055	62.22	0.9026	63.47	0.8997	64.71
0.9083	60.99	0.9054	62.26	0.9025	63.51	0.8996	64.75
0.9082	61.03	0.9053	62.30	0.9024	63.56	0.8995	64.79
0.9081	61.08	0.9052	62.35	0.9023	63.60	0.8994	64.84
0.9080	61.12	0.9051	62.39	0.9022	63.64	0.8993	64.88
0.9079	61.17	0.9050	62.43	0.9021	63.69	0.8992	64.92
0.9078	61.21	0.9049	62.48	0.9020	63.73	0.8991	64.96

参考文献

[1] 马永强等．食品感官检验［M］．北京：化学工业出版社，2005.

[2] 李大和．白酒酿造工教程［M］．北京：中国轻工业出版社，2006.

[3] 周萍．微生物学［M］．第2版．北京：高等教育出版社，2006.

[4] 黄高明．食品检验工［M］．北京：机械工业出版社，2006.

[5] 张水华，徐树来，王永华．食品感官分析与实验［M］．北京：化学工业出版社，2006.

[6] 赵光鳌，金岭南．黄酒生产分析检验［M］．北京：中国轻工业出版社，1987.

[7] 王福荣．酿酒分析与检测［M］．北京：化学工业出版社，2005.

[8] 技术监督行业工人技术考核培训教材编委会．白酒果酒黄酒检验技术［M］．北京：中国计量出版社，1997.

[9] 张祖莲．啤酒生产理化检测技术［M］．北京：中国轻工业出版社，2012.

[10] GB/T 13662—2008. 黄酒［S］.

[11] GB/T 17946—2008. 地理标志产品 绍兴酒（绍兴黄酒）［S］.

[12] GB/T 10345—2007. 白酒分析方法［S］.

[13] GB 5491—1985. 粮食、油料检验 扦样、分样法［S］.

[14] GB/T 5492—2008. 粮油检验 粮食、油料的色泽、气味、口味鉴定［S］.

[15] GB/T 5493—2008. 粮油检验 类型及互混检验［S］.

[16] GB/T 5494—2008. 粮油检验 粮食、油料的杂质、不完善粒检验［S］.

[17] GB 5497—1985. 粮食、油料检验 水分测定法［S］.

[18] GB/T 5498—2013. 粮油检验 容重测定［S］.

[19] GB/T 12457—2008. 食品中氯化钠的测定［S］.

[20] GB 4789. 2—2010. 食品安全国家标准 食品微生物学检验 菌落总数测定［S］.

[21] GB 4789. 3—2010. 食品安全国家标准 食品微生物学检验 大肠菌群计数［S］.

[22] 国家药典委员会．中华人民共和国药典［S］

[23] GB/T 15038—2006. 葡萄酒、果酒通用分析方法［S］.

[24] 王福荣．白酒生产分析检验［M］．北京：中国轻工业出版社，1981.

[25] GB 8817—2001. 食品添加剂 焦糖色［S］.

[26] GB/T 5009. 97—2003. 食品中环己基氨基磺酸钠的测定［S］.

[27] GB/T 5009. 48—2003. 蒸馏酒及配制酒卫生标准的分析方法［S］.

[28] GB 10343—2008. 食用酒精［S］.

[29] 胡嗣明等．酒精生产分析检验［M］．北京：中国轻工业出版社，1983.

[30] GB/T 5009. 20—2003. 食品中有机磷农药残留量的测定［S］.

[31] GB/T 5009. 9—2008. 食品中淀粉的测定［S］.

[32] GB/T 11914—1989. 水质 化学需氧量测定 重铬酸盐法［S］.

[33] GB/T 394. 2—2008. 酒精通用分析方法［S］.

[34] GB/T 601—2002. 化学试剂 标准滴定溶液的制备［S］.

[35] GB/T 603—2002. 化学试剂　试验方法中所用制剂及制品的制备 [S].
[36] GB 2760—2011. 食品安全国家标准　食品添加剂使用标准 [S].
[37] GB 10344—2005. 预包装饮料酒标签通则 [S].
[38] GB 2757—2012. 食品安全国家标准　蒸馏酒及其配制酒 [S].
[39] GB 2762—2012. 食品安全国家标准　食品中污染物限量 [S].
[40] GB 2762—2012. 食品安全国家标准　食品中污染物限量 [S].

中国轻工业出版社生物专业教材目录

高职高专教材

高职制药/生物制药系列

药品营销原理与实务（第二版）（“十二五”职业教育国家规划教材） 40.00元
生物制药技术 34.00元
药物合成 40.00元
临床医学概要（第二版） 32.00元
人体解剖生理学 38.00元
生物制药工艺学 26.00元
生物制药技术专业技能实训教程 28.00元
药理毒理学 42.00元
药理学 32.00元
药品分析检验技术 38.00元
药品营销技术 24.00元
药品质量管理 28.00元
药事法规管理 40.00元
药物质量检测技术 28.00元
药物制剂技术 40.00元
药物分析检测技术 32.00元
制药设备及其运行维护 36.00元
中药制药技术专业技能实训教程 22.00元
动物医药专业技能实训教程 23.00元

高职生物技术系列

氨基酸发酵生产技术（第二版）（“十二五”职业教育国家规划教材） 28.00元
植物组织培养（“十二五”职业教育国家规划教材，国家级精品课程配套教材） 28.00元
发酵工艺教程 24.00元
发酵工艺原理 30.00元
发酵食品生产技术 39.00元
化工原理 37.00元
环境生物技术 28.00元

基础生物化学	39.00 元
基因工程技术（普通高等教育“十一五”国家级规划教材）	25.00 元
麦芽制备技术	25.00 元
啤酒过滤技术（国家级精品课程配套教材）	15.00 元
啤酒生产技术	35.00 元
啤酒生产理化检测技术	28.00 元
啤酒生产原料	20.00 元
生物分离技术	25.00 元
生物化学	30.00 元
生物化学	38.00 元
生物化学	34.00 元
生物化学实验技术（普通高等教育“十一五”国家级规划教材）	22.00 元
生物检测技术	24.00 元
生物再生能源技术	45.00 元
微生物工艺技术	28.00 元
微生物学	40.00 元
微生物学基础	36.00 元
无机及分析化学	28.00 元
现代基因操作技术	30.00 元
现代生物技术概论	28.00 元
白酒生产技术（第二版）	30.00 元
过程装备及维护	30.00 元
酒精生产技术	36.00 元
发酵调味品生产技术	36.00 元
生物工程基础单元操作技术	32.00 元
中国酒文化概论	24.00 元
黄酒酿造技术	28.00 元
黄酒工艺技术	30.00 元
黄酒品评技术	34.00 元

公共课和基础课教材

检测实验室管理	30.00 元
无机及分析化学	28.00 元
[illegible]代仪器分析	28.00 元
[illegible]学实验技术	14.00 元
[illegible]化学	27.00 元